現場で学ぶ地盤の挙動

都市土木工事のトラブル・シューター

杉本隆男・佐々木俊平

まえがき

　土木・建築工事では、必ずと言ってよいほど地盤を掘削する。掘削深さが浅い深いにも関わらず、地盤は様々な反応をする。本書では、多くの事例で地盤工学的視点からその様子を眺めてみた。

　土留め・掘削工事に伴う仮設構造物や周辺地盤の挙動をさまざまな計測器で観察すると、あたかも生き物のように動くことが分かる。優しく施工するとそれらの応答は緩やかであり、きびしく施工すると応答は激しい。そして、それらの変形や応力の大きさ、その変化の速度、地下水の動きなどは、土留め・掘削工事の規模や施工の巧拙も影響するが、その場所の地形・地質・地下水などが深くかかわっていることが分かる。また同じ地盤条件であっても、掘削面積や深さなどの規模、工事周辺環境の違いによって、使用する土留め壁や支保工の施工法と掘削方法が異なり、地盤の応答はこうした施工法の違いによっても異なってくる。必然的に土留めは一時的とはいえ一品生産となるので、計画の一般解はない。最も参考となるのは、精緻に計画された実施例といえる。

　盛土・斜面工事でも、工事場所の地盤条件で様々な問題が生ずる。軟弱地盤上の盛土では、盛土下と周辺地盤の圧密沈下や側方流動、斜面ではその安定問題や降雨・地下水によるすべり問題などである。

　このように、土留め・掘削工事や盛土・斜面工事で起こる様々な地盤問題は、設計時に予測した範囲であれば問題となることはないが、地盤の応答は予想を超えて起こることがある。現場技術者はこれらの現象に遭遇した場合、様々な方法で対策を講じ、工事を完成に導いている。

　本書は、掘削や盛土などの工事中に起こった様々な地盤問題のトラブルシューターとして係った 50 余の事例で、土留め・掘削工事や盛土・斜面工事に伴う地盤の挙動を地盤工学的視点で解説することに努めた。本書が現場で直接工事に携わる方々をはじめ、計画・調査・設計に携わる方々の参考となり、事故を防ぎ、安全な施工に役立つことを願っている。

2021 年 11 月

杉本隆男・佐々木俊平

目　　次

第4章 盛土と斜面安定

第5章 特殊問題

第 1 章

総　論

事例が語る地形・地質ごとの土留め・山留め工法

Key Word 地形、地質、土留め、山留め

1.まえがき

　土留め・掘削工事を適切に行うには、つぎのような調査が必要である [1]。

1) 立地条件：①工事場所の土地利用状況、②周辺の道路および交通状況、③周辺の地形、④周辺の河川や湖沼等の状況

2) 地盤条件：①地層構成、②地盤物性、③地下水、④その他（地盤状況との係わりが深い酸欠空気、有毒ガス、土壌汚染の有無など）

3) 近接構造物等：①地上および地下構造物、②埋設物、③構造物跡、仮設工事の跡、④埋蔵文化財、⑤その他（隣接地での構造物等の計画）

4) 環境保全のための調査：①騒音・振動、②地盤変形、③地下水、④建設副産物、⑤その他（作業空間の確保、工事車両の通行など）

　このように、様々な調査が求められるが、土留め工法の選択に最も影響度が大きいのは、工事場所の地形・地質・地下水といえる。ここでは、多くの工事例をもとに、工事が行われた場所の地盤条件すなわち地形区分に注目して土留め・掘削工法を調べた。結果として、"土留め・山留め工法は、工事場所の地形区分ごとに決まってくる"ことを示す [2], [3]。

2. 東京の地形区分

　東京の地形区分図を**図-1** に示した。東京の地形は西から東へ下り勾配の地形をなし、奥多摩の関東**山地**、多摩・加住・草加・阿須山・狭山などの**丘陵地**、おもに多摩川の左岸に青梅付近を扇の要として平坦に広がる武蔵野**台地**、白子川・石神井川・妙正寺川・善福寺川・神田川・野川・仙川・目黒川・立合川・呑川など武蔵野台地内から沸きだした地下水が台地表層部を覆う関東ローム層を開析し形成した**台地河谷底**、隅田川と荒川沿い及び東京湾岸沿いに広がり一部海水面より低い**低地**、および多摩川沿いの**多摩川低地**となっている。

　図-1 中に示したプロットは、工事場所の事例として、大規模掘削工事を行った地下調節池の工事場所で、それぞれ台地、そして低地に近い波蝕台を開折す

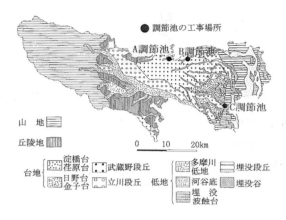

山　地

丘陵地

台地 ｛ 淀橋台 荏原台 / 日野台 金子台 ｝ 武蔵野段丘 / 立川段丘

低地 ｛ 多摩川 低地 / 河谷底 / 埋没 波蝕台 ｝ 埋没段丘 / 埋没谷

0　10　20km

図-1　東京の地形区分

る河谷低地に位置していた。3 現場の土留め壁は連続地中壁であったが、支保工形式を含め採用された工法は地盤や周辺環境条件の影響を考慮して、異なるものであった。

3. 地形区分と土留め壁の種類の関係

東京都内工事での工事例をもとに、地形・地質・地下水と土留め壁の種類の関係を調べた結果、表-1 のようになった。

3.1 鋼矢板

鋼矢板壁の多くは、江東・墨田・葛飾・江戸川・足立といった各区の低地や、大田・港・千代田・中央各区の東京湾臨海部での開削工事に使われていた。また、台地を開析する中小河川沿いの台地河谷底での使用頻度も多い。鋼矢板壁を採用した理由の一つは、掘削時における壁面からの土砂や地下水の流出を防止するためであった。低地で鋼矢板壁を採用する場合には、地盤が軟弱なため、補助工法として強度増加を目的とした地盤改良を行うことが多かった。

3.2 親杭横矢板

親杭横矢板壁は、主に台地や丘陵地および多摩川低地で使用されており、低地での使用例は皆無であった。この親杭横矢板壁を用いて関東ローム層の下位にあ

表-1 地形・地質と土留め・山留めの種類

地形区分	台　　　　　地				多摩川・浅川沿い低地と河谷底	沖　　積　　低　　地						
名　称	日野台金子台	淀橋台荏原台	武蔵野台	立川台		台地	埋没谷	埋没波蝕台	埋没段丘	埋没谷	埋没波蝕台	
模式断面												
分布地域	北多摩地区・23区西半分の地区・南多摩地区の一部				多摩川浅川沿いの低地中小河川沿いの河谷底	23区の東半分の区域						
地形・地質の特徴	青梅を扇の要とし、東に広がる平坦面で、形成時期の違いにより、下末吉面、武蔵野面、立川面に区分される。各地面は、表面を覆う関東ローム層の層厚と下位の地層の層相の違いで分けられる。・下末吉面は立川(Ta)・武蔵野(M)・下末吉(S)の各ローム層と下位の海成粘土と砂礫の東京層が分布する。・武蔵野面は武蔵野ローム層と武蔵野礫層が、立川面は立川ローム層と立川礫層が堆積している。				河川沿いの低地として、多摩川や浅川は低地、及び丘陵地や台地を開析する中小河川沿いの河谷底がある。多摩川・浅川沿い低地は、河床礫が分布する。河谷底では、軟弱な腐植土層や粘土層が分布する。谷の出口付近の層厚が10mに達する所がある。	荒川・江戸川・多摩川の河口に広がる標高の低い平坦な地域で、荒川沿いにゼロメートル地帯が分布する。軟弱層は上位から有楽町層上部(Yu)と呼ばれるゆるい砂層(N=4～6)、有楽町層下部(Yl)と呼ばれる軟弱なシルト・粘土層(N=0～4)、やや締まった七号地層(Na)に区分される。軟弱層の下位には、締まった地層が分布し、埋没段丘礫層(btg)、東京層(To)、東京礫層(Tog)に区分され、構造物の支持層となっている。この支持層の上限は、比較的平坦な所(埋没波蝕台、埋没段丘)と、谷部(埋没谷)が認められる。埋没段丘上には、埋没ローム層(bl)が堆積する。						
地下水の特徴	ローム層下位の砂層や砂礫層が滞水層となり・水圧を示すが、ローム層と滞水層間に粘土層を挟む場合、被圧地下水圧を示す場合がある。				地下水位は浅く、地形的特徴から河川水の涵養源となっている所がある。	有楽町層上部の砂層中に地下水面を形成している。有楽町層下部のシルトや粘土層中の水圧分布は静水圧に近い。最近、深層地下水位の上昇が著しく、深い掘削では注意が必要。						
土留め壁	親杭横矢板、鋼矢板、ソイルミキシング壁				鋼矢板、地下連続壁	鋼矢板、柱列式及び地下連続壁、鋼管矢板						

る砂礫層などの滞水層まで掘削する場合には、補助工法として止水を目的とした薬液注入などの地盤改良を併用する場合もあった。

3.3 連続地中壁、鋼管矢板

　連続地中壁(壁式、柱列式)、鋼管矢板壁は、低地と台地河谷底で採用されていた。比較的規摸の大きい工事で用いられており、本体壁の一部に利用することもあった。これらは、壁剛性が大きいため土留め壁の変形量を小さく抑えることができることと、低振動・低騒音工法であることから、芯材としてH型鋼やI型鋼を用いたソイルミキシング壁とともに、使用頻度が多くなっている。壁剛性が大きい鋼管矢板壁も、臨海蔀での大規模掘削工事に採用されていた。

3.4 軽量鋼矢板、木矢板等

　軽量鋼矢板や木矢板は小規模工事用の土留め壁として用いられており、台地の関東ローム層で2m未満の深さを掘削する場合が多かった。掘削壁の土砂崩落を

押さえる程度の土留め壁であるため、掘削機械やダンプトラックなど重車両の接近、掘削土の仮置き、特別な振動、降雨などの影響で崩壊したこともあるので注意が必要である。土留め壁を用いない素掘り工法は、非常に浅い掘削工事で採用され、関東ローム層を掘削する場合に時折見らたが、最近ではほとんどなくなっている。

このように、掘削工事を行う施工場所の地形区分に応じて、採用される土留め壁の種類はある程度の傾向をもつ。

4. まとめ

1996年に東京で開催された国際土質基礎工学会議でPeck先生にインタビューする機会があった。Peck先生は、「土質のエンジニアは、地質学上の過程、特に堆積・風化などエンジニアリングの仕事の対象となる現象に影響を及ぼす事柄を学ぶ必要がある」、「もし私が今若き技術者だったら、この分野で一般地質学と土木地質学の両方に、ルーツをもった教育を受けるように心がける。その後、現場に出て、できるだけ多くの異なった建設工事に、可能な限り近づいて経験を積むのがよいと思う」といわれた。

Peck先生が述べたことそのものなのだが、施工場所の地形・地質・地下水を知ることは、安全で合理的な土留め・山留め計画をするうえで最も重要なことであり、その把握の程度が安全な施工を左右することになる。

参考文献

1) 土木学会：トンネル標準示方書, 開剤工法編・同解説, pp. 7～14, 2016.　2) 杉本隆男：地形・地質条件に応じた土留め・山留め計画のポイント, 基礎工, 総説, 2004.　3) 杉本隆男：山留め工事における地盤変状の要因と対策, 基礎工, Vol. 22, No. 2, pp. 61～66, 1994.

掘削で周辺地盤の応力と地下水はどう変わる

Key Word 応力開放、地盤沈下、地下水、情報化施工

1.まえがき

　地盤を掘削すると、地盤の中でどんなことが起こっているかを調べてみた。掘削は釣り合って安定していた地盤内応力を乱すことになり、安定して定常状態にあった地下水に変化を与えることになる。地盤変形はその応答として起こる。土留めは、こうした地盤の応力変化や地下水への影響を少なくする手段として実施される。

　ここでは、掘削に伴い周辺地盤でどのような応力変化が起こるか、そして地下水への影響はどのようなものなのかを示す。また、そうした変化を調べる手段である計測管理の目的についても述べている。

2.掘削に伴う周辺地盤の変状に及ぼす土の力学要因

2.1　掘削に伴う周辺地盤の応力変化

　地盤を掘削すると、周辺地盤にどのような変化が起こっているのか、**図-1**に模式図で示した。土留め壁の背面側地盤は土留め壁が掘削側に変形し地表面が沈下する。掘削側地盤は、土留め壁根入れ部が掘削側に押し込まれ掘削底が膨れ上がる。こうした周辺地盤の変状に伴う地盤内の応力状態を以下に示す。

(1)背面側地盤の応力状態

　Bjerrum(1973)[1] の模式図にならい、掘削に伴う周辺地盤の応力状態を土の室内試験法との関係で示すと、**図-1**のようになる。

　土留め壁の背面側地盤は、掘削によって鉛直方向の土被り圧が変わらないまま、水平方向の地盤内応力が減少する。この応力変化

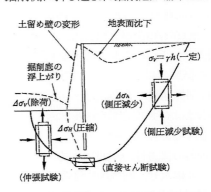

図-1　周辺地盤の変状と地盤内応力変化

を三軸試験法で再現すると、軸圧一定にして側圧を減少させる試験(以後、側圧減少試験という)に相当する。また、土留め壁がない鉛直素掘り掘削時の応力状態は鉛直掘削面で水平方向応力はゼロとなるので、Sowers G.B. and Sowers G.F.(1970)[2]が示したように一軸圧縮試験の応力状態になる。

(2)掘削側地盤の応力状態

　土留め壁の掘削側地盤(掘削底の下の地盤)は、掘削とともに鉛直方向に土被り圧が減少し、併せて水平方向に土留め壁の根入れ部分が掘削側に押し出してくることにより圧縮応力を受けた状態になる。

　これを三軸試験法で再現すると、軸圧減少側圧増加試験(伸張試験)の応力状態である。圧密非排水条件で行った三軸供試体の圧縮時と伸張時の応力～ひずみ関係を比較した例を**図-2**に示した[3]。

　非排水せん断強さは、伸張試験時が圧縮試験時の0.6倍とかなり小さい。東京の沖積粘性土に限らず伸張試験による非排水せん断強さが圧縮試験の場合より小さくなるので、掘削側地盤の土の応力～ひずみ関係および強度定数を圧縮試験で評価することは危険側となる。

2.2 地盤の異方性 ～切り出し方向角と非排水せん断強さの関係～

　沖積粘性土地盤の多くは堆積過程で土粒子の骨格が配向構造に

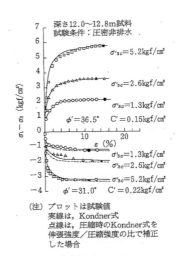

図-2 沖積粘土の応力～ひずみ関係 (圧縮時と伸張時の比較)

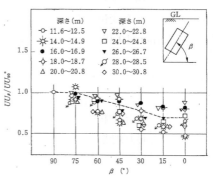

図-3 切り出し方向角 β と非排水強度比 UU_β / UU_{90} の関係

変化し、固有の異方性を
持つ。このような異方性
を**固有異方性**と呼ぶ。

図-3は供試体の切り
出し方向角βと非排水
せん断強さの比の関係
を示したものである[4]。
β=90°は通常行ってい
るサンプリング試料の供
試体軸である。切り出し
方向角が水平に近いほ
ど非排水せん断強さが

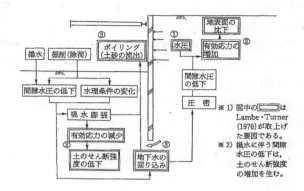

図-4 掘削工事における地下水の挙動とその影響

小さくなる。この一連の試験の最大主応力σ_1の方向は供試体軸の方向であることに
留意すれば、掘削によって、一連の試験の最大主応力σ_1の方向は供試体軸の方
向であるので、掘削によって地盤内で起こる主応力方向の回転に伴い、非排水せん
断強さの補正が必要となる。このような土の性質を**応力誘導異方性**と呼ぶ。

この他に、例示した応力変化のみならず、Ko状態や平面ひずみ条件など、さまざ
まな応力条件と排水条件下で地盤変状が起こることに留意する必要がある。

3. 掘削に伴う地下水変化の影響

Lambe & Turner (1970)[5] は掘削工事における地下水の係りとして、つぎの3つを
挙げている。①土留め壁に荷重として作用する。②有効応力に影響し、地盤強度や
沈下量に影響を及ぼす。③掘削部へ流入し土砂を運び入れる。

本田(1986)[6] はこれらが相互に関連する事象であり、周辺地盤の応力変化と密
接に関連することを示す模式図として**図-4**を示した。掘削に伴い、土留め壁を挟ん
で土留め壁の背面側地盤と掘削側地盤との間に水位差が生ずる。このため、地下
水は背面側地盤から土留め壁の根入先端の下を回り込み、掘削底の下に湧出す
る。

土留め壁の背面側地盤では、間隙水圧が低下し土の有効応力が増加する。すな
わち、圧密が起こり地表面は沈下する。土留め壁の掘削側地盤では、掘削(除荷)に
より地盤の膨張とそれに伴う間隙水圧の低下が生じ、併せて掘削底が排水境界とな

る水理条件の変化に伴い地下水が掘削底に向かって上向きに流れる(砂地盤では
ポイリング現象やパイピング現象として観察することがよくある)ため、土が吸水膨張
して有効応力の減少が生じ土のせん断強度の低下をもたらす。

　このように、掘削すると、地盤内では様々な変化が起こる。

4. 情報化施工の目的

　掘削に伴う周辺地盤の応力や地下水の変化を調べるには、施工工程に沿った計
測が大切で、計測の目的を分けると大きくは次のようになる。

　①施工に伴う安全管理

　②設計上の仮定条件の確認とその変化の確認

　③設計上予期しえない現象の把握

　④地盤工学上の理論、特に掘削に係わる理論の確認

①は設計時に予測した様々な挙動を計測して、計測値と設計値との対比から施工
の安全性を確保することである。②は設計に用いた主働・受働土圧や水圧、地盤反
力係数、土留め架構の部材定数や境界条件など、設計時の入力条件や仮定条件
の確認とそれらの変化を調べることである。また、③は掘削に伴って発生する設計
時に予知しえなかった土留め壁や支保工の変形と応力変化、そして周辺地盤の変
状や地下水の挙動を把握することである。以上が実務上の目的である。そして、④
は、①から③をとおして現在の地盤工学上の諸理論を確認することである。

　いいかえれば、現場の諸計測データをどう見るかで最も重要なことは、計測データを掘削に係わる地盤工学上の諸理論に照らし合わせ、理論にかなった挙動なのか否かを照査し、理論にかなっていない場合にはその原因を考究することである。

参考文献

1) Bjerrum, L. : Problems of soil mechanics on soft cays and structurally unstable soils, Sate of the Art Report, Session 4, Proe. 8th-ICSMFE, Vol. 3, pp. 109-159, 1973.
2) Sowers, G. B. and Sowers, G. F. : Introductory Soil Mechanics and Foundations, Ⅲ-rd. Ed. pp. 363-364, 1970.　3) 杉本隆男, 佐々木俊平: 土留・掘削工事に伴うヒービング現象に及ぼす浸透の影響,　昭和61年, 東京都土木技術研究所年報, pp. 225-237, 1986.　4) 杉本隆男, 佐々木俊平:盛土による地中構造物を含む地盤の変形解析, 東京都土木技術研究所年報, 昭和53年, pp. 335-354, 1978.　5) Lambe, T. W. and Turner, C. K. : "Braced Excavations" Lateral Stress in the Ground and Design of Earth-Retaining Structures, ASCE, pp. 149-218, 1970.　6) 本田　隆 : 山留めの施工管理における有限要素法の適用に関する研究,　京都大学博士論文,　pp. 90, 1986.

地盤災害を引き起こす誘因と素因を考える

Key Word　　地盤災害、土留め、掘削、地形

1.まえがき

　建設工事に伴って発生した地盤災害を調べてみると、災害が起こった場所の地形・地質との係りが深い。地形の形成について地形学[*]は、つぎのように解説している。

---

[*]　「地形は、火山活動、地震、地殻変動といった地球の**"内的営力"**と呼ばれる活動で形成され、隆起、陥没、沈降、断層、褶曲、山崩れなどで形状が変化する。また、気温変化、結氷・融解、雨、風、氷河、河川、地下水、海水、生物などの作用で、岩石の風化、土壌の形成、侵食、運搬、堆積が行われ、地形が変化する。これらを**"外的営力"**と呼ぶ。」

---

[*]　小学館：日本大百科事典, 1967.

　これをもとに、ここでは地盤災害を、①自然の営力による災害と、②人間の営みによる災害に分類した。"自然の営力による地盤災害"とは、地震や降雨降雪（大雨や集中豪雨・豪雪）といった自然の力（**自然営力**）によって発生する地盤災害をいい、"人間の営みによる災害"とは、地形の人工改変や様々な土木・建築施設の建設工事といった人為的な行為（**人為的営力**）によって起こる地盤災害をいうことにした。

　このように、地盤災害を引き起こす営力で分類すると、災害が起こった場所の地形・地質・地下水が深く関与していること理解される。

2.　地盤災害の誘因と素因

2.1　誘因と素因

　地盤災害は、地震による液状化や崖崩れ、地滑りによる土砂や土塊の流動、台風による斜面崩壊や堤防の決壊、建設工事や地下水の汲み上げによる地盤沈下といった形で現れる。これら地盤災害は、地盤に何らかの力が作用し、地盤が崩壊し地形が変わることである。この何らかの力を誘因と呼ぶことにすれば、誘因とは地盤災害を起こす「**引き金**」である。地震や台風・大雨などのほか、掘削や盛土工事が誘因となることがある。

　地盤災害の原因を突き止め対策を講ずるには、引き金となった誘因を明らかにし、

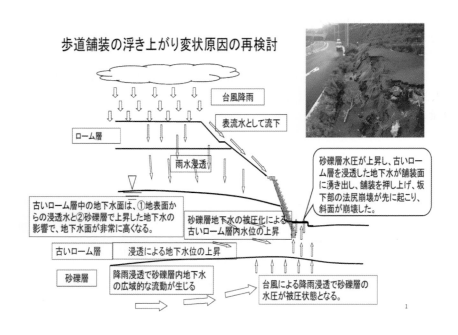

図-1 台風豪雨（誘因の一つ）

誘因による地盤の応答を明らかにする必要がある。

　地盤の応答は地盤自体が備えている性質によって異なるので、「**地盤の素質**」とも言えよう。地盤自体が備えている性質（素質）を**素因**と呼ぶことにする。

　地盤の素因をもう少し具体的に述べれば、災害が起きた場所の地形・地質・地下水のことである。また、地形を構成する地質と地下水の状態がどうなっているか、地盤の土がどういう土の状態にあるかいうことも重要な素因となる。

2.2　静的な誘因と動的な誘因

1）静的な災害誘因

　静的災害誘因を挙げると、①掘削（人為的営力）、②切土（人為的営力）、③盛土（人為的営力）、④地下水位低下（人為的、自然営力）、⑤気候変化：雨、雪、風、気

温(自然営力)、⑥周辺工事:近接施工(人為的営力)などである。**図-1**に誘因の一つとして、気候変化である台風豪雨による斜面崩壊の事例を示した。

2) 動的な災害誘因

　動的な災害誘因には、①地震、波浪、津波(自然営力)、②建設機械振動・騒音(人為的営力)などがある。地震による液状化はこうした事例である。

2.3 素因

凡例

山地
丘陵地

台地 { 下末吉面　日吉台、金子台 / 下末吉面　淀橋台、荏原台 }　武蔵野段丘　立川段丘　低地 { 多摩川低地　河谷底　埋没浸食台 }　埋没段丘　埋没谷

図-2　素因の一つ　(東京の地形図)

　ところで、地盤災害の復旧や対策を講じるためには、原因を明らかにする必要がある。そのためには、地盤災害を引き起こした誘因とともに、災害が起こった場所の地形・地質・地下水と、地盤を構成する土の性質といった素因を詳しく調べることが欠かせない。すなわち、素因とは①地形・地質・地下水、②地盤を構成する土の状態などで、例として、**図-2**に東京の地形図を、**図-3**に土のせん断特性を、**図-4**に土の圧密特性の概念図を示した。

3. 地盤沈下に影響する要因

　さまざまな調査をしていく中で、こうした変状や事故を極力避ける、また防ぐために、土留め掘削工事のどんな点に留意すべきかを分析した[1),2)]。掘削工事に伴い周辺地盤の地表面沈下や移動量を測量した報告書をもとに、地表面沈

下に及ぼす影響要因について、数量化理論Ⅰ類による統計的分析を行った。その結果を図-5に示す。

分析結果をまとめると、土留め・掘削工事に伴う背面地盤の地表面沈下の程度に影響する主要因は次のようであった。

① 土留め壁の変形と密接に関係する土留め壁の種類[3],[4]

② 地盤の硬さ、特に根入れ部地盤の硬さ[5]

③ 掘削深さや掘削幅といった掘削の規模

この検討結果は経験的知見と一致するもので、地表面沈下を極力小さく抑えるには、上記3つの

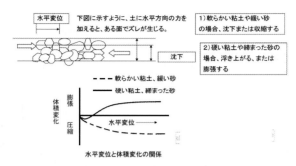

図-3 素因の一つ（土のせん断特性）

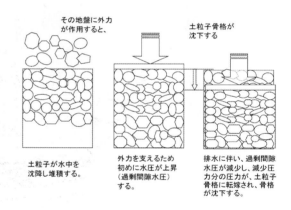

図-4 素因の一つ（土の圧密特性）

要因、すなわち土留め壁、地盤、掘削規模に配慮する必要があることを意味している。

土留め・山留め壁背面の地表面沈下は、周辺地盤の土の力学的要因や土留めの破壊とも密接に関係し、土留め・山留め構造物の安全性に深く係る。

いいかえれば、これらの要因は土留め・掘削計画を練るうえでの留意点ともいえる。

4. まとめ

掘削を伴う建設工事は、ある意味では地下水との戦いであるともいえる。特に、事故に至るような大きな地盤災害の場合、必ずと言ってよいほど、地下水が絡んでいた。

対策を検討する上で重要なことは、そうした地盤災害を引き起こす誘因を計画設計段階で精度よく予測し、地盤という素因の特性を詳細に把握した対策を講じることが大切である。

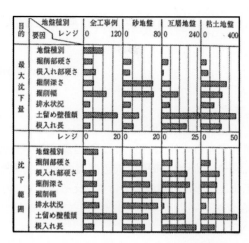

図-5 周辺地盤沈下に及ぼす影響要因

参考文献

1) 杉本隆男：地形・地質条件に応じた土留め・山留め計画のポイント, 基礎工, 総説, 2004.
2) 杉本隆男：山留め工事における地盤変状の要因と対策, 基礎工, Vol. 22, No, 2, pp, 61～66, 1994. 3) Roscoe, K.H.: The Influence of Strains in Soil Mechanics, Geotechnique, Vol.20, 1970. 4) 内藤多仲ほか：施工に伴う地盤沈下による公害とその防止に関する研究, 日本建築学会, 1958. 5) Peck, R.B.: Deep Excavations and Tunneling in Soft Ground, Proc, 7th-ICSMFE, 1969.

土留めの役割と周辺地盤で起こる様々な現象

Key Word　地盤沈下、地下水、土留め、掘削

1.まえがき

　土留め・掘削工事を既設構造物や地下埋設物に近接して行う場合に、土留め架構の安全性の検討と同時に、周辺環境への影響についても配慮する必要がある。

　図-1に土留め・掘削と周辺環境の関係を概念的に示した。土留め壁を境に、掘削工事区域と周辺環境に分けて考えることができる。矢印は、掘削工事区域と周辺環境との境界を挟んで相互に作用している要因と要因の作用で現れた現象を表している。

　ここで、周辺環境から掘削工事区域に向かう矢印が示す現象の要因をAタイプの要因、その反対方向に向かう現象の要因をBタイプの要因と呼ぶことにする。

　土留めの設計に用いる土圧・水圧は、周辺環境から掘削工事区域への影響要因であり、設計時に検討するヒービ

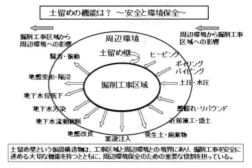

図-1　土留め・山留めの役割

ングやボイリング現象もAタイプの要因である。地下水の掘削側への湧出はAタイプの要因だが、周辺の地下水位の低下をもたらすのでBタイプの要因でもある。

　このように、Aタイプの要因は土留めの安全性と密接に関係があると同時に、Bタイプの要因ともなるので、土留めの安全性の確保は周辺環境への影響を少なくすることと密接に関係する[1]。

2. 影響要因と対策

2.1 周辺環境への影響として現れる現象

　土留め・掘削工事が周辺環境に影響を及ぼす現象には、次のようなものがある。

① 土留め壁背面側地盤の地盤変形、陥没

② 周辺地盤の地下水位低下、地下水汚染

③ 地盤改良や薬液注入による周辺地盤の変位

④ 掘削残土や泥水の処理、処分、残土運搬時の沿道汚染

⑤ 土留め壁の打設、引抜き時や掘削中の騒音、振動

　これらのうち、①、②、③および⑤の振動は、周辺地盤や周辺の地下水が影響を受けて起こる現象である。④は、土留め・掘削工事による発生土の埋立て処分や地中連続壁などの施工で出た泥水の脱水、固化処理土の処分に伴う現象であり、工事上重要な課題の一つである。また、⑤の騒音、振動は、土留め壁や中間杭の施工機械、掘削機械などの稼働によって生ずる現象であるが、低騒音・低振動型の施工機械や工法の普及で発生が抑えられている。

2.2　施工過程で生ずる地盤変位

　施工過程で生ずる周辺地盤の変位を模式的に表すと、**図-2**のようになる。

① 土留め壁施工に伴う地盤変位

② 掘削に伴う土留め壁の変形による地盤変位

③ 掘削に伴う地下水湧出による地盤変位

④ 排水に伴う地下水位低下による粘性土の圧密沈下

⑤ ヒービングやボイリングによる地盤変位

⑥ 掘削に伴う地盤の浮き上がり

⑦ 切梁や土留め壁の撤去に伴う地盤変位

などである。

2.3　地盤変位の土質工学的分類とその影響要因

　地盤変位を土質工学的に分類すると、次のようになる。

① 掘削すると即時に生ずる弾性的な変位

② 地下水位が低下した場合などのように、粘性土中の間隙水が時間の経過とともに排水されて起こる一次圧密沈下

③ 二次圧密沈下といわれ、一次圧密沈下が生じた後も継続する沈下

④ 土中の応力が土のせん断強さを越えて塑性状態となり、一定の外力のもとで塑性変形のひずみが時間とともに増加する塑性流動。

　また、周辺地盤の変位がどのような形態で現れるかは、

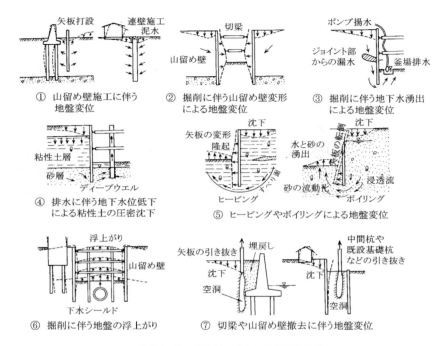

① 山留め壁施工に伴う地盤変位

② 掘削に伴う山留め壁変形による地盤変位

③ 掘削に伴う地下水湧出による地盤変位

④ 排水に伴う地下水位低下による粘性土の圧密沈下

⑤ ヒービングやボイリングによる地盤変位

⑥ 掘削に伴う地盤の浮上がり

⑦ 切梁や山留め壁撤去に伴う地盤変位

図-2 施工過程で起こる地盤変状

① 地盤を構成する土の性状、
② 掘削深さ、掘削幅、掘削延長といった掘削の規模、
③ 掘削速度や掘削順序などの掘削方法、
④ 切梁や腹起し、中間杭などの土留め架構の施工方法、
⑤ 施工者の技術的手腕、

に依存する。

2.4 排水に伴う地下水位の低下

　浅層地下水の帯水層地盤を掘削した場合に、土留め壁や掘削底からの湧水があると、周辺地盤の地下水位が低下する。掘削場所に近いほど水位の低下量が大きく、離れるに従って小さくなる。水位低下の範囲は、工事の規模や湧水量によるが、東京の武蔵野礫層を掘削した事例でおおむね150mという報告もある。こうした場

合、水位低下量と井戸深さの関係で井戸涸れが生ずることがある。

　また、粘性土層や腐植土層が介在する場合には、地下水位の低下に伴って、圧密沈下が生ずる可能性がある。このほか、ディープウェル工法などで掘削面内の砂礫層の地下水位を下げる場合、掘削場所の周辺に圧密沈下を起こしそうな地層が見当たらない場合でも、遠く離れた場所の腐植土層などで圧密沈下を誘発する場合がある。

　このような障害を避けるためには、地下水位低下の影響範囲を井戸理論などで予測し、工事場所付近の地盤図や地質図などでその範囲内に腐植土層などの圧密沈下を起こしそうな地層が有るか否かを調べ、有る場合には影響範囲がその地層の場所まで及ばない工法の検討が必要となる。

　このほかに、遮水性の土留め壁の設置により、地下水の流れが堰止められて上流側の水位が上昇し、下流側で低下することがある。下流側に圧密沈下を起こす粘性土層があれば、圧密沈下が生ずる可能性があるので　通水設備などを事前に検討しておく必要がある。

3. 対策工

　土留め・掘削工事に伴って、周辺の地盤や地下水に及ぼす影響が大きいと考えられる場合は、図-1の土留め・掘削と周辺環境の関係に示したように、その境界にある土留め壁での対応が重要となる。

3.1 地盤変形に影響する土留め壁の変形を抑える方法

①　掘削側の地盤を改良して受働抵抗を増大する。また、必要に応じて、先行地中梁を設ける。なお、軟弱粘性土地盤の場合、掘削底面側の地盤改良により、土留め壁が過大に背面側地盤に押し込まれないように注意する必要がある。

②　掘削を小さい区間に分けて行い、掘削の影響を少なくする。掘削幅が大きい場合は、断面の中央部から掘削し、土留め壁の際を切り残すなどの工夫により、土留め壁の変形を少なくできる場合がある。

③　各段階の掘削終了後、速やかに腹起しや切梁などの支保工を設置しプレロードをかける。土留め壁と腹起しの間のすき間をクサビやモルタルなどで埋めるのも効果的である。

④　支保工の鉛直間隔を短くする。

⑤　曲げ剛性の大きい土留め壁を採用する。

3.2 地下水位の低下を抑える方法

① 遮水性の高い土留め壁を採用する。

② 土留め壁の先端を難透水層へ根入れする。難透水層が存在しない場合は、根入れを長くし背面側地盤から掘削底に回り込む地下水の動水勾配を小さくする。

③ 掘削底面からの地下水の湧出を防ぐため、掘削底面の下の地盤の透水係数を小さくする目的で薬液注入工法により改良する。

④ 地下埋設物が土留め壁を横断する場合は不連続部が生じ、遮水性が損なわれやすい。埋設物の事前移設が望ましいが、移設ができない場合は、薬液注入工法や地盤改良工法により、土留め壁相当の止水性を確保した改良壁を構築する。

⑤ 土留め壁の背面側を薬液注入工法などで地盤改良し遮水性を高める。この場合、地盤改良により、土留め壁に変形などの影響を与えないように施工する。

⑥ 掘削底面で処理する地下水を背面側地盤に戻すなどの復水工法を採る。この場合、地下水汚染に注意する。

3.3 騒音、振動を抑える方法

① 低騒音、低振動型の施工機械や工法を採用する。

② 防音壁を設置する。

4. 土留めの役割

このように、土留めは掘削による地盤の崩壊を防ぎ工事区域内の安全性を確保することが一義的な役割であるが、同時に周辺環境を防護するという重要な役割があるといえる。

参考文献

1) 宮崎祐介ほか：根切り・山留のトラブルと対策, 地盤工学会, トラブルシリーズ3, 1997.

多くの実施例が語る掘削が周辺環境へ与える影響

Key Word　土留め、地形、地盤沈下、地下水

1.まえがき

　高密度な土地利用が進む都市部での建設工事では、工事に併行して騒音、振動、地盤変形、地下水変化などの「環境調査」を実施し、周辺環境の変化を把握して、工事の施工管理に必要な安全管理を行う必要がある。

　これは、東京都内の基礎工や掘削工を伴う土木工事について、地盤変形、地下水変化の傾向について調べたものである [1]。収集分析した事例の工事規模は中小規模で、掘削深さは概ね15m未満であった。

2.　工事場所の地質と調査した工事内容

2.1　工事場所の地形区分

　東京の地形は、西から東へ山地、丘陵地、多摩川低地、台地（立川面、武蔵野面、下末吉面）、台地河谷底、低地の8種類に区分される。調査した工事場所を図-1にプロットした。調査件数は193件で、低地が111件、台地河谷底33

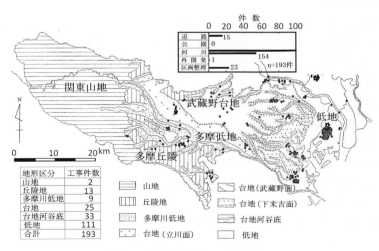

図一1 地形区分と工事場所

件、台地25件であった。

　事業別の工事件数をみると河川関連の事業が154件で全工事件数の80%を占めており、以下区画整理事業23件、道路関連事業15件、再開発事業1件となっている。

2.1　構造物基礎

　環境調査を実施した193件の工事について、構造物別に基礎型式を調べた結果を図-2(1)に示した。

　基礎型式は、①直接基礎、②杭基礎、③その他の3分類とした。構造物の種類は、中小河川護岸、内部河川護岸等の護岸構造物が123件で全体の64%で、橋台・橋脚が17件、擁壁等が14件であった。基礎型式は、全体の半数近くの87件が杭基礎で、直接基礎は43件である。調査段階で基礎型式が不明のものが63件あったが、これらを除いて調べた。

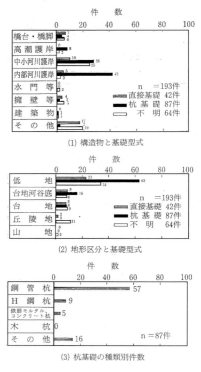

(1) 構造物と基礎型式

n ＝193件
直接基礎 42件
杭 基 礎 87件
不　明 64件

(2) 地形区分と基礎型式

n ＝193件
直接基礎 42件
杭 基 礎 87件
不　明 64件

(3) 杭基礎の種類別件数

n ＝87件

図-2　構造物基礎の実態

　基礎型式は、構造物の種類よりも構造物が建設される場所の地形に左右されている。地形区分と基礎型式の関係を図-2(2)に示した。直接基礎と杭基礎の地形別頻度比は、低地が23:63、台地河谷底が9:16、台地が8:8、丘陵地が2:0となっていた。直接基礎と杭基礎のみの比較であるが、台地、丘陵地から台地河谷底、低地にかけて杭基礎の使用頻度が増えることが分かる。

　つぎに、使用頻度の最も高い杭基礎について、その種類をみると(図-2(3))、鋼管杭が57件で杭基礎全件数87件の66%で最も多く、ついでH鋼杭9件、リバース杭を含めた鉄筋コンクリート杭が5件である。また、その他の中には、地下連続壁を構造物の基礎にも併用しているタイプがあった。

2.3 土留め・掘削工事

　土留め・掘削工事を伴う工事122件について、土留め壁の型式、施工方法、支持型式及び掘深削さについて年代別に比較した(図-3)。

(1) 土留め壁の種類

　土留め壁の種類の度数分布を図-3(1)に示した。鋼矢板が最も多く86件あり、全件数122件の70%を占めていた。簡易鋼矢板と親杭横矢板の件数は少ない。簡易鋼矢板は剛性が小さく変形しやすいこと、親杭横矢板は地下水位低下への危惧から、鋼矢板に変更する事例もあった。剛性の大きい鋼管矢板、地下連続壁、柱列式地下連続壁を合計した件数は、増加していた。

　土留め壁の種類は工事規模や地盤条件に左右されるが、施工中の騒音、振動の軽減、工事周辺地盤の変形や地下水位低下などの周辺環境への配慮が選定の重要な要件となっていた。

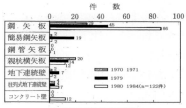

(1) 土留め壁の型式別件数

(2) 土留め壁の支持型式

　土留め壁の支持型式数を図-3(2)に示したが、切梁方式が88件で全件数の72%であった。アースアンカー式は切梁併用も含め増加した。自立式は地山の安定した小規模工事で使用されていた。

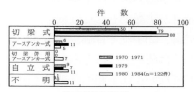

(2) 支持型式別件数

(3) 掘削深さ

　掘削深さの範囲を図-3(3)に示す。14.0m以下で12.0m以下が多かった。

　掘削深さが4.0m以下の工事のほとんどは、道路整備工事に伴う下水管埋設工事であった。掘削深さが4.1～8.0mの工事は、河川整備工事に伴う

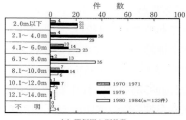

(3) 掘削深さ別件数

図-3 土留め・掘削工事の実態

護岸建設工事が多かった。掘削深さが10.1m以上の工事は、橋梁工事、トンネル工事であった。

3. 地盤変形

3.1 地盤種別ごとの沈下傾向

地盤種別ごとの沈下量と距離の関係を図-4に示した。地盤の硬さは表-1の地盤の硬さ分類による。

砂地盤では（図-4(1)）、硬さが①緩い地盤で74mm、②中位の地盤で26mm、③締まった地盤で8mmの最大沈下量であった。沈下範囲は①緩い地盤で50m、②中位の地盤で20m、③締まった地盤で約10mであった。

互層地盤の最大沈下量は、地盤の硬さが①緩いもしくは軟らかいで82mm、②中位で17mm、③締ったもしくは硬いではほとんど沈下が生じてない。沈下範囲は地盤の硬さが①緩いもしくは軟らかいと40〜50mであるが、中位の場合で20〜30mまでであった（図-4(2)）。

粘土地盤の最大沈下量（図-4(3)）は地盤の硬さが軟らかいで95mm、中位で21mmであった。沈下範囲は地盤の硬さが軟らかいで40〜50m、中位で20〜30mであった。

以上のことから、地盤の硬さが最大沈下量及び沈下範囲に大きく影響していたことが分かる。

地盤の硬さで分類すると、最大沈下量は地盤の硬さが①緩いもしくは軟らか

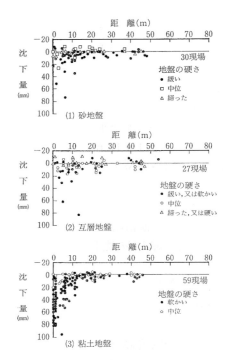

図-4 地盤別の沈下量と距離の関係

表-1 地盤の硬さ分類

	緩い、もしくは軟かい	中位	締った、もしくは硬い
砂地盤	$N \leq 10$	$10 < N \leq 30$	$30 < N$
互層地盤	$N \leq 8$	$8 < N \leq 20$	$20 < N$
粘土地盤	$N \leq 5$	$5 < N \leq 10$	$10 < N$

いで74〜92mm、②中位で17〜26mm、③締ったもしくは硬いで4〜8mmである。沈下範囲は、地盤の硬さが①緩いもしくは軟らかいで50m、②中位で20〜30m、③締ったもしくは硬いで0〜10mとなった。

3.2 工種別の沈下傾向

工種ごとにまとめた平均沈下量をみると（図-5）、水替工が17.6mm、掘削工が13.6mm、盛土・埋立て工が10.6mmと土工に関する工種が沈下量の大きい上位3工種となっている。ついで打設工、引抜工が5mm前後で、構築関係は撤去工を除くと5mm以下の沈下量であった。

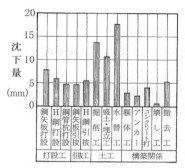

図-5 工種別平均沈下量

4. 地下水変化

4.1 水位変動

掘削工事に伴う掘削工程と地下水位の関係を調査した事例を図-6に示した。工事に伴い周辺地盤の地下水に影響した事象は、①井戸の揚水量が

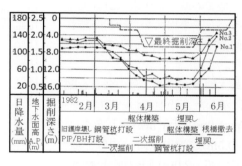

図-6 地下水位変動の工事例

少なくなり使用できなくなる場合、②地下水位の低下に伴って地盤に圧密沈下が生じる場合などがある。浅層地下水位の変動は降雨量と密接な関係がある[2]。したがって、浅層地下水位の変動量観測値だけから工事が原因となった変動量の抽出は難しい。

工事中に水位低下が観測された場合、それが季節変動によるものか否かを判断する定性的な方法に、低下した水位と過去の経年変化の最低水位とを比較する方法がある。また、工事中でも水替工、掘削工、ウェルポイント等水位を低下させる工種の工程と地下水位の経日変化を比較検討することも重要である。

25

4.2 地形別の地下水位低下量

　地形別の地下水位低下量と工事境界からの距離の関係を図-7に示した。

　台地河谷底における水位低下が最も著しい。台地河谷底では最大4mの低下を示し、工事場所から約120mの位置でも2m以上の低下が生じている。低地では最大2mの低下を示し、工事場所から150mの位置ではほとんど影響がみられない。

　台地での低下量も最大2m程度であるが、工事場所から約100m離れた位置で、1m以上の低下を示していた。

　最大地下水位低下量の分布を図-8に示した。低地においては、0.5〜1.0mの低下量が最も多く、0〜0.5m及び1.0〜1.5mの低下量も多いが、2.0m以上の低下量はない。台地河谷底では1.0〜2.0m

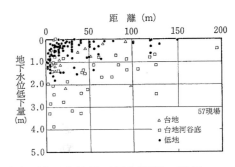

図-7 地下水位低下量と距離の関係

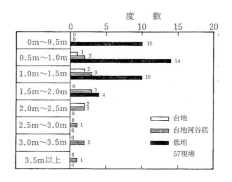

図-8 最大地下水位低下量分布

の低下量が最も多く、3.5m以上の低下量もあった。台地では0.5〜2.5mの間に低下量が分布している。

　台地や台地河谷底での水位低下が大きいのは、台地を覆う関東ローム層下の武蔵野礫層など、浅層地下水の帯水層との関係が深いためである。

参考文献

1) 佐々木俊平，杉本隆男，鈴木清美：都市土木工事に伴う周辺環境変化の傾向，東京都土木技術研究所年報，昭和62年，263-279，1987. 2)徳善温，中山俊雄，石村賢二，小川好：山の手台地の浅層地下水位変動について，昭和52年，東京都土木技術研究所年報，203-219，1978.

第2章

土のせん断と
有限要素法

N値に代わり大型三軸圧縮試験で求めた礫の内部摩擦角

Key Word　　礫、三軸圧縮試験、内部摩擦角、河岸段丘

1.まえがき

　粒径の大きい玉石や転石を含んだ地盤の土の内部摩擦角は、砂質土の内部摩擦角を標準貫入試験のN値から推定する提案式、例えば、首都高や国鉄の設計基準類による $\phi=\sqrt{15N}+15\leqq45$ を使っている。標準貫入試験は、玉石や転石に先端のレイモンド・サンプラーが当った場合打撃回数が多くなり、N値は意味がなくなる。また、粒径の大きい玉石や転石を含んだ地盤の土の内部摩擦角は、標準的な供試体(供試体寸法：直径50mm、高さ100～120mm)の三軸圧縮試験では求めることができない。

　ここでは、段丘礫層で不撹乱試料を採取し、大型三軸圧縮試験を行って初期間隙比eと内部摩擦角φ'の関係を求めた[1]。この関係から、砂礫層の初期間隙比を求めることで、内部摩擦角を推定する手法についてまとめた。

　具体的には、最上[2]とカコー・ケリーゼル[3]の内部摩擦角φと間隙比eの関係式に既往の研究データ[4],[5]と今回の試験結果とをプロットし、関係式に試験データがあてはまることを確かめた。

2.　試料採取場所の地質概要

　試料採取場所は東京多摩地域の丘陵地（図-1）に分布する洪積の段丘礫質土地盤である。現地は、加住丘陵と呼ばれる丘陵地の北端に位置し、標高はAP+130mである。現地の加住丘陵の地質は、河岸段丘礫層が主要な地層となっており、風化の進行程度に応じて3つに区分されている。

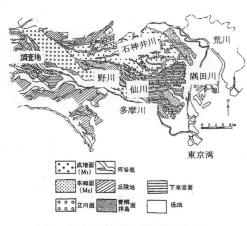

図-1 東京都付近の地形区分図

すなわち、地表部ほど礫の風化が進んで粘性土を多く含む腐れ礫層、粘性土を含んでいるが比較的風化していない砂礫層で、ところどころに直径約200mmの円礫を含む。そして粘性土などの細粒分含有量が少ない砂礫層となっている(表-1)。

3. 大型三軸圧縮試験

3.1 ブロックサンプリング

大型三軸圧縮試験用の供試体(直径300 mm、高さ600mm)採取は、以下の手順で行った。700mm程度の試料を切り出し、その上にサンプリング用モールドを

表-1 地質層序

時代区分		地層名	柱状図	記号	N値	層厚(m)	記事
第四紀	現世	盛土		B	4～20	0.20～3.50	粘土混じり砂礫主体アスコン片混入
	洪積世 上総層群	加住丘陵(強風化部)		Kg1	10～20	2.70～9.30	φ10～60mmの亜円礫～亜角礫Φ100～300mmの玉石混入
第三紀	鮮新世	加住丘陵(粘性土部)		Kc	3～9	0.90～1.80	φ10～50mmの礫～中～粗砂混入
		加住丘陵(弱風化部)		Kg2	20～40	1.10～8.45	φ10～50mmの亜円礫～亜角礫主体。Kg1層に比べ、硬質礫の混入多い。
		大矢部泥岩層		Om	N>50	1.55～3.24	風化礫混入。全体に固結化呈す。

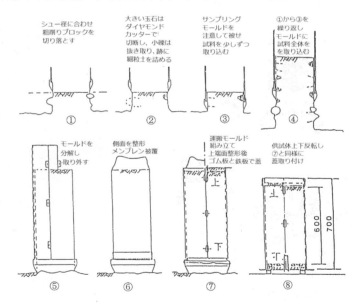

図-2 供試体のサンプリング手順

写真-1 地山掘削

写真-2 試料採取

写真-3 ゴムスリーブ被膜

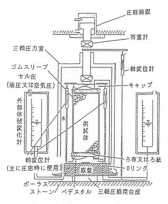
図-3 大型三軸圧縮試験機

写真-4 大型三軸圧縮試験機

載せ、注意深くモールド内径と同径になるまで整形を行う。礫がモールド径よりはみ出ている場合には、礫径の大小に応じて抜き取るか、ダイヤモンドカッターで切り取る作業を繰り返して、計12供試体を採取した。サンプリングの手順を図-2, 写真-1～3に、大型三軸圧縮試験機を図-3, 写真-4に示した。

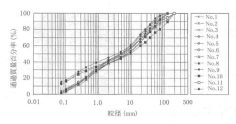
図-4 粒径加積曲線

31

3,2 物理試験

　粒径加積曲線を**図-4**に示した。細粒分含有率が15%以下、礫分が60%程度、礫の最大径は200mm、含水比は12%以下であった。このことから、礫が多く細粒分が少ない土質である。

4. 大型三軸圧縮試験

4.1 試験条件の設定

　供試体は、粒径75μm以下の細粒分の混入が少なく、粗粒分を主体とする透水性の良い土であった。3グループに分けた試験条件は以下のとおりである。

①CD試験；不飽和状態（自然状態）の6供試体。②CD試験；飽和状態3供試体。③CU試験；飽和状態3供試体。④拘束圧；0.2、0.3、0.6kgf/cm²。⑤ひずみ速度0.5%/min。供試体の物理特性一覧を**表-2**に示した。

4.2 強度定数

　全ての試験で得たモールの応力円を**図-5**に示す。この図より礫質土の強度定数は、飽和状態でc'=0.13～0.30kgf/cm²、φ'= 37.5 ～40.5°、不飽和状態でc'=0.16～0.40 kgf/cm²、φ'=34.5～41.5°となった。

　グループ毎に整理して示すと、**表-3**のようになる。なお、CD試験より

表-2 物理特性一覧表

項目\試験	ρt (g/cm³)	Wn (%)	ρs (g/cm³)	Gd	Dd	eo (ρsより)	Sr (ρsより)	eo (Ddより)	Sr (Ddより)	備考
No.1	2.195	11.9	2.712	2.469	2.585	0.383	84.4	※0.318	96.8	D 飽和 (CU)
No.2	2.147	10.7	2.696	2.435	2.553	0.390	74.0	0.316	86.4	C不飽和 (CD)
No.3	2.165	9.4	2.717	2.439	2.557	0.373	68.5	0.302	80.2	C不飽和 (CD)
No.4	2.173	11.5	2.698	2.399	2.547	0.384	80.7	0.307	95.4	B不飽和 (CD)
No.5	2.173	12.0	2.710	2.390	2.553	0.397	82.0	※0.316	97.0	A 飽和 (CD)
No.6	2.173	10.7	2.711	2.460	2.582	0.381	76.1	0.315	87.6	C不飽和 (CD)
No.7	2.214	10.7	2.715	2.455	2.573	0.358	81.3	0.287	96.1	B不飽和 (CD)
No.8	2.160	10.7	2.709	2.367	2.541	0.388	74.6	0.302	90.0	B不飽和 (CD)
No.9	2.151	11.6	2.708	2.524	2.621	0.405	77.6	※0.360	84.5	D 飽和 (CU)
No.10	2.188	10.4	2.713	2.519	2.605	0.369	76.5	※0.314	86.2	D 飽和 (CU)
No.11	2.237	11.2	2.713	2.477	2.586	0.349	87.2	0.285	101.5	A 飽和 (CD)
No.12	2.259	11.9	2.711	2.525	2.610	0.343	94.1	0.293	106.1	A 飽和 (CD)

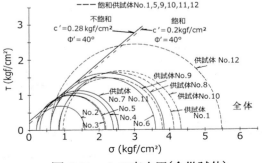

図-5 モールの応力円(全供試体)

求めたφdを有効内部摩擦角φ'とみなした。条件による大きなバラツキはなかった。

4.3 大型三軸圧縮試験で求めた内部摩擦角とN値より推定した値との比較

段丘礫層の斜面安定、土圧、そして支持力を計算する場合、

表-3 全供試体の強度定数

グループ （供試体No.）	試料飽和度 Sr（%）	強度定数	
		C'	φ'
A（完全飽和） (5, 11, 12, I, 9, 10)	100	0.13〜0.30	37.5〜40.5
B（不完全飽和） (4, 7, 8)	90.0〜96.1	0.24〜0.34	38.5〜41.5
C（不完全飽和） (2, 3, 6)	80.2〜87.6	0.16〜0.40	34.5〜41.5

よく既往の地質調査資料で標準貫入試験のN値を調べ、N値とφ'の関係式からφ'の値を決める。今回ブロックサンプリングした現場のN値は約10であった。

下記のN値とφdの関係式から内部摩擦角φ'を計算すると、つぎのようになる。ただし、ここでのφはCD試験より求まるφd（≒φ'）である。

建設省 $\phi d = \sqrt{(15N)} + 15 = 27°$

Peck $\phi d = 0.3N + 27 = 30°$

Meyerhof $\phi d = N/4 + 32.5 = 35°$ （10≦N≦50）

大崎 $\phi d = \sqrt{(20N)} + 15 = 29°$

Dunham $\phi d = \sqrt{(12N)} + 25 = 36°$ （角ばった粒子で粒度分布が良い）

これらの推定式によれば、φ'=27〜36°となり、今回実施した三軸圧縮試験の平均値（φ'=40°）はこれらの推定式で求めた値より大きかった。標準貫入試験法で得られるN値にバラツキの要因が含まれるため、そうした要因の少ない定数と内部摩擦角φ'の関係が得られると都合がよい。そこで、以下に間隙比eから内部摩擦角φ'を推定する手法について検討した。

5. 内部摩擦角φと間隙比eの既往の関係式と大型三軸圧縮試験結果との比較

内部摩擦角φ'と間隙比eとの関係に関する提案式は、間隙比として初期間隙比e_0を用いる式と、最小間隙比e_{min}を用いる式とに分けることができる。初期間隙比e_0は、室内試験で行う土粒子の密度試験や土の含水量試験や現場密度試験より求めることができるので、実務的で適用性が高い。ここでは、初期間隙比e_0と内部摩擦角φ'の関係式として、最上[2]の式とCaquot（カコー）・Keriesel（ケリーゼル）[3]の式を引用し、塩見ら（1995）[4]や諸戸（1975）[5]の研究データに今回のデータを加えて、k〜e_0及びc〜e_0の相関を調べた。

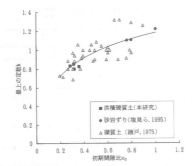 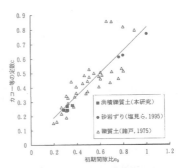

図-6 定数 k と初期間隙比 e₀ の関係　　図-7 定数 c と初期間隙比 e₀ の関係

$$\sin\phi = k/(1+e) \cdots\cdots \text{最上} , \quad e \cdot \tan\phi = c \quad \cdots\cdots \text{Caquot・Keriesel}$$

ここに、k , c は定数である。また、φは有効内部摩擦角φ'である。

　塩見ら[4]により実施された砂岩ずりを締固めて作成した供試体の大型三軸試験結果(●印)と諸戸[5]による礫質土に対する試験結果(△印)を今回の大型三軸試験結果(■印)とあわせて、図-6、図-7の初期間隙比と定数k, cの関係に示した。図中の曲線及び直線は、両者の関係を最小自乗法により求めたものである。これらの関係から、初期間隙比e₀ と最上の定数kおよびCaquot・Keriesel の定数cとの相関性はかなり良いことが分かった。

6. まとめ

　以上の検討結果より、主要な結論をまとめると次のとおりである。

① 図-6に示す初期間隙比e₀ と定数kの関係から最上の式により内部摩擦角 φ'を推定することができる。

② 図-7の初期間隙比e₀ と定数cの関係から、カコー・ケリーゼルの式により内部摩擦角φ'を推定することができる。

参考文献

1)米澤徹, 杉本隆男：段丘礫層における大型三軸圧縮試験と内部摩擦角, 東京都土木技術研究所年報, pp. 167-176, 1997. 2)最上武雄：粒状体の力学, 土質力学, 技報堂, p. 1027, 1969. 3)土質工学会：ロックフィル材料の試験と設計強度, p. 88, 1982.　4)塩見雅樹：大型三軸試験による砂岩ずりの強度特性, 第30回土質工学研究発表会, 294, 1995. 5)諸戸靖史：粒状体の変形と強度に関する基礎的研究, 東北大学博士論文, 975.

土留め壁がない場合の周辺地盤の応力と変形

Key Word 有限要素法、掘削、三軸圧縮試験

1. まえがき

掘削工事に伴う地盤沈下を有限要素法により予測する場合、土の応力～ひずみ関係は結果に大きく影響する。ここでは、東京の有楽町層の粘性土を使った三軸側圧減少試験で求めた応力～ひずみ関係を、Kondner の双曲線近似式に置き換え、その関係を使って土留め壁のない素掘り掘削の変形計算を行った[1]。

2. 素掘り掘削時の応力状態

掘削時の地盤内応力は、掘削面近くでは図-1に示すようになる。鉛直掘削面近くは鉛直方向の応力が掘削前の土被り圧にほぼ等しいが、水平方向の応力は0か小さくなる。また、掘削底面近くでは、鉛直方向圧が0となり、横方向に圧縮されたものとなる。掘削境界面から離れるほど掘削による応力解放の影響を受けないので、初期応力状態に近づく。

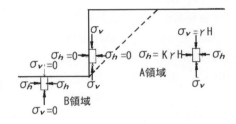

図-1　掘削時に考えられる応力状態

これらを壁変位と土圧の関係で示すと、図-2のようになる。こうした応力変化に近い条件の応力～ひずみ関係や土の諸定数を土質試験で求めた。

3. 地盤内応力変化を考慮した
応力～ひずみ関係

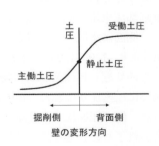

図-2　壁変形と土圧の関係

土の応力～ひずみの関係は、密度、含水量、土の骨格構造、排水条件、ひずみ条件、載荷速度、応力履歴、拘束圧、せん断応力など、多くのファクターに影響され

る。基本的には、現場の土の供試体を使って、工事が地盤に与える影響とそれによる地盤内応力の変化を考慮した土質試験をすれば、試験で得られる応力〜ひずみ関係は、実際の現場の土が受ける応力〜ひずみ関係に近い。

後述する素掘り掘削の有限要素解析では、図-1に示す掘削面に近いA領域要素の応力変化を考慮し、軸圧を一定にして側圧を減少させた試験の応力〜ひずみの関係を用いた。また、B領域は主応力方向が大きく変わることを考慮し、その影響を考慮した応力〜ひずみ関係をあてはめた。

表-1 練り返し再圧密土の物理定数

No.	最終圧密圧	含水比	単位堆積重量	間隙比
	kgf/cm^2	%	gf/cm^3	
1	0.80	51.87	1.71	1.42
2	1.50	48.89	1.74	1.34
3	2.00	47.19	1.75	1.30

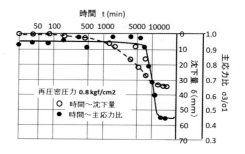

図-3 練り返し土の再圧密曲線

4. 側圧減少試験

4.1 練り返し再圧密試験

東京都江東地区内沖積層の深さ22m付近で採取したシルト質粘土を一旦練り返し、側面に土圧計をつけた直径250mm, 高さ300mmの圧密リングに流し込み、圧密圧0.8, 1.0, 1.25, 1.50, 2.0kgf/cm^{2}で再圧密して試料を作成した。再圧密後の練り返し再圧密試料の物理定数は表-1のようであった。

図-3に圧密圧が0.8kgf/cm^{2}の圧密曲線を示した。圧密後の主応力比は0.45であった。他の圧密圧での主応力比は、0.38〜0.45であった。Tschebotarioffは圧密が終了した状態を圧密平衡状態と呼び、このときの主応力比を圧密平衡係数Koと名づけ、実験で0.5であったとした。これは、現在の多くの規準類で、静止土圧係数を0.5とする根拠となった貴重な研究の一つであった。今回の再圧密試験結果の主応力比は、これに近い値であった。

4.2 側圧減少試験

1) 側圧減少試験機

　側圧減少試験装置を**図-4**に示した。標準的な三軸圧縮試験機を改造し、鉛直荷重を一定にする重錘を使った軸荷重載荷装置と、側圧を徐々に減少させるためのセル内液圧の恒圧装置を組み合わせた。この試験は、軸圧を一定にした圧縮試験である。

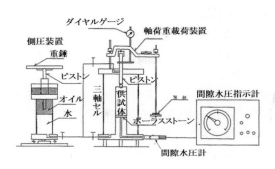

図-4 側圧減少試験措置

2) 側圧減少試験結果

　側圧減少試験は、練り返し再圧密した土塊から、直径35mm、高さ80mmの供試体を作り試験した。側圧減少試験結果の応力（$\sigma_1 - \sigma_3$）とひずみ ε の関係を**図-5**に示した。

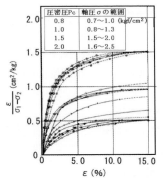

圧密圧Pc	軸圧 σ の範囲
0.8	0.7〜1.0 (kgf/cm²)
1.0	0.8〜1.3
1.5	1.5〜2.0
2.0	1.6〜2.5

図-5 応力〜ひずみ曲線

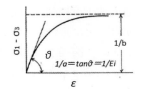

図-6 双曲線模式図

　この応力〜ひずみの関係は、式(1)のKondnerの双曲線式で近似させた。

$$(\sigma_1 - \sigma_3) = \varepsilon / (a + b\varepsilon) \quad \cdots\cdots\cdots \quad (1)$$

　図-6の模式図に示すように、aは応力〜ひずみ曲線の初期接線係数Eiの逆数に相当し、bは応力〜ひずみ曲線が無限のひずみに近づくときの主応力差（$\sigma_1 - \sigma_3$）f の逆数である。この式(1)は、式(2)の直線式に変換できる。

$$\varepsilon / (\sigma_1 - \sigma_3) = (a + b\varepsilon) \quad \cdots\cdots\cdots \quad (2)$$

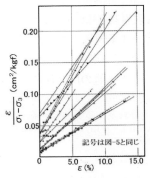

図-7 応力〜ひずみ曲線

図-5を式(2)の直線式に書き換えたのが図-7である。Y軸切片がaに、直線の傾きがbとなる。今回の素掘り掘削解析では、この試験で求めた係数a, bを使った。非排水条件のポアソン比 ν は0.5だが、有限要素法の剛性マトリックスに$(1-2\nu)$の項があり ν =0.475とした。

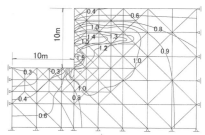

図-8 変形分布

5. 解析結果

変形分布を図-8に示す。鉛直な掘削面は前方に変形し、掘削高さの中央付近のはらみだしが大きく約10cmである。掘削底面で約5cm盛り上がっている。背面地盤の沈下量は8cmであった。掘削箇所から距離が離れるにしたがって、沈下量は少なくなる。Peck R.Bが"地表面沈下は掘削周辺の土の水平移動と掘削底面の膨れ上がりに起因する"と述べたことに近い。

また、図-9には非排水せん断強さ $(\sigma_1 - \sigma_3)f/2$ に対する最大せん断応力 τ maxの比の等高線を示した。1.0以上が破壊域である。最大値は掘削深さの6m付近にみられる。Taylor[2]の鉛直面斜面の安定数$(C/\gamma H)$の値から限界高さHcを求めると約5.9mとなり、ほゞ同じであった。

図-9 非排水せん断強さに対する
せん断応力の比の分布

参考文献

1)杉本隆男：軟弱地盤地域の掘削工事に伴う背面地盤沈下量の解析, 東京都土木技術研究所年報, 1974. 2)Taylor, D.W.：Fundamental of Soil Mechanics, John Wiley, New York, p.495, 1948.

土留め壁がある場合の周辺地盤の応力と変形

Key Word 有限要素法、掘削、土留め、全応力

1.まえがき

　鋼矢板や切梁などの構造物が地盤に接する場合、地盤と構造物は相互に干渉しあう。土留め掘削工事における土留め架構や周辺地盤の動きは、地盤と構造物との静的な相互作用であり、土質工学上の重要な課題の1つである。

　ところで、従来の土留め設計法は、土圧を外力として壁の変形や応力、切梁の軸力を計算している。また、掘削に伴う周辺の地盤沈下の予測は、経験的なものに頼らざるを得なかった。しかし、掘削は地中応力の応力解放そのものであり、これを外力として解析できれば、壁に作用する土圧を含め、地盤と構造物の変位や応力をその応答値として捉えることができる。ここでは、有限要素法を使って、これらの問題を検討した[1]。

2.　有限要素法による土留め掘削の解析

2.1　解析モデル

　解析モデルの地盤は軟弱地盤を想定し、幅60m、深さ20mとした。掘削は幅12m、深さ10mである。解析断面を**図-1**に示す。右側半分を考え、地盤を三角形要素、土留め壁を梁要素、切梁をバネ要素で置き換え、平面ひずみ問題として扱った。掘削は各段2mずつ5段階で10mの掘削とし、切梁は4段である。地盤の分割節点数は125で、要素数は211である。

　土留め壁は鋼矢板Ⅲ型とし、長さ16.0m（接点番号67〜83）と20.0m（接点番号67

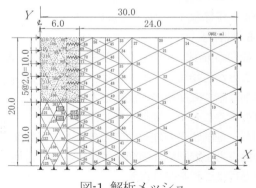

図-1　解析メッシュ

〜87）の２ケースとした。

2.2 土の応力〜ひずみ関係

土の応力〜ひずみ関係は、Duncan J. M.（1970)が提案した式(1)、(2)を用いた。式中で使われた係数 K、n、Rf は、東京の沖積粘性土の実験値を使った。

$$(\sigma_1 - \sigma_3)_f = \frac{2c\cos\phi + 2\sigma_3\sin\phi}{1 - \sin\phi} \quad \cdots\cdots (1)$$

$$E_t = \left[1 - R_f \cdot \frac{(\sigma_1 - \sigma_3)}{\alpha(\sigma_1 - \sigma_3)_f}\right]^2 \cdot K \cdot p_a \cdot \left(\frac{\sigma_3}{p_a}\right)^n \quad \cdots\cdots\cdots\cdots(2)$$

2.3 せん断強さの補正

沖積地盤粘性土は、骨格構造の異方性の影響でせん断強さが異なる。掘削問題では掘削と伴に主応力方向が変わるので、その変化に応じたせん断強さの補正が必要である。東京江東地区の沖積粘性土を採取し、三軸圧縮試験で切り出し方向角 β とせん断強さの関係[2]を調べた図-2の関係を用いた[2]。

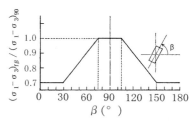

図-2 切り出し角とせん断強さ
補正値 α

2.4 地盤の初期応力

有効静止土圧係数をKo'とすれば、全応力表示の静止土圧数 Koは式(3)となる。γt=1.6tf/m3、γw= 1.0 tf/m3、γw=1.0t/m3、Ko'=0.5とすると、式(3)から Ko=0.812となる。地盤の初期応力は、全応力で表した土被り圧に式(3)の静止土圧係数 Koを乗じて求めた。

2.5 掘削力

最初の掘削は初期応力を解放することから始まり、その後は、各掘削段階で直前段階の地中応力を解放することで、掘削力とした。

$$K_0 = K_0' + \frac{(1 - K_0') \cdot \gamma_w}{\gamma_t} \quad \cdots (3)$$

ここで、γ_t：土の湿潤単位体積重量
γ_w：水の単位体積重量

即ち、掘削要素の地盤内応力をもとに掘削面での等価接点力を計算し、その等価接点力を掘削境界面節点に作用させて、地中変位と応力を計算する。遂次掘削過程はこれを繰り返す。

3. 解析結果

3.1 周辺地盤の地中変位

解析条件は、長さ16mのⅢ型鋼矢板を打込み、各段階の掘削深さを2mとして、5段階で10m掘削する工事を想定した。切梁は各段階の掘削後に300Hを架構する。**図-3**は周辺地盤の地中変位を節点変位ベクトルで表わしたものである。

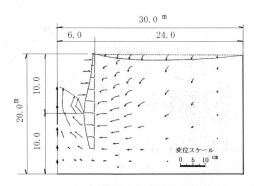

図-3 周辺地盤の地中変位ベクトル

①土留め壁の背面付近では、浅いところでは沈下傾向が、深いところでは水平移動が増加している。②掘削底下の土留め壁前面では、掘削底面に近いものほど膨れ上がり量が卓越し、5次掘削時は著しく大きい。③地盤全体全体の地中変位をみると、地表面付近は鉛直方向が卓越するが、深い位置は水平方向に近い傾向がみられる。ヒービング現象が想定される変位で、Peckの提案した安定数Nbは4.76であった。

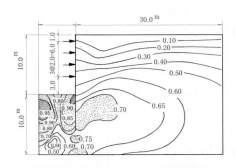

図-4 最大せん断応力とせん断抵抗の比

3.2 地中応力分布

図-4は5次掘削後の最大せん応力とせん断強さの比を要素ごとに計算し、比の等値線を描いたものである。1.0 はせん断破壊を意味する。掘削底面から鋼矢板の根入れ先端までの領域は、この値が0.7以上となっており、特に隅角部（斜線部分）で0.9〜0.95であった。この結果は、ヒービング破壊についてPeckが述べた「根入れの前面において塑性域が隅角部から発生し、いずれは全領域が塑性状態へと移行する」としたことと一致する。

41

また、鋼矢板背面の0.7以上の領域（点描部分）をみると、根入れの下端付近から斜め上方に向う等値線となっている。4次掘削段階のこの付近の比は0.6であったが、5次掘削で0.7以上になった。このことは、掘削に伴って背面地盤が進行性破壊する挙動を示す結果であった。

3.3 鋼矢板に接する土圧分布

　図-5は、鋼矢板に接する土要素の応力を掘削過程ごとにプロットしたもので土圧分布である。掘削前の全応力静止土圧分布は、土圧係数Ko'=0.812の土圧分布である。図-6の壁変形分布に示すように、壁全体が掘削側に変形し静止土圧線より小さくなる（主働側）変化となっている。また、掘削底の下では壁が押し出されて静止土圧線より大きく（受働側）なっている。

　図-7は、図中に示した要素番号の土の応力比 σ avから求めた主働側と受働側土圧係数 K_A、K_pの変化を示したものである。G.L. -6.0m付近の土要素Aは、h1/H=0.4まではKAが減少するが、h1/H=0.6 以上になると増加し、h1/H=1.0になると静止土圧係数Ko=0.812まで戻る。これは、壁の変形によるもので2次掘削までは掘削側に壁が移動するが、その後背面側に戻ったためである。

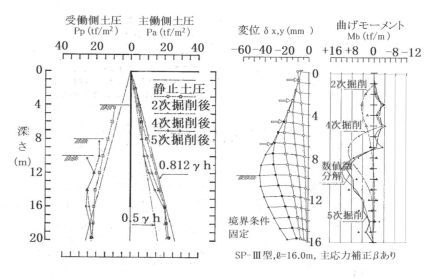

図-5 掘削に伴う土圧分布の変化　　図-6 鋼矢板の変形と曲げモーメント

42

G.L.-12.0m付近の土要素 B、Dでは、掘削が進むほど主働的土圧状態が進行していることが分かる。

また、受働側の土要素C、Eについてみると、壁に接する要素Cに比べて要素Eの方がKpの変化が著しい。これは要素Cの変形が壁との節点で拘束されているため、掘削力による鉛直圧が減少しないのに対し要素Eは著しく減少するためである。

図-8は、要素Bと要素C（NE:157、164）の水平応力σxと壁変位δxの関係である。受働側のσxは変位δxが少ない場合に弾性的であるが、4次掘削段階で塑性的になり、5次掘酎時は土圧がほとんど増加していない。一方、主働側の応力〜変位の関係は掘削期間中を通して弾性的である。

3、4 切梁軸力の変化

図-9に掘削深さと切梁軸力の関係を示した。現場計測でみられる変化と同様に、切梁架構時に最大値を示し下段切梁が架構されると上段切梁軸力が下がり、その後はほぼ一定の軸力を示す。

なお、有限要素法による軸力は下方分担法による各段切梁の軸力と同じ程度であった。

4. 実際の工事例への応用　〜実測値との比較〜

東京の軟弱地盤で行っていた土留め掘削工事で、掘削途中段階で最終掘削時の

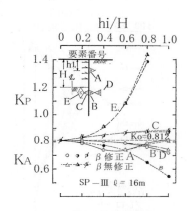

図-7 掘削に伴う土圧係数変化

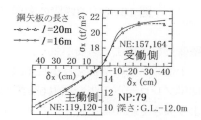

図-8 壁変形と土圧の変化

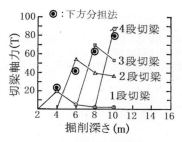

図-9 切梁軸力の変化

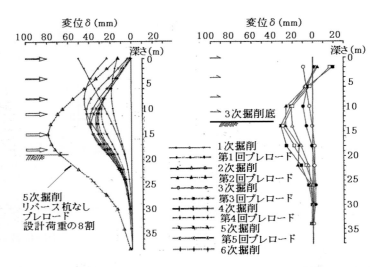

図-10 地中連続壁の変形（掘削途中の実測値と解析値の比較）

壁変形を予測する必要が生じた。

　土留め挙動の解析を行った結果を図-10に示した。土留め壁は地中連続壁で切梁プレロード工法を採用した工事であった。3次掘削段階で壁変位が設計時より大きく約30mmを超えたため、最終掘削時の変形量を予測した結果である。解析結果は3次掘削までの掘削過程の実測値をよく表しており、最終掘削段階で80mmとなると予測した。実測値はほぼ同様な結果となった。

参考文献

1)杉本隆男、阿部　博：有限要素法による根切り・山留めの解析, 東京都土木技術研究所年報, 昭和51年, pp. 223-247, 1976.　2)杉本隆男：盛土による地中構造を含む地盤の変形解析, 東京都土木技術研究所年報, 昭和54年, 1979.

浸透流で時間とともに危険度が増すヒービング現象

Key Word　有限要素法、ヒービング、浸透、土留め

1.まえがき

　ヒービング現象に関する基本的な考え方はつぎのように大別される。①掘削底面以深の地盤の支持力問題、②土留め壁根入先端を通るすべり面の安定問題。いずれも、ヒービング破壊が土の非排水条件下で生ずるものと仮定している。一方、ヒービング破壊に関する実験的研究[1]や受働破壊の研究[2]、そして計測例[3]では、膨れ上がり挙動が時間依存性の挙動であることが分かってきた。

　このような時間依存の挙動には、地盤掘削時の浸透・排水が影響している疑いがあるのだが、ヒービング現象に及ぼすその影響を解析的に検討した研究は非常に少ない。ここでは、軟弱粘性土地盤の掘削工事を想定した地盤モデルで有限要素法による地盤変形解析を行い、ヒービング現象に及ぼす浸透の影響を検討した。

　有限要素法は、Biot[4]の多次元圧密理論を有限要素法に定式化したChristian[5]の手法に準じて開発した土と間隙水を連成したプログラム（付録参照）[6]による。

2. 土留め・掘削工事のモデル化

2.1 一次元遂次掘削解析

　初期地下水位が地表にある厚さ 9m、幅 1m の粘性土層を 1.0m 掘削した場合の吸水膨張過程の解析結果を**図-1** と**図-2** に示した。土の密度 ρ' を 1.0tf/m³とした。地盤は 8 節点 2 次要素で表

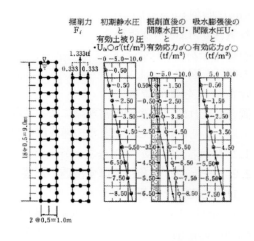

図-1 一次元掘削の吸水膨張過程

45

わした。掘削境界面の除荷等分布荷重は2.0tf/m²であるが、等価節点荷重に変換すると、0.333、1.333、0.333tfとなり、Desaiら[7]の解と一致する。この等価節点荷重により一次掘削直後に+2.0tf/m²の過剰間隙水圧が生じ、間隙水圧分布は、初期静水圧分布より2.0tf/m²小さな直線分布となっている。

吸水膨張後の間隙水圧は掘削底を0とする静水圧線と一致した。また、有効応力分布は、ρ'=1.0tf/m³ゆえ静水圧線と同じになる。吸水膨張過程の時間係数Tと膨張度δ_t/δ_f（δ_tは時刻tの膨れ上がり量、δ_fは吸水膨張後の膨れ上がり量である）の関係を図-2に示した。

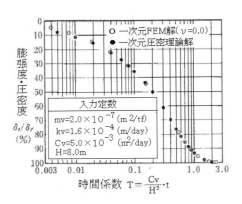

図-2 掘削による吸水膨張過程

表-1 解析上の入力定数

深さ	Ko	ρ'	c'	ϕ'	K	n	Rf	Eij	Enj	Kh×10⁻³	Kv×10⁻³
m	–	tf/m³	tf/m²	–	–	–	–	tf/m²	tf/m²	m/day	m/day
0-1	0.5	1.80	1.0	38.6	112	0.61	0.65	100	14,000	1.09	1.09
1-4	0.6	0.66	1.0	36.9	340	0.79	0.91	250~500	14,000	2.05	1.56
4-5	0.6	0.66	1.0	33.7	425	0.70	0.90	700	14,000	1.35	9.07
5-8	0.6	0.66	1.0	41.3	270	0.76	0.84	900~1200	14,000	3.37	0.46
8-12	0.5	0.66	1.6	25.4	265	1.13	0.97	1400~1600	14,000	2.05	1.56
12-16	0.5	0.66	2.0	27.9	200	1.18	0.97	2000~2200	14,000	1.35	0.91
16-20	0.5	0.66	3.2	23.5	130	1.34	0.99	–		3.37	0.46
土留壁	E=1.47×10⁷ tf/m²，I=1.64×10⁻⁴ m⁴										
切梁	E=1.47×10⁷ tf/m²，A=0.92~1.64×10⁻² m²										

置き換えれば、一次元圧密理論による時間係数と圧密度の関係と一致する。

以上から、開発した土と水の連成解析プログラムにより掘削時の排水を考慮した有効応力解析ができることが分かる。

2.2 ヒービング現象に及ぼす浸透の影響

1）入力定数と境界条件

軟弱粘性土地盤として層厚20mの地盤を想定し、四次掘削により深さ10m、幅20mの掘削工事に伴うヒービング現象の解析を行った。土留め壁は長さ16mのⅢ型鋼矢板で、切梁は1段切梁が250H、2、3段切梁が300HのH型鋼とし、

その水平間隔は 4m とした。解析上の入力定数を**表-1** に示した。排水境界条件は、掘削底に排水条件を設定し、土留め壁は不透水とした。初期地下水位はG.L. -1.0m とし、掘削中地下水面を一定とするため、非排水条件とした。さらに、土留め壁から 40m 離れた解析モデル地盤の鉛直境界と地盤の最下層面は非排水条件とした。

2) 掘削底の排水条件の相異による地中変位ベクトルの比較

　非排水条件と排水条件で解析した地中変位ベクトルの比較を、**図-3** に示した。実線が排水条件、点線が非排水条件での地中変位ベクトルである。掘削の施工工程は、図中に示したとおりである。排水条件解析による地中変位ベクトルは、非排水条件の場合に比べて、土留め壁背後で沈下量が大きい。また、土留め壁根入部周辺では、両解析条件ともに水平変位が鉛直変位より卓越する。掘削側では、排水条件の場合の膨れ上がり量が大きい。とくに、最終掘削(4 次掘削)後の膨れ上がり量は、排水条件の場合が掘削底面全体で大きいのに対して非排水条件の場合は、土留め壁に接する部分のみで大きい。

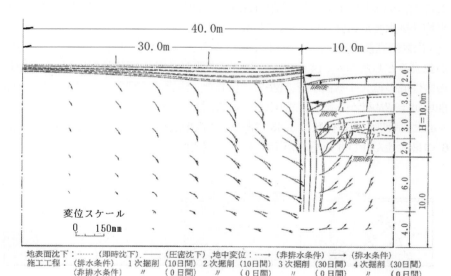

図-3 掘削底の排水条件の相異による地中変位ベクトルの比較

3) 流線網、体積ひずみ、最大せん断ひずみの分布

　排水条件解析結果で、最終掘削後、30 日経過した時点での流線網、体積ひずみ分布、および、最大せん断ひずみ分布を、**図-4**、**図-5**、**図-6** に示した。掘削に伴う全水頭ポテンシャルの変化は、**図-4** の流線網に示したように、土留め壁背面地盤から根入れ先端を通って掘削底に向う流線網を形成する。このため、**図-5** の体積ひずみ分布に示したように、土留め壁に接する背面地盤付近から根入れ先端付近にかけて体積ひずみは膨張する。また、掘削底面付近でも体積膨張を起こしている。土留め壁根入れ部の掘削底直下では、土留め壁が掘削側へ押し出された影響で圧縮ひずみとなる。4 次掘削底では**図-6** の最大せん断ひずみ分布に示したように非常に大きな最大せん断ひずみが生じ、地盤破壊を起こしている。

4) 掘削中の塑性域の拡大

　ヒービング検討式の Peck が提案した安定係数 Nb は次式で表わされる。

$$Nb = \gamma H / Sub \quad \cdots\cdots (1)$$

ここで、γ は土の単位体積重量(tf/m³)、H は掘削深さ(m)、Sub は根入れ部地盤の平均非排水せん断強さ(tf/m²)である。

　3 次掘削直後の安定係数 Nb は 3.50 であり、Peck が掘削底の隅角部に塑性域が生ずるとした Nb=3.14 を越え、掘削底の膨れ上がり量が大きい。3 次掘削時の塑性域の拡大する様子を、**図-7** に示した。浸透の影響を 30 日間受けると塑性域が土留め壁から離れた掘削底の下部に拡大することが分る。

　4 次掘削時の安定係数は 4.43 であり、4 次掘削後 30 日経過した時点では**図-6** の最大せん断ひずみ分布が示すように、掘削底直下の全域に塑性域が広がっ

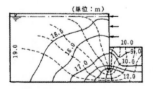

図-4 流線網

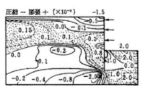

図-5 体積ひずみ

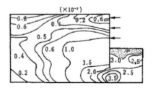

図-6 最大せん断ひずみ

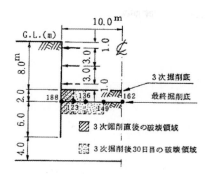

図-7 三次掘削後の塑性域の拡大

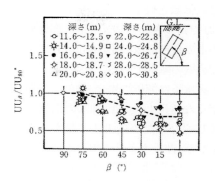

**図-8 供試体の切出し方向角 β と
非排水強さ比 UUβ/UU$_{90°}$
の関係**

ている。このため、掘削底の膨れ上
がり量は非常に大きくなる。

一般に、土の非排水せん断強さは
図-8 に示したように主応力回転によ
り強度が小さくなる。ヒービングの検
討で主応力回転によるせん断強度補
正の有無による安定係数の値は**表-2**
に示すようになり、通常の UU 試験で
得た強度定数を用いた場合、危険側の
結果となる。

以上の結果から、**図-7** に示した浸透
の影響による塑性域の拡大は、Peck が

表-2 工程ごとの安定係数

掘削次数 n	掘削深さ H(m)	式(51)の分子 γH (tf/㎡)	入力C', ϕ'を使いHansen式(52)のSubの場合 $\widetilde{Sub}$ (tf/㎡)		主応力回転によるSub補正の場合（非排水条件） $\widetilde{Sub}$ (tf/㎡)		主応力回転によるSub補正の場合（排水条件） $\widetilde{Sub}$ (tf/㎡)	
				Nb		Nb		Nb
1	2.0	3.46	3.63	0.95	3.50	0.99	3.50	0.99
2	5.0	8.44	4.04	2.09	3.81	2.21	3.79	2.23
3	8.0	13.42	4.37	3.07	3.92	3.42	3.83 (3.77)	3.50 (3.56)
4	10.0	16.74	4.66	3.59	4.03	4.16	3.77 (3.81)	4.44 (4.39)

（注（）内は、3、4次掘削後30日経過した時

安定係数と塑性破壊域の拡大の関係について述べたことと一致した。

5）土留め壁背面の地表面沈下量

解析で得られた地表面の最大沈下量について、式(2)で表わされる掘削係数[8]
との関係を検討した結果を、**図-9** に示した。

$$\alpha_c = \frac{B \cdot H}{\beta_D \cdot D}, \qquad \beta_D = \sqrt[4]{\widetilde{E_s}/EI} \qquad \cdots (2)$$

ここで、α_cは掘削係数、B、H、Dは掘削幅、掘削深さ、根入長である。β_Dは

根入係数と呼称する係数であり式(2)で表わされる。Es は根入部地盤の土の変形係数の平均値、EI は土留め壁の剛性である。

排水条件解析の場合、掘削深さが深くなるにしたがい排水の影響が著しくなるため最大沈下量が大きくなり、非排水条件の場合との差が大きくなる。図中には、実測例を併記した。実測例と解析例の掘削係数

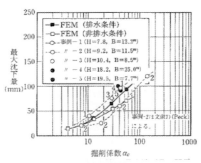

図-9 掘削係数と最大沈下量

と最大沈下量の関係は、非常に近似した関係にあることが分る。

以上のことから、ヒービング現象を起こしやすい軟弱粘性土地盤では、土留め壁背面の地表面沈下量が大きく、浸透の影響を受ける場合には、最大沈下量がより大きくなることが分かる。

5. 結論

ヒービング現象に及ぼす浸透の影響について、土と水連成解析の有限要素法で検討した。その結果、安定係数が3.14以上になると掘削底周辺地盤に塑性域が拡大し、浸透の影響で浮上がり量が大きくなることが分かった。

参考文献

1)金谷祐二, 宮崎祐助：ヒービング破壊の実験的研究, 日本建築学会年次講演会, 1399-1400, 1975. 2)杉本隆男, 佐々木俊平：粘性土地盤の受働破壊に関する土槽実験, 第21回土質工学研究発表会講演集, No.525, 1371-1372, 1986. 3)伊勢本昇昭, 岡部徳一郎, 窪田敬昭, 保井美敏：掘削時の山留め壁背面地盤の挙動について, 第20回土質工学研究発表会, No.477, 1245-1246, 1985. 4)Biot, M.A : General Theory of Three-Dimensional consolidation, Jour. of Applied Physics, Vol.12, February, 155-164, 1941. 5)Christian J.T.: Undrained Stress Distribution by Numerical Methods, Jour. of S.M.F. Div. ASCE, Vol.94, No.SM6, 1333-1345, 1968. 6)杉本隆男, 佐々木俊平：土留め・掘削工事に伴うヒービング現象に及ぼす浸透の影響, 東京都土木技術研究所年報, 昭和61年, pp.225-237, 1986. 7) Desai, C.S. and S.Sargand; Hybrid FE Procedure for Soil-Structure Interaction, Jour. of G.E. Div., ASCE, Vol.110, No.GT4, 473-486, (1984). 8)杉本隆男：開削工事にともなう地表面最大沈下量の予測に関する研究, 土木学会論文集, 第373/VI-5, pp.113〜120, 1986.

付録

開発した土水連成プログラムの
考え方（文献6より）

2. 有限要素法の適用

(1) Christian 解法の説明

Biot[18] の多次元圧密方程式をデカルト・テンソル表示
すると，つぎのようになる。

$$\left\{ C_{ijkl} \frac{1}{2} (u_{i,j} + u_{j,i}) \right\}, j + p_{,i} + \rho F_i = 0 \quad \cdots \cdots (1)$$

$$\dot{u}_{i,i} + k_{ij}(p_{,i} + \rho_f F_i)_{,i} = 0 \quad \cdots \cdots (2)$$

ここで，C_{ijkl} は弾性応力～ひずみ関係を規定する定
数，u と p は変位と間隙水圧，ρ と ρ_f は飽和土と間隙
流体の質量密度，k_{ij} 間隙流体速度～動水勾配を規定す
る定数である。添字の $,i$ は i 成分に関する微分，$\cdot$ は
時間に関する微分を意味する。

Christian の方法[19] の出発点は，土の有効応力論を基
本とし，非排水条件下の応力分布を解くことに立脚して
おり，仮想仕事原理にもとづき有限要素法への定式化を
図っている。

ここでは，式 (1) の物体力項を無視した釣り合い方
程式を既知の体積ひずみを制約条件として解く。

$$\left\{ C_{ijkl} \frac{1}{2} (u_{i,j} + u_{j,i}) \right\}, j + p_{,i} = 0 \quad \cdots \cdots (3)$$

$$u_{i,i} = \bar{\zeta}_t \quad \cdots \cdots (4)$$

ここで，$\bar{\zeta}_t$ は既知の体積ひずみ，添字は時刻を表わす。

式 (4) の右辺を 0 と置けば，非排水問題の基礎方程
式となる。

土粒子と間隙流体の圧縮性を無視すれば，上式を解い
て得られた非排水条件下の間隙水圧を使って，式 (5)
で表わされる連続条件式から $t+\Delta t$ 時刻の体積ひずみ
$\bar{\zeta}_{t+\Delta t}$ が求められる。

$$\dot{\zeta}_t + k_{ij}(p_{,i})_{,i} = 0 \quad \cdots \cdots (5)$$

$\bar{\zeta}_{t+\Delta t}$ を新しい制約条件として釣り合い方程式を Step
by Step に解けば，排水条件問題すなわち圧密問題を
解くことになる。

このように，Christian の解法は圧密問題の解法とし
ては最も原理的であり，土と水の連成問題を考える上で
理解しやすい。

(2) 仮想仕事原理に基づく有限要素法への定式化

仮想仕事原理に基づき，Christian 解法を有限要素法
に定式化すると，つぎのようになる。

物体力のない二次元平面ひずみ問題を考える。

土の全応力 $\{\sigma\}$ は，有効応力 $\{\bar{\sigma}\}$ と間隙水圧 $\{p\}$ の
和で表わされる。

$$\{\sigma\} = \{\bar{\sigma}\} + \{p\} \quad \cdots \cdots (6)$$

ひずみベクトルを $\{\varepsilon\}$ で表わし，初期ひずみを $\{\varepsilon_0\}$ と
すれば，有効応力とひずみの関係はつぎのようになる。

$$\{\bar{\sigma}\} = [D](\{\varepsilon\} - \{\varepsilon_0\}) \quad \cdots \cdots (7)$$

ここで，$[D]$ は等方弾性体の剛性マトリックスである。

境界 S における表面荷重ベクトルを $\{F\}$，変位ベクト
ルを $\{u\}$ とし，記号 δ を任意の微小増分記号とすれば，
仮想仕事原理から下式が成立する。V は体積である。

$$\int_S \{F\}^T \delta \{u\} \, dS = \int_V \{\sigma\}^T \delta \{\varepsilon\} \, dV$$
$$= \int_V \{\bar{\sigma}\}^T \delta \{\varepsilon\} \, dV + \int_V \{p\}^T \delta \{\varepsilon\} \, dV \quad \cdots \cdots (8)$$

未知変位ベクトル $\{u\}$ を，仮定した形状関数の線形結
合で空間領域を近似する。空間領域内の離散点（座標で
表わされる節点）$\{u_N\}$ に関連した形状関数 $[N]$ を適当
に選べば，

$$\{u\} \cong [N]\{u_N\} \quad \cdots \cdots (9)$$

式 (9) を微分することにより，ひずみ $\{\varepsilon\}$ を得る。

$$\{\varepsilon\} = [B]\{u_N\} \quad \cdots \cdots (10)$$

ここで，$[B]$ はひずみ～変位マトリックスと呼ばれる。

式 (7)，(9)，(10) を式 (8) に代入して両辺の転置
をとれば

$$\int_S \{u_N\}^T [N]^T \{F\} \, dS$$
$$= \int_V \delta \{u_N\}^T [B]^T (\{\varepsilon\} - \{\varepsilon_0\})^T [D]^T dV$$
$$+ \int_V \delta \{u_N\}^T [B]^T \{p\} \, dV \quad \cdots \cdots (11)$$

これを整理すれば

$$\delta \{u_N\}^T \cdot \left(\int_S [N]^T \{F\} \, dS + \int_V [B]^T [D] \{\varepsilon_0\} \, dV \right)$$
$$= \delta \{u_N\}^T \cdot \left(\int_V [B]^T [D]] [B] dV \cdot \{u_N\} \right.$$
$$+ \int_V [B]^T \{p\} \, dV \quad \cdots \cdots (12)$$

式 (12) は任意の微小変位ベクトル $\delta \{u_N\}^T$ に対して成
立するので

$$\{F_N\} = [K_N] \cdot \{u_N\} + [K_N'] \{p\} \quad\cdots\cdots\cdots\cdots (13)$$

ここで

$$\{F_N\} = \int_S [N]^T \{F\} \, dS + \int_V [B]^T [D] \{\varepsilon_0\} \, dV$$
$$\cdots\cdots\cdots\cdots (14)$$

$$[K_N] = \int_V [B]^T [D][B] \, dV \quad\cdots\cdots\cdots\cdots (15)$$

$$[K_N'] = \int_V [B]^T dV \quad\cdots\cdots\cdots\cdots (16)$$

未知量である変位ベクトル $\{u_N\}$ と間隙水圧ベクトル $\{p\}$ の絶対値の大きさを近似させるため，間隙水圧を体積圧縮係数 K_B で割った新しい未知量を考える。

$$\{p_N\} = \{p\}/K_B \quad\cdots\cdots\cdots\cdots (17)$$

この場合，式 (13) はつぎのように表わされる。

$$\{F_N\} = [K_N] \cdot \{u_N\} + [K_N''] \{p_N\} \quad\cdots\cdots\cdots (18)$$

ここで，式 (16) は

$$[K_N''] = \int_V [B]^T \cdot K_B dV \quad\cdots\cdots\cdots\cdots (19)$$

となる。

一方，制約条件である既知の体積ひずみは，二次元平面ひずみ条件下では，つぎのように表わせる。

$$\{\varepsilon_V\} = \varepsilon_x + \varepsilon_y \quad\cdots\cdots\cdots\cdots (20)$$

式 (10) から，ひずみ～変位マトリックス $[B]$ の ε_x と ε_y に対応する行を加算すれば，

$$\{\varepsilon_V\} = [B'] \{u_N\} \quad\cdots\cdots\cdots\cdots (21)$$

ここで，式 (19) におけるマトリックの各項の大きさと近似させるため，両辺に体積圧縮係数 K_B を乗じて両辺を積分すれば，

$$\int_V \{\varepsilon_V\} K_B dV = \int_V [B'] K_B \cdot \{u_N\} \, dV$$
$$= [K_N'''] \{u_N\} \quad\cdots\cdots\cdots\cdots (22)$$

ここで

$$[K_N'''] = \int_V [B'] K_B dV \quad\cdots\cdots\cdots\cdots (23)$$

式 (22) の左辺は，制約条件となる既知の体積変化量に相当するベクトルであり，それを $\{V_t^*\}$ とすれば

$$\{V_t^*\} = \int_V \{\varepsilon_V\} K_B dV \quad\cdots\cdots\cdots\cdots (24)$$

添字 t は時刻を表わし，非排水条件下では $\{V_t^*\} = 0$。

式 (18) と (24) を組み合わせれば，

$$\begin{bmatrix} K_N & K_N'' \\ K_N''' & 0 \end{bmatrix} \cdot \begin{Bmatrix} u_N \\ p_N \end{Bmatrix} = \begin{Bmatrix} F_N \\ V_t^* \end{Bmatrix} \quad\cdots\cdots\cdots\cdots (25)$$

以上が，Christian が誘導した体積ひずみを制約条件とした釣り合い方程式を，有限要素法に定式化した結果である。

Christian の定式化では，形状関数 $[N]$ として要素内ひずみが一定となる三角形要素を選んでいるが，ここでの定式化の特徴は，任意の次数をもつ形状関数を選べるようにしたことである。

(3) 連続条件式の差分化

式 (5) の連続条件式は，任意微小領域に流入・流出する単位時間当りの流量の総和が，その領域の体積ひずみに等しいことを示す。

任意微小領域（M要素）とそれをとり囲む4つの微小領域（I，J，K，L要素）を図-1に示す。各要素の中央における全水頭ポテンシャルを考える。ただし，土中での間隙水の流速は非常に小さいので速度水頭を含まない。したがって，全水頭ポテンシャルは，圧力水頭と位置水頭の和に等しい。また圧力水頭は静水圧水頭と過剰間隙水圧水頭の和に等しい。

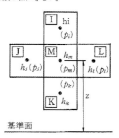

図-1 連続条件式のキー・スケッチ

$$\{h\}_n = \{p/\gamma_w\} + \{z\} \quad\cdots\cdots\cdots\cdots (26)$$

ここで $\{h\}$ は全水頭，$\{p/\gamma_w\}$ は圧力水頭，$\{z\}$ は位置水頭である。

異なった透水係数をもつ2要素間の流れを考える[20]。図-2から，要素MとLにおいて，

$$\left(\frac{\partial h}{\partial x}\right)_{ml} dx_{ml} + \left(\frac{\partial h}{\partial x}\right)_{lm} \cdot dx_{lm} = h_{i+1, j} - h_{i, j} \cdots (27)$$

要素境界面での連続条件から

$$\left(\frac{\partial h}{\partial x}\right)_{ml} \cdot k_m = \left(\frac{\partial h}{\partial x}\right)_{lm} \cdot k_l \quad\cdots\cdots\cdots\cdots (28)$$

ここで，k_m と k_l は，MとL要素の透水係数である。

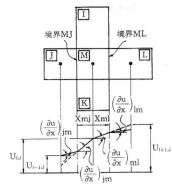

図-2　要素境界の動水勾配

式 (27) と (28) から

$$\left(\frac{\partial h}{\partial x}\right)_{ml}=\frac{h_{i+1,\,j}-h_{i,\,j}}{dx_{ml}(1+n_{ml})} \quad\cdots\cdots\cdots\cdots\cdots(29)$$

ここで

$$n_{ml}=\frac{k_m}{k_l}\cdot\frac{dx_{lm}}{dx_{ml}} \quad\cdots\cdots\cdots\cdots\cdots\cdots\cdots(30)$$

同様に，要素 M と J において

$$\left(\frac{\partial h}{\partial x}\right)_{mj}=\frac{h_{i,\,j}-h_{i-1,\,j}}{dx_{mj}(1+n_{mj})} \quad\cdots\cdots\cdots\cdots(31)$$

$$n_{mj}=\frac{k_m}{k_j}\cdot\frac{x_{jm}}{x_{mj}} \quad\cdots\cdots\cdots\cdots\cdots\cdots\cdots(32)$$

境界 JM から境界 LM までの動水勾配変化を考えると，図-2 から，

$$\left(\frac{\partial h}{\partial x}\right)_{ml}=\left(\frac{\partial h}{\partial x}\right)_{mj}+\partial\left(\frac{\partial h}{\partial x}\right)\Big/\partial x\cdot dx_m \quad\cdots\cdots(33)$$

したがって，

$$\left(\frac{\partial^2 h}{\partial x^2}\right)_m=\frac{(\partial h/\partial x)_{ml}-(\partial h/\partial x)_{mj}}{dx_m} \quad\cdots\cdots\cdots(34)$$

式 (34) に式 (29)〜(32) を代入すれば

$$\left(\frac{\partial^2 h}{\partial x^2}\right)_m=\frac{1}{dx_{ml}}\left\{\frac{h_{i+1,\,j}-h_{i,\,j}}{dx_m(1+n_{ml})}-\frac{h_{i,\,j}-h_{i-1,\,j}}{dx_{mj}(1+n_{mj})}\right\}$$
$$\cdots\cdots\cdots\cdots(35)$$

同様に要素 M と I，M と K について考えれば

$$\left(\frac{\partial^2 h}{\partial y^2}\right)_m=\frac{1}{dy_{in}}\left\{\frac{h_{i,\,j+1}-h_{i,\,j}}{y_{mi}(1+n_{mi})}-\frac{h_{i,\,j}-h_{i,\,j-1}}{y_{mk}(1+n_{mk})}\right\}$$
$$\cdots\cdots\cdots\cdots(36)$$

ここで

$$n_{mi}=\frac{k_m}{k_i}\cdot\frac{y_{im}}{y_{mi}},\quad n_{mk}=\frac{k_m}{k_k}\cdot\frac{y_{km}}{y_{mk}} \quad\cdots\cdots\cdots\cdots(37)$$

したがって，式の (5) 連続条件式を差分表示すれば，つぎのようになる。

$$\varepsilon_V(t+\varDelta t)=\varepsilon_V(t)-\left(\bar{\alpha}\cdot h_m-\sum_{n=i}^{l}\alpha_n\cdot h_n\right)\cdot\varDelta t \quad\cdots(38)$$

ここで，

$$\alpha_i=\frac{k_y}{dy_m dy_{mi}(1+n_{mi})},\quad \alpha_j=\frac{k_x}{dx_m dx_{mj}(1+n_{mj})}$$

$$\alpha_k=\frac{k_y}{dy_m dy_{mk}(1+n_{mk})},\quad \alpha_l=\frac{k_x}{dx_m dx_{ml}(1+n_{ml})}$$

$$\bar{\alpha}=\alpha_i+\alpha_j+\alpha_k+\alpha_l$$

式 (38) を式 (24) に代入し，定義した領域の全要素について組みたてて，マトリックス表示すれば，

$$\{V^*(t+\varDelta t)\}=\{V^*(t)\}+\varDelta t[K_V]\{h(t)\}$$
$$-\varDelta t\{\hat{Q}(t)\} \quad\cdots\cdots\cdots\cdots\cdots\cdots\cdots(39)$$

ここで，$\{\hat{Q}(t)\}$ は境界流量である。

以上のように，連続条件式を全要素について多層系として取り扱って差分化を図り，種々の地盤への適用を可能にした。

(4) 排水境界条件の設定

式 (39) において，境界流量 $\{\hat{Q}(t)\}$ を把握することは，強制排水工法を採用する場合以外では困難である。一方，境界流量を設定する代りに，境界面の全水頭ポテンシャルを設定することは容易である。そこで，表-1 のよ

表-1　排水境界条件の設定

排水境界条件	設定全水頭ポテンシャル	境界面までの距離	プログラム上の境界設定
排　水	位置水頭のみ	境界要素中央から境界面までの距離	NQ4(M, I) =0
非排水	境界面に接する要素の写像全水頭	上 記 の 2 倍	1,000
初期全水頭不変	初期圧力水頭+位置水頭	境界要素中央から境界面までの距離	3,000
被圧境界	被圧水頭+位置水頭	同　　上	2,000
排水流量	式 (39) の $\hat{Q}(t)$要素	———	5,000

(注) NQ4(M, I) は，M要素を取り囲む I，J，K，L要素
（図-1 参照）の番号をして入力

うに排水境界条件を設定した。

3. 土留・掘削工事のモデル化

(1) 解析モデル

土留・掘削工事に伴う周辺地盤の変形問題は，地盤と構造物との連成問題でもある。そこで，地盤や構造物を

つぎのようにモデル化した。

　ａ．地盤

　Serendipity 族[21]に属する要素 の１つで，一次と二次の形状関数をもつ４節点および８節点長方形要素

　ｂ．土留壁

　二次元の梁要素[22]

　ｃ．土と土留壁の境界

　Goodman[23]のジョイント要素

　ｄ．切梁

　一次元バネ要素

(2) 初期応力と掘削力の評価方法

1) 初期応力

　一般に，地盤の初期応力は土被り圧 σ'_{V0} と静止土圧係数 K_0 から計算される 水平方向の有効応力 $\sigma'_{H0}(=K_0\sigma'_{V0})$ で表わされる。地表面形状が平坦で水平面と一致する場合には，上述の関係を分割した全要素に適用できる。

　地表面形状が平坦でなく水平面と一致しない任意形状をなす場合には，その形状効果を考慮して初期応力を設定しなければならない。こうした場合，各要素の物体力をもとに初期応力を算定する必要がある。

　物体力 $\{\gamma\}$ と等価な 節点力 $\{F\}_\gamma$ は，式 (40) で求められる。

$$\{F\}_\gamma = -\int_V [N]^T \{\gamma\} dV \cdots\cdots\cdots\cdots\cdots (40)$$

ここで，$[N]$ は形状関数である。

　分割した全要素に式 (40) を適用し，得られた荷重ベクトル $\{F\}$ をもとに，式 (41) の剛性方程式を解く。

$$\{F\} = [K]\{u_0\} \cdots\cdots\cdots\cdots\cdots\cdots\cdots (41)$$

ここで，$[K]$ は剛性マトリックス，$\{u_0\}$ は節点変位である。剛性マトリックス $[K]$ 中のポアソン比は，式 (42) の静止土圧係数 K_0 との関係から計算する。

$$\nu = \frac{K_0}{1+K_0} \cdots\cdots\cdots\cdots\cdots\cdots\cdots (42)$$

　得られた節点変位を使って，要素ごとの初期応力 $\{\sigma_0'\}^e$ を式 (43) から算定する。

$$\{\sigma_0'\}^e = [D]^e [B]^e \{u_0\}^e \cdots\cdots\cdots\cdots\cdots (43)$$

2) 掘削力

　式 (14) における境界荷重 $\{F_N\}$ は，応力解放法[24]を用いて，逐次掘削ごとに掘削境界節点荷重を計算した。

$$\{F_N\} = \sum_{i=1}^n \left(\int_V [B]^T \{\sigma\}_B dV - \int_V [N]^T \{\gamma\}_B dV\right)_i$$
$$\cdots\cdots\cdots (44)$$

ここで，$[B]$ と $[N]$ は，ひずみ～変位と形状関数マトリックスである。$\{\sigma\}_B$ と $\{\gamma\}_B$ は，掘削要素の全応力ベクトルと物体力ベクトルである。n は i 次掘削時の掘削要素の数である。

　全応力ベクトル $\{\sigma\}_B$ は，Gauss の数値積分点における有効応力と中立応力から計算した。

圧密理論解との比較で開発した **FEM** の精度を調べる

Key Word 有限要素法、二次元圧密、圧密理論

1.　まえがき

　鮮新世の軟弱層が厚く堆積した地盤での建設工事では、盛土や掘削に伴う地盤沈下が重要な検討課題となる。特に、圧密沈下は、土骨格と間隙水が連成して時間とともに変形が進む現象である。また、建設工事で遭遇する圧密問題は、二次元・三次元的な広がりを持つこと、地層は何層にも成層しており、均一なことは稀で複雑なことから、これらの条件を考慮した圧密解析には、有限要素法が有効である。ここでは、開発した有限要素法による圧密解析プログラムの解析精度を確かめるため、一次元および二次元圧密理論解と比較した。

2.　有限要素法による圧密解析の開発

　有限要素法による圧密解析手法の開発[1] は、Sanduら（1969）、Christianら（1970）の研究成果を参考に行った。即ち、土と水の連成解析モデルである。

2.1 解法の説明

　解法の基本は、Biot M. A. (1941)の多次元圧密に基づくもので、土の物体力項と間隙中の水や空気などの間隙流体の圧縮性を無視した連立方程式を解く。解法手順はつぎのとおりである。

　①釣合い方程式(1)式を既知の体積ひずみ(2)式を制約条件として解く。② 得られた間隙水圧を使って、連続条件式(3)から前進差分法で次の時刻の体積ひずみ ζ_{t+dt} を求める。③) ζ_{t+dt} を新しい制約条件として釣合い方程式

$$\left\{ C_{ijkl} \cdot \frac{1}{2}(u_{i,j}+u_{j,i}) \right\}_{,j} + p_{,i} = 0 \cdots\cdots(1)$$

$$u_{i,i} = \hat{\zeta}_t \cdots\cdots\cdots\cdots\cdots\cdots\cdots\cdots(2)$$

$$\dot{\zeta}_t + k_{ij}(p,i)_{,i} = 0 \cdots\cdots\cdots\cdots\cdots(3)$$

ただし,

C_{ijkl}：弾性応力～ひずみ関係を規定する定数

　u：変位

　p：間隙水圧

　$\hat{\zeta}_t$：時刻 t における既知の体積ひずみ

　k_{ij}：透水係数

　・：時間に関する微分

　$,i$：座標軸 i に関する微分

(1)を解く。④ ①～③をStep by Stepに解いて圧密解を求める。

　なお、連続条件式(3)は、Abbott M.B.（1960)の多層地盤一次元圧密の数値解法を二次元に拡張した。また、地盤、構造物、および地盤と構造物との境界は、次の要素を各々用いた。①地盤要素：4および8節点アイソパラメリック要素、②構造物：はり要素、③地盤と構造物の境界： Goodman R.E.（1968)が開発したジョイント要素。

2.2 一次元圧密理論解との比較

　Terzagh K.（1942）の一次元圧密理論を解いたShiffman R.L.（1960）のアイソクーロン上にFEM解をプロットし**図-1**に示した。

　9要素分割の場合には圧密初期段階の時間係数Tが0.01から理論解上にプロットされる。6および3要素分割の場合にはT<0.05～0.01の範囲で精度が悪い。しかし、T>0.2では理論解に近い。載荷面の沈下量St($T=t$ 時の沈下量)と最終沈下量Sf($T=3.0$ 時の沈下量)との比St/Sfで平均圧密度Uを表わし、U～T曲線を**図-2**に示した。実線が理論解、プロットがFEM解である。解析上の定数は図中に示したとおりである。9要素分割の場合、T<0.05の範囲で理論解との差が少しあるが、T≧0.05では理論解と一致

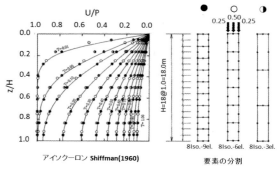

図-1 一次元圧密のアイソクーロン

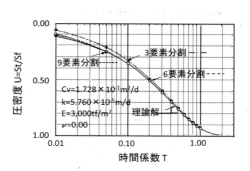

図-2 一次元の圧密度～時間係数曲線

する。6要素分割ではT≧0.08で理論解と一致する。3要素分割では、Tが0.01〜1.0の全領域で理論解に一致しない。沈下量は3要素分割のT=0.01時で理論解の約49.5%、T=0.1時で92.2%、T=1.0時で99.5%であり、時間係数Tが大きくなると解の精度は上がった。

2.3 一次元二層圧密理論解との比較

Gray H(1945)の一次元二層圧密理論解(**図-3**モデル)との比較を、**図-4**に示した。第Ⅰ層と第Ⅱ層との層厚比h2/h1=4、透水係数比k1/k2=10、体積圧縮係数比mv1/mv2=0.4、圧密係数比Cv1/Cv2=25とした理論解と比較した。FEM解は一次元二層圧密理論解とも一致した。

2.4 二次元圧密理論との比較

深さ方向に有限な層厚をもつ二次元平面ひずみ条件下で解いた山口・村上(1973)の理論解とFEM解の比較を行った。解析モデルは、載荷幅2Bと層厚Hとの比が2B/H=1.0のケースである。解析に用いた弾性係数E、ポアソン比ν、水平・鉛直方向の透水係数kh、kvは一次元圧密解析時と同じで、E=3,000tf/m²、ν=0.0、

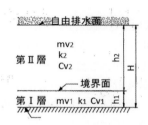

図-3　2層モデル図

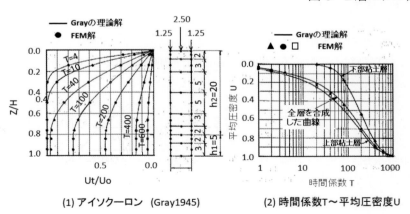

(1) アイソクーロン (Gray1945)　　(2) 時間係数T〜平均圧密度U

図-4 Gray の一次元二層圧密理論解と有限要素法の解析結果の比較

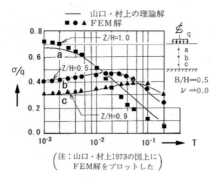

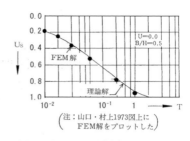

図-5 過剰間隙水圧の時間的推移　　　**図-6 圧密度～時間係数**

$k_h=k_v=0.576×10^{-4}$m/dである。排水境界条件は理論解と同じで地表面が片面排水である。左右の鉛直境界面は不透水とした。変位境界は、地表面で鉛直・水平方向とも自由、底面は鉛直方向拘束で水平方向自由、左右の鉛直境界面は底面位置を除き自由とした。

　過剰間隙水圧の時間的推移曲線(σ/P～T曲線, σは過剰水圧, Pは載荷圧, Tは時間係数)上に、深さ0.1H, 0.5H, 0.9HにおけるFEM解をプロットしたのが**図-5**である。圧密中の過剰間隙水圧上昇をFEM解で調べた。T<0.05の平均有効主応力変化$\triangle\sigma$m'が0.00tf/m^2であり、マンデル・クライヤー効果という有効応力一定下における水圧上昇であった。また、圧密度～時間曲線を**図-6**に示した。これらから、二次元圧密問題に適用したFEM解は近似的に理論解と一致した。

参考文献

1)杉本隆男,佐々木俊平：地盤と構造物との付着抵抗が圧密変形に与える影響,東京都土木技術研究所年報,昭和54年, pp. 253-267, 1979.

盛土の法尻に打込んだ鋼矢板の圧密沈下に及ぼす影響

～鋼矢板と地盤の付着抵抗～

Key Word　有限要素法、壁面摩擦、付着力、圧密

1.　まえがき

　地盤と構造物との境界に働く付着力に注目し、両者の相対変位によって生ずる"境界面せん断応力"（付着応力）の圧密中の変化と地盤への応力分散について、有限要素法で検討した。解析は、開発した土と水の動きを連成して解く有限要素法プログラムを用いた。

2.　付着応力の変化と地盤への応力分散

2.1 解析モデル

　地盤と構造物との境界条件の違いによる地盤内変位と、壁面における付着応力の変化を検討した。解析モデルは**図-1**のとおりである。地下室壁のような剛壁に接する地表面に、等分布荷重 P=1.0tf/㎡ を載荷した場合について解析した。ジョイント要素の壁面せん断剛性 Es が 600.0tf/㎥ の場合がケース1、Es=0.0tf/㎥ の場合がケース2である。垂直剛性は共に Ens=14000.0tf/㎥

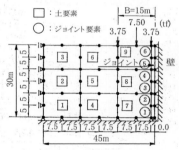

図-1 解析モデル
（土とジョイント要素分割）

である。地盤定数は圧密理論解と比較した事例と同じである。

2.2 解析結果

(1)変位分布

　壁面せん断剛性Esを変えた場合の地盤変形パターンの比較を**図-2**に示した。右側がケース1、左側がケース2である。点線が即時変形、実線が時間係数 T=1.0 時までの圧密変形を加えたもので、点々を付した部分が圧密変形である。

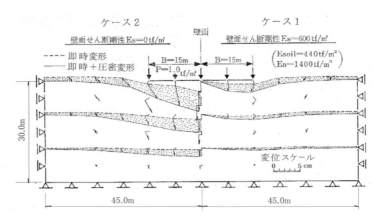

図-2 壁面せん断剛性 Es を変えた場合の地盤変形パターンの比較

また、折線で示した矢印は要素節点での変位である。折曲点までが即時変形、その先矢印先端までが圧密変形である。即時変形+圧密変形の最大沈下量は Es=0.0tf/m³ のケース2の壁面位置が最も大きく、地表面で約6.2cmである。

Es=600.0tf/m³ のケース

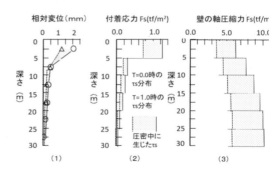

図-3 付着力の深さ分布

1では壁面から15m離れた地表面で最大値を示し約2.5cmであり、壁面位置では小さい。即時変形による載荷重下の地盤挙動に注目すると、壁面剛性が0.0tf/m³ の場合は層厚の約2分の1の深さで側方変形が大きく地表面への回り込みが著しい。壁面せん断剛性が Es=600.0tf/m³ の場合は、側方変形および地表面の膨れ上り量は Es=0.0tf/m³ の場合に比べて小さい。点を付した圧密変形量は壁面せん断剛性を Es=0.0 tf/m³ とした場合の方が Es=600.0tf/m³ としたケ

ース1より大きく、壁面摩擦が圧密を抑制していることがわかる。

(2)圧密過程の付着応力の変化

地盤と壁面との間に生じた相対変位 δs、付着応力 τs、および壁軸圧縮力Fsの深さ分布を図-3の(1), (2), (3)に示した。点線と△印が即時変形、実線と○印が即時十圧密変形の結果である。点々を付した部分が圧密中に生じた値である。

図-3(2)の付着応力は地盤と壁面との相対変位に応じた値で、地中壁に負の摩擦力が加わる。その摩擦力は地表面から深さ方向に付着応力を累加した値に相当する。図-3(3)はその壁面軸圧縮力Fsの深さ分布を示したもので、底面に近い壁面で最大約10.4tf/mの負の摩擦力が作用するという結果であった。

3, 軟弱地盤中に打設した鋼矢板の圧密変形に及ぼす影響

3.1 解析モデル

軟弱地盤上の盛土による周辺地盤への地盤変形を抑制する工法の一つに、盛土法尻付近に鋼矢板などを打ち込む場合がある。この工法の効果は、一つは鋼矢板剛性による横方向拘束であり、一つは地盤と鋼矢板との付着抵抗の影響が挙げられる。ここでは、図-4に示した4モデルでのFEM解の比較から、付着抵抗が圧密沈下量に及ぼす影響を検討した。このうち(4)土と鋼矢板とジョイントのモデルでは、土と鋼との壁面せん断剛性Esが600.0と0.0tf/m³の場合について解析した。鋼矢板はIV型である。なお、土と鋼矢板の壁面せん断剛性Esと垂直剛性Enは付着抵抗試験で、土の鉛直・水平方向透水係数 kH, kvは圧密試験で求めた。ポアソン比 ν は一次元圧密モデルに合わせて $\nu=0.0$ とした。

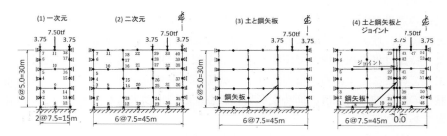

図-4 地盤 鋼矢板 ジョイントの要素分割

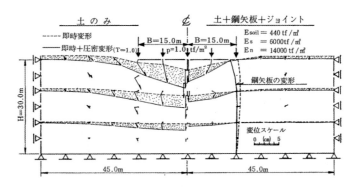

図-5 盛土の法尻付近に鋼矢板が打込まれている場合と
打込まれていない場合の地盤変形の比較

3.2 解析結果

土のみの二次元モデル解の地
盤変形状態を図-5の左半分に、
Es=600.0tf/m³とした土〜鋼矢板
〜ジョイント・モデル解を右半
分に示した。

即時変形時の地表面沈下は中
心部で変わらないが、沈下範囲
は鋼矢板がある方が狭く、膨上
がり量は小さい。圧密時には鋼

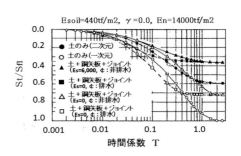

図-6 載荷中央地表面の沈下比較

矢板の効果が顕著に表われている。載荷中央各深さの沈下量は鋼矢板があるこ
とにより、地表面で約3分の2、深さ10mで約2分の1、深さ20mで約5分の2となっ
た。特徴は鋼矢板を挟んで圧密変形が不連続となり、圧密が主として盛土下で
生じていたことである。このように、載荷端に鋼矢板を打込むことで、周辺地
盤への影響抑制効果は、即時変形時の側方変形防止効果よりも著しいという結
果であった。

なお、図-6に図-4の各モデルでの載荷中央地表面の平均圧密度St/Sfi(=U)〜T
曲線を示した。壁面せん断剛性の差により圧密沈下量は2倍程度の差があり、

鋼矢板との摩擦効果が大きいことが分かる。図中には、土〜鋼矢板〜ジョイント・モデルで、中心線上の排水条件を透水条件と仮定した場合についても示した。最終沈下量は変わらないが圧密が早く進行し、不透水条件の約4倍早いという結果であった。実務的には、サンドドレーン工法の効果をうかがわせる結果であった。

参考文献

1)杉本隆男,佐々木俊平：地盤と構造物との付着抵抗が圧密変形に与える影響,東京都土木技術研究所年報,昭和54年, pp. 253-267, 1979.

付　録
〜ゴルブノフ・パサドフ解〜

付着応力の応力分散
1) 即時沈下

壁面せん断剛性が$Es=600.0tf/m^3$の揚合と$Es=0.0tf/m^3$の場合の各要素のせん断応力τsの差$\Delta\tau xz$は、壁面付着応力τsによって地盤内に生じたせん断応力と考えられる。すなわち、$\triangle\tau xz$分布は付着応力の地盤への応力分散を表わしている。

付図-1には、即時変形時(T=0.0時)および即時変形に圧密変形を加えた時(T=1.0時)の$\triangle\tau xz$の分布を示した。斜線部分が圧密によって生じた$\triangle\tau xz$の値である。xは地盤と壁面との境界からの水平距離であり、zは地表面からの深さである。各zの値は、図-1に示した各ジョイント要素の中心点深さに相当する。

即時変形によって生じた$|\Delta\tau xz|_{T=0}$は壁から離れるに従って小さくなるが、深さごとに分布形状は異なる。深さz=2.5mでは壁面から15mの範囲に分布する。

深くなるに従って$|\Delta\tau xz|_{T=0}$は小さくなるが、影響する範囲が広がりz=22.7mの深さでは45mに達している。なお、深さ2=2.5〜17.5mで壁面からの距離x=15mと30mのせん断応力$\Delta\tau xz$が不連続となっている。これは、図-2の$E_\epsilon=600.0tf/m^3$のケースにおける変形パターンから分るように、x=15mと30m地点でせん断ズレの方向が変わるためである。

2)圧密沈下

圧密変形を加えた応力分布も即時変形時の応力分布とほとんど形状は変わらない。付図1の斜線部分のせん断応力$\Delta\tau xz$を書き直したのが付図-2である。〇印がFEM解であり、実線はゴルブノフ・パサドフ(1957)の半無限弾性体内の任意深さに鉛直線荷重が作用した時の理論解から求めた応力分布である。

X=0m位置の●印は図-3のハッチ（点々を付した）部分が示す圧密により生じた付着応力τscを表わしている。この付着応力から鉛直線荷重Pを換算して各深さに鉛直線荷重2Pを載荷し、得られた応力解を累加し理論解を求めた。 z=2.5〜17.5mのFEM解でx=15m

と30m位置で解が不連続となっているのは、**付図-1**で述べた理由による。しかし、概ねFEM解は理論解と一致しており、付着応力の分散範囲は層厚Hに等しいx=30mの範囲である。 z =22.5〜27.5mのFEM解は理論解より小さいが、これはFEM解が有限層厚であるのに対し、理論解は半無限層厚であり、底面の鉛直方向の変位条件が影響しているためである。

　以上のことから、深さが浅い位置でのFEM解は半無限弾性体における理論解と近似的に一致し、底面に近いところでは境界の影響を受ける。付着応力の地盤内への応力分散範囲は深さが浅い位置では壁面から横方向に約15mの範囲(B/H=0.5)であり、深い位置では壁面から概ね30m離れた範囲(B/H=1.0)までであることが分る。

1)ベー・アー・フローリン著, 大草重康訳：フローリンの土質力学, 森北出版, 165-168, 1969.

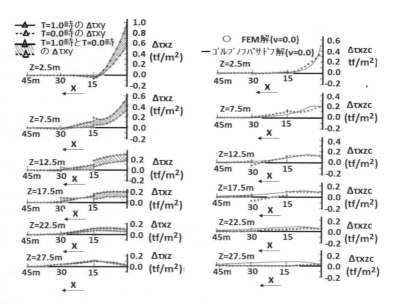

　　　付図-1 付着応力の地盤への応力分散　　　付図-2 圧密中の付着応力の応力分散

第3章

土留め掘削

地盤変形に及ぼす主な要因は何か

Key Word　地盤沈下、土留め、掘削、地盤

1.まえがき

　土木・建築工事での掘削工事では、周辺地盤や近接構造物への影響に配慮した土留め・山留め計画が求められる。ここでは、背面地盤沈下量を測定した 84 の工事例を施工場所の地盤種別毎に分け、数量化Ⅰ類を用いて統計的に分析し、影響要因を検討した[1]。工事例は主に東京の都市土木工事で得たデータを用いた。

2. 実務上の安全性の検討課題

　土留め掘削工事における安全性の検討課題を挙げると、**図-1** に示すように、①土圧と水圧、②土留め壁の変形・応力、③切梁の反力・座屈、④中間杭の支持力、⑤ヒービング、⑥ボイリング、⑦パイピング、⑧盤膨れ、⑨掘削底の浮き上がり、⑩地表面沈下等がある。実務上は地盤条件と工事内容ごとに、①から⑨のなか

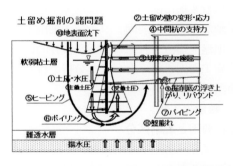

図-1 土留め掘削における安全性の検討課題

から検討項目を抽出して安全性の検討を行っており、結果として⑩地表面沈下を抑えることになる。

3.要因分類

3.1 土質力学的要因

　土質力学的見地から地盤変形要因を挙げれば、つぎの 4 つの要因がある。即ち、①即時変形、②圧密沈下、③二次圧密沈下、④塑性流動。

　実際の地盤変形はこれらの要因が複雑にからみあって生ずるので、一つ要因に限定することは難しい。地盤条件や施工方法などを考えて主要な要因を選び

対策を検討する。例えば粘性土地盤では圧密沈下が大きいなど、地盤種別ごとに地盤変形を起こす主要な要因は経験的に知られている。そこで、工事場所の地盤種別、掘削部と根入れ部の土の強さ、掘削深さと掘削幅を要因として抽出し、分析した。

3.2 施工要因

土留め架構の計画・設計では、施工法を考えた様々な工種と施工法を検討する。そのうち、地盤変形に影響する項目を挙げるとつぎのようになる。

①土留め壁の施工、②掘削に伴う土留め壁の変形、③掘削に伴う地下水湧出、④ヒービングやボイリングの影響、⑤切梁や土留め壁の撤去。

ここでは、地盤変形に影響する要因として、掘削規模を表す掘削深さと掘削幅、土留め壁の種類、切梁段数、地下水の湧出状況、根入れ長を選んだ。

3.3 数量化一類の適用

地盤変形に関わる要因は前節で述べたように、1) 地盤を構成する土の力学的挙動から分けた要因、2) 土留・掘削工事の施工時挙動を考えた要因がある。

地盤変形はこれらの要因が複合的に絡み合った事象なので、土質工学的要因と施工要因を組み合わせた分析を行うため、統計解析の数量化 I 類を用いて、検討した。

4. 数量化 I 類

4.1 要因と範疇区分

数量化 I 類では，地盤変形の要因のことを "説明変量" と呼び、これらの説明変量の範疇区分ごとに算出される数値をアイテム・カテゴリ数量と呼ぶ。そして、式(1)に示す説明変量の代

$$\hat{Y} = \sum_{i=1}^{n} \sum_{j=1}^{l} C_{ij} \cdot \delta_{ij} \quad \cdots\cdots\cdots\cdots\cdots \quad (1)$$

ここで，$\hat{Y}$：外的基準の推定値

C_{ij}：アイテム・カテゴリ数量

δ_{ij}：クロネッカーのデルタで，説明変量 i の j 範疇に該当する場合は $\delta_{ij}=1$，該当しない場合は $\delta_{ij}=0$

数和で表わす推定沈下量や推定沈下範囲のこと "外的基準" という[2]。選択した外的基準によって、アイテム・カテゴリ数量 C_{ij} は異なって求められる。また、説明変量 i の各範疇（$j=1, 2, \cdots\cdots k$）に割当てられたアイテム・カテゴリ数量の最大値と最小値の差を "レンヂ" と呼ぶ。レンヂの大きい説明変量は、外的基準に対して大きな影響を与えることになるので、寄与順位を決めるうえで

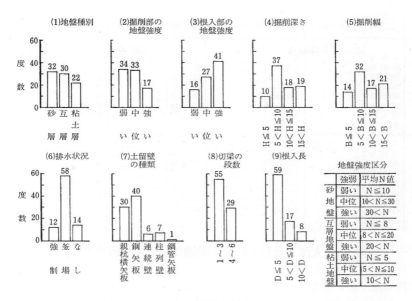

図-2 地盤変形に影響する説明変量(要因)ごとの範疇別度数

重要な数値となる。また、説明変量ごとに計算される偏相関係数も寄与順位を決めるうえで重要である。**図-2**に説明変量(要因)ごとの範疇別度数を示した。

4.2 地盤強度の範疇区分

地盤強度は、掘削部と根入れ部ともに標準貫入試験のN値を用いて式(2)に示す層平均値で表した。

5. 要因分析結果

最大沈下量と沈下範囲に及ぼす各要因の寄与順位を、地盤全体と地盤種別ごとに表わしたのが**図-3**である。横軸の値は各要因に対して計算されたレンヂ値である。上位3位までの要因が各ケースの主要因と定義すれば、最大沈下量や沈下範囲に影響する主要因はつぎのようになる。

$$\bar{N} = \frac{\Sigma N_i \cdot h_i}{H} \quad \cdots\cdots\cdots\cdots (2)$$

ここで, $\bar{N}$：掘削部の層平均N値
　　　　N_i：掘削部 i 地層のN値
　　　　h_i：掘削部 i 地層の層厚（m）
　　　　H：地表面から最終掘削底
　　　　　　までの深さ（m）

69

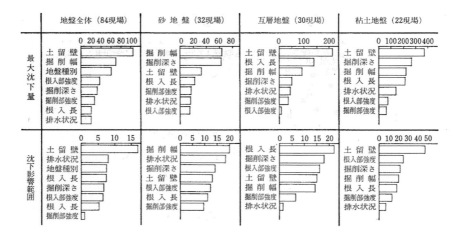

図-3 最大沈下量および沈下範囲に及ぼす要因効果の比較

　"最大沈下量に影響する主要因"は、地盤全体の場合で①土留壁の種類、②掘削幅、③地盤種別、砂地盤で①掘削幅、②掘削深さ、③土留壁の種類、互層地盤で①土留壁の種類、②根入長、③掘削幅、そして粘土地盤で①土留壁の種類、②掘削深さ、③掘削幅の順であった。

　"沈下範囲に影響する主要因"は、地盤全体で①土留壁の種類、②排水状況、③地盤種別、砂地盤の場合で①掘削幅、②排水状況、③掘削深さ、互層地盤で⑦根入長、②掘削深さ、③根入部地盤強度、粘土地盤で①土留壁の種類、②根入部地盤強度、③掘削深さの順であった。

　これらの主要因は工事で経験する要因と一致した。また、土留め・山留め設計時に検討する項目とも重なる要因でもあった。

参考文献

1)杉本隆男：土留・掘削工事に伴う地盤変形の要因分析, 東京都土木技術研究所年報, 昭和58年, pp. 221-235, 1983.　2)駒沢勉著:多元的データ分析の基礎. 現代人の統計7, 朝倉書店, 1979.

地形と地盤沈下・地下水・振動の大きさの程度

Key Word　地盤沈下、地下水、環境基準、土留め

1.まえがき

　土留め・山留めに関する各種設計基準にあるように、掘削工事は工事区域内の安全性の確保と同時に、周辺環境の保全に留意する必要がある。ここでは、多くの土留め掘削工事や盛土・埋立て工事に伴う周辺環境の調査事例をもとに、工事場所の地形区分別に地盤変形・地下水位変動・地盤振動の傾向を調べた結果を示す[1]。工事は中小規模工事である。

2. 東京の地形区分と工事場所

　東京の地形は西から東へ下り勾配をなし、地形区分図を**図-1**に示す。

①奥多摩の関東山地、多摩・加住・草花・阿須山・狭山などの丘陵

②主に多摩川左岸に広がる平坦な武蔵野台地

③白子川・石神井川・妙正寺川・善福寺川・神田川・野川・仙川・目黒川・立
　会川・呑川などが武蔵野台地を開析し形成された台地河谷底

④隅田川や荒川沿いに広がり一部海水面より低い低地

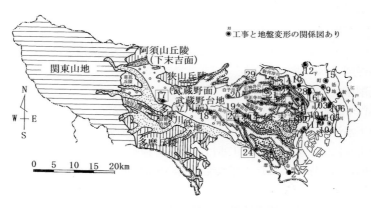

図-1　東京の地形区分と工事場所

⑤多摩川沿いの多摩川低地

地形区分図上に工事場所をプロットした。●に1〜29の番号を付した工事は土留め・掘削工事、●に100番台の番号を付した工事は盛土・埋立て工事や掘削を伴わない護岸建設工事である。

3. 土留め壁の型式、支持型式、および掘削深さ

白と黒の棒グラフは調査年の違いで、黒は調査年が白より古く65現場、白は89現場である。

3.1 土留め壁の型式（図-2(1)）

どちらの調査年も鋼矢板が最も多い。親杭横矢板は台地部で地下水位低下対策が必要でない場合である。地中連続壁は工事中の騒音・振動・地盤沈下・地下水位低下などの対策のため増加した。

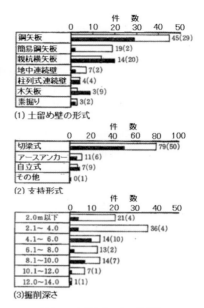

(1) 土留め壁の形式

(2) 支持形式

(3)掘削深さ

図-2 土留め工の規模

3.2 支持形式（図-2(2)）

切梁式が最も多く、現在もこの傾向は変らない。アースアンカー式は信頼性が増したことや施工条件がこの方式以外にない場合に採用されていた。自立式は浅い掘削工事に限られる。

3.3 掘削深さ（図-2(3)）

2.0m以下および2.1〜4.0mの掘削をする工事件数が多い。工事は道路整備工事での下水管埋設工事であった。掘削深さは12.0m以下が大半をしめている。

このように、土留め・掘削工事は、騒音・振動・地盤変形・地下水位低下などの制約から、剛性が大きく遮水性の高い土留め壁の採用が多い。

4. 地盤沈下

土留め・掘削工事に伴う地盤沈下量と土留め壁からの距離の関係を地形区分別に求めた結果を、図-3(a), (b), (c)に示す。点線は欧米のデータをまとめ

72

たPeck(1969)によるもので、領域Ⅰは砂ないし硬質粘土、領域Ⅱは非常にゆるい砂ないし軟かい粘土、そして領域Ⅲは掘削底以深が非常にゆるい砂ないし軟かい粘土の地盤によるものである。

4.1 台地

　台地の掘削工事例は3件で、道路立体交差工事である。地盤沈下量の最大値は掘削深さの0.2%程度であり地盤沈下の生ずる範囲が狭い。領域Ⅰ内にほとんど入っているが、領域Ⅱに入っている事例は土留め・掘削の断面形状が非対称な現場であった。また、親杭横矢板工法では横矢板挿入時の掘削で一時的に支保工の無い地山状態となるため、砂や砂礫層の場合には局部的に壁面崩壊を起し、地表面が陥没することがあった。

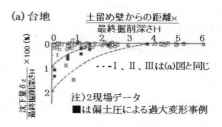

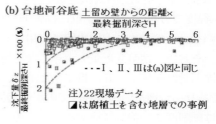

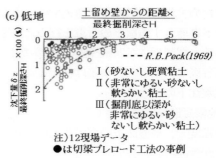

図-3 地形区分別の沈下と距離の関係

4.2 台地河谷底

　台地河谷底における掘削工事例は18件であり、主に中小河川整備事業に伴う護岸建設工事の土留め・掘削工事である。

　関東ローム層や武蔵野礫層などを開析し、ところどころに腐植土層や粘性土層が分布する。腐植土の層厚は2〜5m程度である。

　ほとんどが領域Ⅰの範囲の地盤沈下量である。最大沈下量は掘削深さの0.6%程度である。台地河谷底は河川浸蝕後に関東ロームが二次堆積し粘土化した層

や、河沿いに広がる局所的な氾濫原に繁茂した植物が土砂とともに堆積した腐植土層などを挟むことがある。このようなところでは地下水位が浅く、掘削工事に伴う水替などにより軟弱な層が地盤沈下を起しやすい。そのような場合、地盤沈下量は領域IIに入り、その影響範囲は掘削深さの2倍を越えている。

4.3 低地

　低地での掘削工事例は8件であり、道路立体交差工事、護岸建設工事、排水場建設工事、下水管埋設工事などがその工事内容である。低地はゆるい砂層が厚さ10m程度で分布し、その下位には軟弱なシルト質粘土層が20〜30m厚さで堆積している。このため、土留め壁に作用する土圧が大きく、ヒービングの危険がある。そして、地盤変形量も大きくなる可能性が高い。

　地盤沈下量は領域I、II、IIIにまたがり、その影響範囲は掘削深さの約3.5〜4倍であり、台地や台地河谷底での影響範囲より遠くまで及んでいる。最大沈下量は掘削深さの約2%に達するものもある。大きな地盤沈下を生ずる可能性が高いため、土留め壁に地下連続壁のような剛性の高いものを採用し切梁にプレロードを導入するなどの対策を行った工事があった。図中の黒丸印はその事例である。掘削深さが20mを越すにもかかわらず、沈下量は領域I内で台地や台地河谷底での値と大きな差はなかった。

4.4 地盤沈下のまとめ

　(1)地盤変形量は地形別で異なる。台地での工事の最大沈下量は、掘削深さの0.2%程度で、地盤沈下の生ずる土留め壁からの距離の範囲(影響範囲)は掘削深さの2倍程度までである。

　(2)台地河谷底での工事では、最大沈下量は掘削深さの0.6%程度までのものが多い。しかし、腐植土層などの軟弱な地層を挟む場合は低地と同様に2%に達することがある。また、その影響範囲は台地と同様に掘削深さの2倍程度までであるが、腐植土層を挟む場合には広がる。

　(3)低地での工事では、最大沈下量は掘削深さの2%程度までであり、影響範囲は掘削深さの3.5〜4.0倍である。

5. 地下水

5.1 地下水位の低下範囲

　浅層の地下水位の季節変動を調べた事例によると、降雨変動と地下水位変動

との間には密接な関係があり、武蔵野
礫層の季節変動は概ね1.0～1.5m程度
である。この季節変動を含めた値であ
るが、掘削工事前の観測井水位と掘削
深さが最大となる床付工事中の観測井
水位との差を地下水位低下量として、
土留め壁から観測井までの距離との関
係を求めた結果を**図-4**に示した。

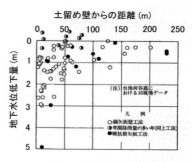

土留め壁からの距離 (m)

図-4 地下水位の低下範囲

掘削深さは4.5～6.5mの工事例が3
件、7.0～10.0mの工事例が13件であっ
た。地下水位低下の影響範囲は100～150m程度であることが分かる。

5.2　地下水のまとめ

台地および台地河谷底での掘削工事に伴う地下水位変動を調べた結果をまと
めると、土留め壁に鋼矢板を用いた場合で最大3m程度まで、親杭横矢板を用い
た場合で最大5mまでの水位低下量であった。その影響範囲は100～150mであっ
た。

図-5に16現場のうちの1例として、工事中の地下水位変動図および背水位変
動図を示す。掘削
前の降雨変動に伴
う地下水位変化よ
りも掘削に伴う地
下水位低下量のほ
うが大きい。また
掘削完了後は構造
物の立ち上りとと
もに水替量は少な
くなるのが一般的
であり、この間の
地下水位の回復は
顕著である。

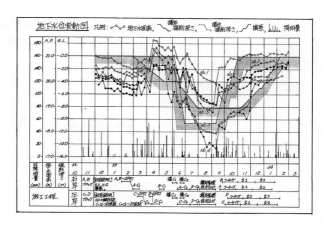

図-5 水位変動図

75

6. 地盤振動

地形別に土留め壁打込・引抜時の振動レベルを壁からの距離で調べた結果を図-6に示す。

台地での工事は親杭横矢板工法のH鋼杭打設にドロップハンマが、引抜にはバイブロハンマが使用され、距離減衰があり打込時の方が引抜時より大きい。

台地河谷底ではバイブロハンマによる鋼矢板打込時及び引抜時の振動レベルは、距離をXとすれば、減衰式は式(1)と(2)で表わされる。

打込：y=83-16 log X…(1)

引抜：y=86-22 log X…(2)

低地では、バイブロハンマによる鋼矢板打込・引抜時の振動レベルは、台地河谷底よりも小さいが、距離減衰係数には差がなく、6～7デシベルであった。

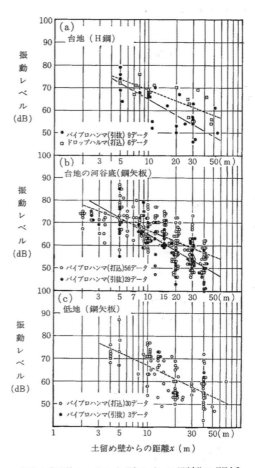

図-6 振動レベルと壁からの距離の関係

参考文献

1) 杉本隆男, 鈴木清美：土留め・掘削工事が周辺環境に及ぼす影響要因の考察, 東京都土木技術研究所年報, 昭和55年, pp. 245-257, 1980.

ディープウェルの稼働制御で防ぐ盤膨れ
～大規模調節池の掘削工事～

Key Word 盤膨れ、透水係数、ディープウェル、情報化施工

1.まえがき

　粘性土層などの難透水層の下位に被圧帯水層が存在する地盤で開削工事を行なう場合、"盤膨れ"の検討が必要である。盤膨れ現象は、掘削の進行に伴い被圧地下水の水圧によって掘削底面以深の難透水性地盤が隆起し、最終的に突き破られて破壊するものである。地下水と土砂が噴出して周辺の地盤沈下のみならず、土留め工全体の崩壊を起こす危険がある。こうした場合、設計では必要な土留め壁の根入れ長を算出し、土留め壁では不十分な場合には、地盤改良や地下水圧の制御などの補助工法を検討する。

　ここでは、代表的な規準類の盤膨れ検討式を解説し、実際の掘削工事でディープウェルによる被圧地下水を制御した事例を紹介する[1]。

2.盤膨れに関する規準類

　掘削底面以深の地盤が、上から難透水層、水頭の高い透水層（被圧帯水層）の順で構成されている場合、難透水層下面には上向きの水圧（揚圧力）が常時作用している。掘削の進行に伴い難透水層下面より上の地層の全重量が減っていき、これが揚圧力以下となると掘削底面が膨れ上がる現象が起こる。

　基準類に規定されている検討式は、そうした現象を考慮して提案されている。それは、①土被りの全重量と揚圧力との釣り合いで検討する方法と、②掘削底部の粘土地盤を剛体とみなして、土留め壁の根入れ部と地盤との摩擦抵抗や、難透水層のせん断抵抗力を考慮して検討する方法である。

　前者に属する規準類は、山留設計施

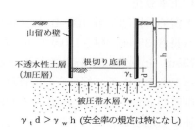

$\gamma_t d > \gamma_w h$ (安全率の規定は特になし)

図-1 盤膨れ検討（建築学会）

77

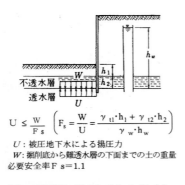

$$U \leq \frac{W}{F_s} \left(F_s = \frac{W}{U} = \frac{\gamma_{t1} \cdot h_1 + \gamma_{t2} \cdot h_2}{\gamma_w \cdot h_w} \right)$$

U：被圧地下水による揚圧力
W：掘削底から難透水層の下面までの土の重量
必要安全率 $F_s = 1.1$

図-2 盤膨れ検討（土木学会）

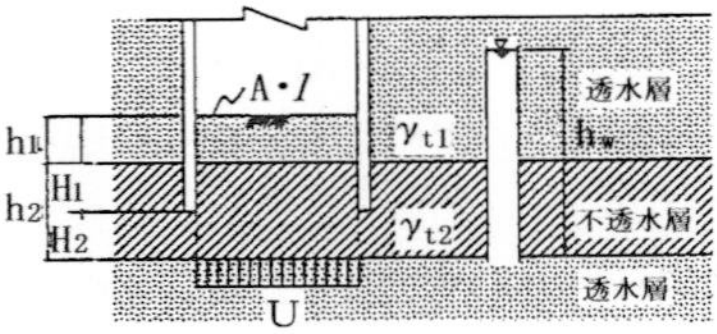

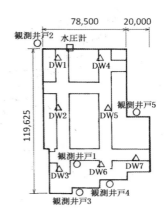

$$U \leq \frac{W}{F_{s1}} + \frac{f_1 l H_1}{F_{s2}} + \frac{f_2 l H_2}{F_{s3}}$$

U　：揚圧力　　　　W：土の重量
f_1　：H_1 間の摩擦抵抗
f_2　：H_2 間のせん断抵抗力
l　：土留め壁の内面内週長
安全率　$F_{s1} = 1.1$
　　　　$F_{s2} = 6$（砂質土は考慮しない）
　　　　$F_{s3} = 3$

図-3 盤膨れ検討
（先端建設技術センター）

工指針（日本建築学会：**図-1**）、共同溝設計指針（日本道路協会）、仮設構造物設計基準（首都高速道路公団）がある。また、後者の規準類は、トンネル標準示方書（開削編）（土木学会：**図-2**）、大深度土留め設計施工指針（先端建設技術センター：**図-3**）、掘削土留め工設計施工指針（鉄道総合研究所）である。規準類の検討式で摩擦が期待できるのは、立坑のような掘削面積が小さく深い掘削の場合である。浅い掘削や掘削面積が広い場合は土留め壁との摩擦を期待しない場合が多い。

3.　地下水圧制御による盤膨れ対策例

3.1 工事概況

　土留め・掘削工事（**図-4**）は、地中連続壁（長さ；35.5m，厚さ1.0m）で囲った面積9,735㎡ を、深さ25.5mまで水平切梁工法で行ったものである。掘削底の盤膨れ対策と掘削時のドライワークを確保する目的で、後述する地層ごとにストレーナーを設けたディープウェル7本により揚水を行った。掘削工期は、14ヵ月間であった。併せて、施

図-4 仮設平面と揚水井戸
および観測井戸の位置

工の安全管理として、土留め仮設の計測、揚水量および周辺地下水位の測定等の計測管理を行った。

3.2 地質・帯水層概要

地質断面を図-5に示す。表層の埋土層下部は、芋窪礫層と呼ぶ層厚約22mのローム質腐れ礫層（Dg1層）である。黄褐色の

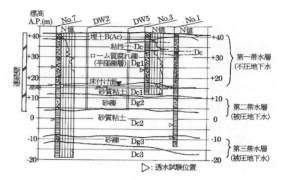

図-5 地質断面

ローム質粘性土を多く含むφ3〜50mmの腐れ礫層で、礫を割った内部は茶褐色である。また、数10cm径の花崗岩や砂岩の玉石も確認される。ボーリングNo.5とNo.7位置での透水試験による透水係数は k = 3.04〜5.54×10^{-5} cm/secで、礫層という名称としては少し小さい印象であった。

Dg1層の下部は、層厚4.7mの固結シルト層（Dc1層）であり、床付け面はこの層に位置する。この層は第一帯水層のDg1層（不圧帯水層）と第二帯水層のDg2層（被圧帯水層）の遮断層となっている。Dc1層の下部は、層厚約7.0mの粘土混じり砂礫層（Dg2層）で、現場透水試験結果から透水係数 k = 2.04×10^{-4} cm/secの地盤である。この層の被圧水頭Hは掘削前には H=24.05m あり、この被圧水圧でDc1層を浮き上がらせて掘削底を崩壊させる危険がある。Dg2層に続いて層厚約12mの固結シルト層（Dc2層）がある。この層に地中連続壁の先端を約1m根入れした。この地層の透水係数kは、現場透水試験からk=1.01×10^{-4} cm/secであった。さらにDc2層以深は砂礫層（Dg3層）であり、Dg2層と同様に高被圧水を有した層であった。透水係数は k=2.84×10^{-3} cm/secであった

3.3 ディープウェルの稼働

土留め壁は先端をDc2層中に約1m根入れした。当初設計では、被圧帯水層であるDg2層は土留め壁によって周辺地下水と圧力遮断され、周辺からの圧力伝播はないとした。しかし、遮断層と考えたDc2層は、透水係数 k= 1.01×10^{-4} cm/secであり遮断層としての機能に、次のような疑問が残った。

① 土留め壁背面側のDg2層の被
　圧水が、Dc2層を通じて根入れ
　先端を廻り土留め内部のDg2層
　へ浸透する。
② Dg3層の被圧水が、遮断層と
　考えていたDc2層を通じて土留
　め内部のDg2層へ浸透する。
　こうしたことから、上述①と
②による浸透量を推定し、併せ
て盤膨れ安定計算行って各掘削
段階のDg2層の被圧水位を低下さ
せることにした。なお、ディ
ープウェルのストレーナー配
置を図-6に示した。Dg1層の
不圧地下水とDg2層の被圧地
下水を同時に揚水できる位置
とした。また、図-4のよう
に、水位観測用の観測井を掘
削側に1本、土留め壁の外周
に4本設けた。

3.4 ディープウェル稼働に伴う観測井水位記録

　掘削に伴う揚水量、観測井
水位、土留め壁に作用する水
圧の変化を測定した結果を、
図-7に示した。土留め壁に
よって遮断したため、溜まり水
的となっているDg1層の地下
水位を常に各掘削面以下に保
つために、2次掘削時から揚

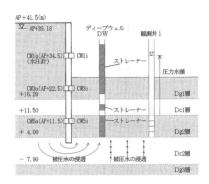

**図-6 ディープウェルの
　　　ストレーナー配置**

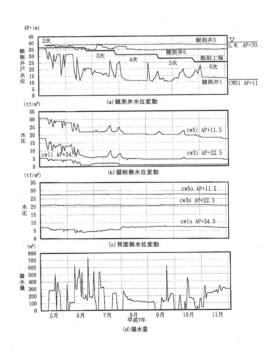

図-7 揚水量と水圧変動

水を開始した。

　掘削側に設けた観測井水位記録は、ポンプ稼働を停止させると短期間で急激に水位が上昇した。溜まり水を揚水しているのであれば、水位は低下するはずである。このことから、掘削外部からの地下水供給があり、被圧帯水層であるDg2層は圧力が土留め壁で遮断されていないことが分かる。なお、背面側の観測井のうちNo.3(cw3o), No.5(cw5o)は背面側水圧の変動はなく、揚水の影響は認められなかった。

　これらのことから、掘削側の地下水供給について、次のことが推定された。①遮断層と考えていたDc2層中に水みちができ漏水が起こった。②土留め壁に沿って、地下水が浸透し、Dc2層への根入れが浅いため根入れ先端を廻った浸透水量が多かった。③土留め壁の亀裂またはジョイント部から漏水した。④Dg3層の被圧地下水は遮断層のDc2層の層厚や透水性などから判断して、工事中の供給は殆どない。

3.5 掘削工程と安全率の変化

　Dg2層への浸透経路は特定できないものの、Dg2層の水圧低下を図るため、浸透量に見合った揚水を行うため、Dg2層に対してディープウェルによる地下水圧の制御を行った。揚水量と水圧変動の関係は図-7に示したとおりで、これに伴う盤膨れの安全率の変化を図-8に示した。

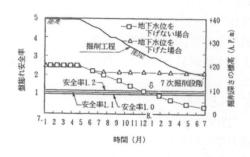

図-8 掘削工程と安全率の変化

　△印はDg2層の圧力水頭を各掘削段階の掘削面より0.5m下がった位置まで制御するとして計算したもので、盤膨れの危険はない。□印は水圧制御しない場合であり、7次掘削以降は盤膨れの危険があることを示している。なお、Dg3層の盤膨れの可能性はないという計算結果であった。

4. 実測値に基づく遮断層の透水係数推定

　ディープウェル揚水量と観測井水位から遮断層の透水係数を推定し、掘削側への浸透について検討した。始めに、土留め壁背面側のDg2層の地下水がDc2層

81

表-1 実測値に基づく透水係数の推定

	揚水量 (m^3/day)	Dg2層の 圧力水頭 (m)	Dg3層の 圧力水頭 (m)	水頭差 (m)	透水係数 (cm/s)
6月3日（2次）	114	19.89	42.20	22.31	7.2×10^{-6}
8月16日（4次）	127	-0.23	42.20	42.43	4.2×10^{-6}
11月5日（6次）	236	1.94	42.20	40.26	8.3×10^{-6}

中（砂質粘土層）を通って根入れ先端を回ると仮定し、浸透量を検討した。

　その結果、Dc2層の透水係数が10^{-3}オーダーとなり想定していた値とかけ離れていた。このことから、Dc2層中を浸透するという仮定は成立し難く、むしろ土留め壁背面側からの浸透は、土留め壁面に沿った流れが大きいと考えたほうが妥当であった。

　また、Dg3層の地下水がDc2層中を上向きに流れてDg2層中に供給される量は観測井No.1の水位が一定時の揚水量に等しいとした場合（表-1）、透水係数は10^{-6}オーダーで、ボーリング調査時の透水係数 k'= 9.82×10^{-6}cm/secに近い結果となり、遮断効果が発揮されたと推定した。これらから、設計時の揚水量より実測値が小さかった理由は、Dg2層の遮断効果が発揮された結果と推定した。

5. あとがき

　盤膨れ対策は、第一に被圧地下水圧をいかに制御するかであり、第二に土留め壁の根入れが掘削底下の帯水層水圧を期待通りに遮断しているか否かである。そして、第三にディープウェルによる揚水量が多いと周辺地下水への影響が及ぶ可能性が高まるので、揚水量を適正に制御することが大切である。

参考文献

1)杉本隆男, 米沢徹, 中沢明：地下水圧制御による盤膨れ対策　--黒目川黒目橋調節池工事--, 東京都土木技術研究所年報, 1996.

トンネル構築による地下水遮断とその対策

Key Word 地下水、開削工事、浸透流、有限要素法

1.まえがき

遮水性の土留め壁を使った掘削工事に伴う周辺の地下水位低下の対策工として、掘削底直下に通水管を設置しその効果を調査した。三次元有限要素法による定常浸透流解析で地下水の回復予測や井戸水位の観測で、工事前と後の周辺地域の地下水位分布変化を調べている[1]。

2.　地質断面と土留め工事の概要

地質縦断図と土留め壁とトンネルの位置関係を図-1に示す。構築する道路トンネルの延長は1,263mで、断面は片側2車線計4車線となるボックスカルバート断面である。周辺地盤の地形・地質状況から掘削に伴う地下水の湧出が多いと判断され、止水性の土留め壁を施工し開削トンネルを構築した。

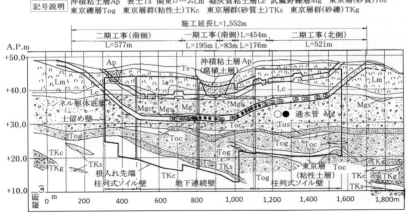

図-1　立体化事業全体概要図

土留め壁は、地中連続壁と柱列式ソイルセメント壁である。工事の縦断方向には、掘削底の直下にφ3,800mmの下水道シールド管が、φ3,150mmの電力シールド管が併設して敷設されている。このため、両シールド管が通る仮設断面は、**図-2**のようになる。場所によって土被りが殆どな

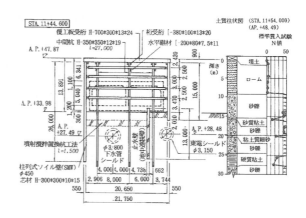

図-2 土留め仮設断面

い。また、横断方向に大口径下水道管や水道管等がある部分の土留め壁は、高圧噴射置換杭工法で施工し止水壁を構築した。砂礫層の掘削中と掘削後の均しコンクリート打設までは、土留め壁の根入れ先端や工事端から回り込む地下水をディープウェルで揚水した。

3, 地形と地下水

3.1 地形区分と地下水位分布

図-3(1), (2)に1965, 1966, 1969年に調査した杉並区内と練馬区内の地形区分と地下水位分布を示す。杉並区内における工事区間の中央部は、暗渠化された妙正寺川の上流部を横切る。川に沿う底地部は台地河谷底と呼び沖積の腐植土層が分布する。地下水位分布の等高線から、鉄道線南側で北東方向、北側で南東方向に向かい妙正寺川に沿って東の方向へ流れていることが分かる。鉄道線南側の台地は青梅街道を尾根とし妙正寺川と善福寺川に囲まれ、この台地付近の地下水堆を井荻・天沼地下水堆と呼んでいる。この地下水帯は両河川方向に分流し、両河川の涵養源の一つとなっている。

また、練馬区内の幹線道路は、石神井川と妙正寺川で囲まれた台地を通る。この台地の地下水も両河川方向に分流し、河川の涵養源の一つとなっている。工事場所付近の地下水調査の結果では、妙正寺川方向への供給量は鉄道線南側

からよりも北側か
らの方が多い傾向
が認められた。

3.2 滞水層区分と分布

難透水層(粘性土
層)の分布状況か
ら滞水層区分した
地質断面を**図-4**に
示す。図には、工
事場所を拡大した
地形区分と地下水
観測井の測線番号
を併記した。トン
ネルは、浅層地下
水を賦存する武蔵
野礫層中に位置す
る。土留め壁の根
入れ先端は、透水
係数が小さい層ま
で入れた。即ち、
北側では東京礫層
中に薄く挟在する
シルト層、南側で
は東京層のシルト
層に根入れした。

滞水層は3つに
区分される。

① 武蔵野礫層と
東京礫層の一部か

(1) 杉並区内

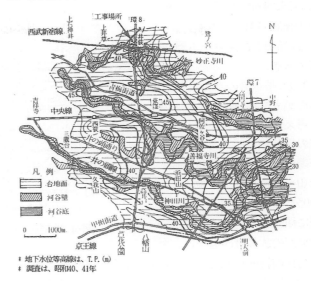

＊地下水位等高線は、T.P.(m)
＊調査は、昭和40、41年

(2) 練馬区内

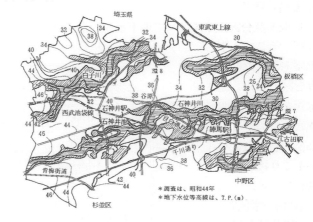

＊調査は、昭和44年
＊地下水位等高線は、T.P.(m)

図-3 杉並区内と練馬区内の地形区分と地下水位分布

85

らなる第一滞水層。

② 東京礫層の一部と東京層群砂礫層の第二滞水層。

③ 沖積層と関東ローム層内の宙水層。

3つの帯水層のうち最も透水度が大きく有能な流動の場と考えられるのは、第一滞水層の武蔵野礫層である。武蔵野礫層の厚さは、概ね10m前後（9～12m）であり、全体に数100分の1程度の緩い勾配で東側に傾斜している。工事区間中央部の武蔵野礫層中に、厚

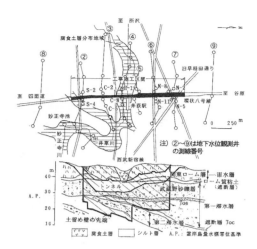

図-4 地形区分と滞水層区分

さ約1m前後の粘性土層が挟在しており、この層より上の部分が主要な地下水の流動の場のようである。この粘性土層はトンネル躯体底版の上面付近に位置している。

4. 復水対策工

止水性の土留め壁によって地下水流の上流側で堰き上げられ、下流側で低下した。そこで、下流側地下水位の回復を図るため、通水管をトンネル躯体底版内に配置し、左右の土留め壁をくり抜いて設置した。

第1期工事区間（L=454m）は内径φ300mmの鋳鉄管を

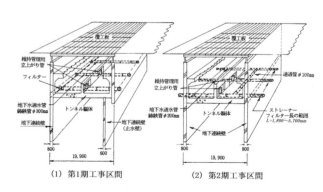

（1）第1期工事区間　　（2）第2期工事区間

図-5 通水管の配置イメージ

約15, 20, 30m間隔に14本設置した。この区間は現道幅が25mで土留め壁と民有地との距離が1m余りのため背面地盤側に水平ストレーナー管を設置できない。このため集水は土留め壁にあけたϕ300mmの孔だけとなっている(図-5(1))。

　第2期工事区間は道路幅が33mあり民有地との間に余裕があった。そこで、直径ϕ200mmの鋳鉄管を5〜12m間隔に配置して3〜4本を直径ϕ100mmの連通管で繋ぎ、背面地盤側には水平なストレーナー管(長さ1.8〜5.7m)を設置して、集排水効率のアップを図った(図-5(2))。通水管本数は北側23本、南側9本、鉄道区間6本、1期2期合わせて総計52本で、図-1に通水管の配置を示した。

5. 浸透流解析による地下水位回復の予測

　不圧滞水層の地下水位の年間変動は、人為的な影響がなければ、毎年冬季にほぼ同じ高さまで低下する。これ以上さがらない水位を基底水位といい、冬季に低下する水位は基底水位とみなせ、定常状態と考えられる。また、止水性の土留め壁設置や通水管の設置の影響は、基底水位に端的に現れる。

　これらの理由から、三次元有限要素法による定常浸透流解析を行った。ここでは、①止水性の土留め壁施工で、地下水位がどの程度上流側で堰き上げられ、下流側で低下するか、②通水管設置でどの程度地下水位が回復するかを検討した。

(2)効果の解析結果

　第二期通水管設置の効果を解析した結果を図-6(1), (2), (3)に示す。工事前、土留め工事終了後(通水管設置前)、そして第二期通水管設置後について、地下水位の等高線である地下水位分布図で表した。

　工事前の地下水位分布(図-6(1))は、後述する図-7(1)の実測した分布に近い結果が得られた。土留め工事終了後(図-6(2))は工事前の地下水位分布が壁で不連続となり、地下水流の下流側となる土留め壁東側の井草川に沿う低地部の水位低下が現れている。しかし、通水管設置により(図-6(3))地下水位の標高38の等高線が再び連続して、地下水位の回復が計算されている。

　土留め工事終了後(通水管設置前)と第二期通水管設置後の差を図-6(4)に示した。トンネル区間の東側で0.4〜0.5mの地下水位上昇が計算された。また、工事前と第二期通水管設置後の差を図-6(5)に示した。工事前と比べて最大1.5mの水位差で、十分な回復という結果でなかった。

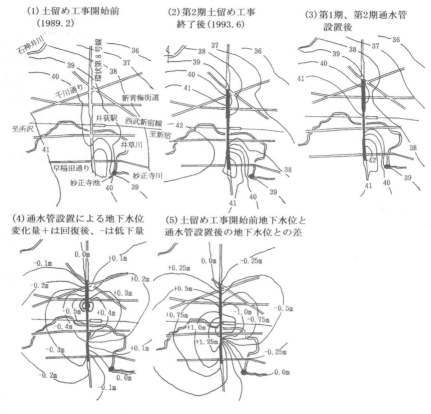

(1) 土留め工事開始前
   (1989.2)

(2) 第2期土留め工事
   終了後(1993.6)

(3) 第1期、第2期通水管
   設置後

(4) 通水管設置による地下水位
   変化量＋は回復後、−は低下量

(5) 土留め工事開始前地下水位と
   通水管設置後の地下水位との差

図-6 地下水位分布の変化(解析値)

6. 地下水の復水状況と今後の対応

　土留め工事開始前(1989年2月1日)から第2期通水管施工(1994年11月25日)までの地下水位分布の変化を、工事場所地域に設置した観測井での水位測定から求めた結果を**図-7**に示す。第2期土留め工事終了によって地下水流の上流側では約2m堰き上がり、下流側で約2m低下した。施工区間の中央部の第1期通水管の施工に期待したが十分な効果が現れなかった。

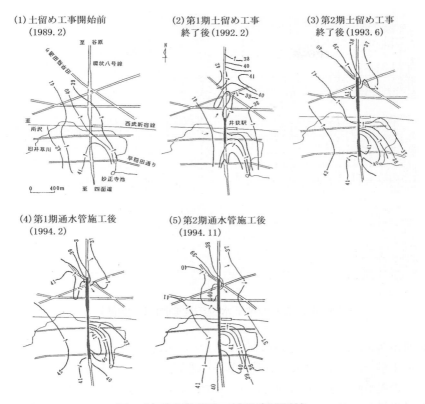

図-7 地下水位分布の変化(実測値)

　しかし、第2期通水管施工によって、特に施工区間の北側工区で顕著な効果が現れ、地下水位は上流側での低下と下流側の水位上昇が始まった。第1期通水管施工後の地下水位等高線T.P.37mの形状は北と南が繋がっていなかったが、第2期通水管施工後は連続した等高線となり、土留め工事開始前の等高線T.P.39mの形状に近づいていることが分かった。

　なお、**図-8**に示す測線ごとの地下水位の経日変化は、鉄道線の南側(測線②、③)より北側(測線④〜⑦)の通水管効果を明確に捉えており、北側からの

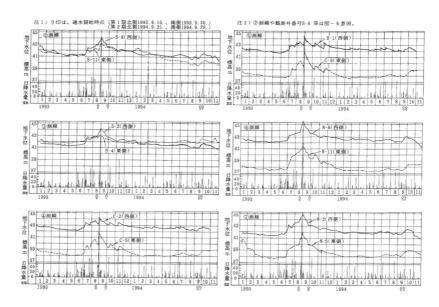

図-8 測線ごとの地下水位の変動図（実測値）

供給量が多いことを示している。

　この工事では、土留め壁と民地境界との離隔が小さく、十分な集水井や涵養井などの集水涵養装置を設置できなかった。これらの装置を設置することで、より効果的な地下水の流動保全が期待できると考えられる。

参考文献

1）杉本隆男, 三木健, 上之原一有, 中沢明：環8・井荻トンネル工事での地下水対策工, 東京都土木技術研究所年報, 平成7年, pp. 211-218, 1996.

様々な地下水流動保全工法の実施例

Key Word 地下水低下工法、リチャージ工法、揚水試験、開削工法

1.まえがき

　延長の長い線状の地下構造物を構築すると、今まで流れていた地下水の流れが阻害される。この結果、地下水の流れる方向や地下水位は変化し、設置した構造物が障害となって次のような環境の変化が起きる。**図-1**に地下水流動阻害と地盤環境変化の概念図を示す。

　遮断された地下水流の上流側では水位が上昇し、下流側では水位が低下する。上流側では地下水位が上がることにより、植物の根腐れ、浮力増大による下水道管などの地下埋設管や人孔の浮き上がり現象、地下室への漏水、砂層での地震時の

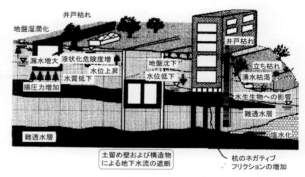

図-1 地下水流動阻害と地盤環境変化 [1]

液状化危険度の増大などが生じる。一方、下流側では地下水位が下がることによる井戸枯れや湧水の枯渇、あるいは、間隙水圧の低下による地盤沈下やそれに伴う構造物の不同沈下、樹木の立ち枯れといった現象が起こる。建築施設も大規模な開発が進んでおり、この問題を部外視することができなくなってきた。

　このように考えると、地下掘削工事に伴う地下水流動保全対策は、開発事業に伴う環境アセスメントの重要な評価項目となっている。2000年のNHKのクローズアップ現代でも地下水保全の重要性が紹介された。

2. 地下水流動保全工法の方式分類

　地下水流動保全の工法は、次の3つの装置を組み合わせて構築される。

表-1 事例の集水・涵養方式と通水方式

事例番号	構築施設	集水・涵養装置		通水装置・位置		通水動力	備考
		集水装置	涵養装置	通水装置	位置		
1	道路トンネル（二期区間）	水平ストレーナー管 φ200、L=1.8～5.7m	水平ストレーナー管 φ200、L=1.8～5.7m	通水管 φ200 L=19.9m	躯体底板中	自然	一期区間：民地～側壁離隔小さく、側壁削孔のみ
2	道路トンネル	斜めストレーナー管 φ150、L=24m	斜めストレーナー管 φ150、L=24m	通水管150、L=25m	躯体上床版の上	自然：逆サイフォン	ストレーナー管開口率60%
3	道路トンネル	トンネル躯体を矩形立坑で構築後、注水して浮かし、設置立坑に曳航する陸上潜函工法		帯水層自体	躯体下の帯水層	自然	根入れの深い土留め壁が不要
4	道路トンネル	ニューマチック・ケーソン工法でトンネルを構築		帯水層自体	躯体下の帯水層	自然	遮断壁区切り区間で油圧ジャッキ圧入
5	鉄道トンネル軌道部	口径150mmの井戸（リチャージ工法）	口径300mmの井戸（リチャージ工法）	通水管	躯体上の地表面下	強制：揚水ポンプ	制御盤（インバーターによるポンプ制御）
6	鉄道トンネル駅舎部	鉛直ドレーン3@φ500 水平ドレーンL=11m	鉛直ドレーン3@φ500 水平ドレーンL=11m	水平ドレーン L=18m D3060×B2600 砕	躯体上床版の上	自然：サイフォン	並行して2か所設置
7	鉄道開口部軌道部	1200×2000布団籠の井戸深さ2800	1200×2000のグリ石層厚さ400	通水管 3@φ200	躯体底板下の栗石下	自然：サイフォン	布団籠は不織布
8	鉄道トンネル軌道部	口径300mmの井戸（リチャージ工法）	口径300mmの井戸（リチャージ工法）	通水管	躯体上の地表面下	強制：揚水ポンプ	制御盤（インバーターによるポンプ制御）
9	鉄道トンネル軌道部	斜めストレーナー管	斜めストレーナー管	通水管	躯体上床版の上	自然：逆サイフォン	長さ約50m並行して2列設置
10	鉄道トンネル軌道部	集水井戸	涵養井戸	砕石透水層	躯体上部の埋立て部	自然：逆サイフォン	浅い土被り

① 集水・涵養装置（地下水をどのように集めて、地盤に還元するか）、

② 通水装置（上流側で集水した地下水を、どこを経由して下流側へ流すか）、

③ 通水動力装置（上流側で集水した地下水をどうやって下流側へ受け渡すか）、

という観点から分類される。表-1に各事例の集水・涵養方式と通水方式を示した。

2.1 集水・涵養装置の種類 [2]

集水・涵養装置には、次のようなものがある。1)土留め壁を撤去する方式、2)土留め壁を削孔し集水・涵養管を設置する方式、3)土留め壁自体に集水・涵養装置を組み込んだ方式、4)土留め壁の外側に、集水・洒養井戸を設置。

集水・涵養部を確実に機能させるためには地盤との接触面積、延長をできるだけ大きくとることが有効である。また、この接触部分の洗浄・目詰まり対策を確実に行えるような工夫が機能維持のために必要である。

2.2 通水方式

通水方式は以下の方法がある。1) 躯体上部通水方式、2) 通水管方式（逆サイ

ホン通水)、3) 躯体下部通水方式。

　集水装置で集めた上流側帯水層の地下水は、構造物部分を通水させて下流側へ導かれる。通水部は遮断される帯水層の代わりをなす部分であることから通水部における損失水頭を可能な限り小さくすることが計画上必要である。

2.3　通水動力

　通水は上流側と下流側の水頭差による自然流下方式が好ましい。自然流下方式では十分な通水能力が確保できない場合やサイホンが有効に効かない場合には、ポンプなど動力を用いて通水を行う方式がある。この方式は、水頭差を大きくしすぎると目詰まりや細粒分流出などを起こすことや、ランニングコストへの配慮が必要となる。

3.　地下水流動保全対策事例 [3),4),5)]

3.1　ストレーナー通水管　（都内最初の地下水流動保全工事、事例-1,2）

　連続地中壁を土留め壁とした掘削中に地下水位低下が生じたため、施工を継続しながら地下水対策を検討した。躯体底版中に通水管を設置し（図-2）、土留め壁を部分的に切削・除去して短いストレーナー管設置で通水を試みたが顕著な効果が見られなかった。そこで、躯体構工築後に水みち(旧河道)に長尺の斜め集水・涵養ストレーナー管（図-3）を設置した。これによる通水効果は大きく、土留め壁を挟んだ上下流の地下水位差が縮小した。

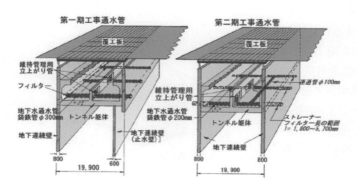

図-2 ストレーナー通水管工法（事例-1）

3.2 壁の根入れ長を短くした工法
（陸上での沈埋工法：事例-3、ニューマチック・ケーソン工法：事例-4）

　事例-1に続く道路トンネル建設では、根入れの深い土留め壁による地下水流の遮断を防ぐため、当初から根入れの短い土留め壁を構築して帯水層の一部に通水区間を確保した。そのうえで、陸上で行う沈埋工法の水中躯体移動設置工法(図-4)や、ニューマッチクケーソン工法(図-5)でトンネルを構築した。

3.3 リチャージ工法
（集水・涵養井戸にポンプ設置し地下水を涵養：事例-5）

　鉄道を地下化する工事は数年にわたるため、施工中から地下水流を遮断する可能性があり、土留め施工中の地下水流動保全対策工法として揚水ポンプを使ったリチャージ工法(図-6)を採用し、強制的に地下水の涵養を図った事例である。

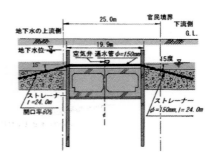

図-3 斜めストレーナー管（事例-2）

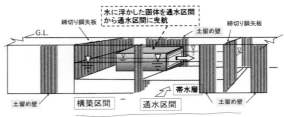

図-4　陸上での沈埋工法（事例-3）

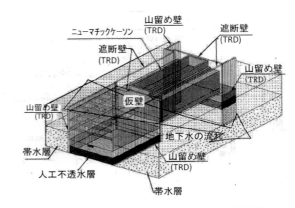

図-5 ニューマチック・ケーソン工法（事例-4）

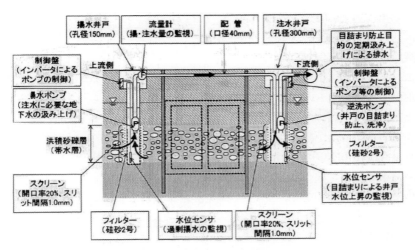

図-6 リチャージ工法 駅舎部の構築中（事例-5）

3.4 鉛直・水平ドレーン工法 （事例-6、事例-7）

　本体完成後に供用する恒久的な対策では、駅間のトンネル躯体の構築で、帯水層と躯体埋立て時にトンネル床版上部に水平ドレーン層を敷設し、これと帯水層を繋ぐ鉛直ドレーンを設置した（図-7）。このほか、図-8のように集水井戸と涵養水平ドレーンの組み合わせ工法などを採用した区間もあった。

　このように、地下水流動保全対策工法は地点ごとの地形や土地利用条件を考慮

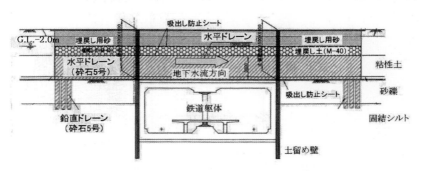

図-7 鉛直・水平ドレーン工法 駅間トンネル部（事例-6）

して選定することになる。

3.5 リチャージ工法 （深層地下水 事例-8）

これまでの対策工は浅層地下水に対するものであった。この事例はトンネルや駅舎の構築が深くなり、深層地下水の流動保全対策が必要となったものである。図-9に示したように、集水・涵養井戸内に揚水制御インバーダー付き揚水ポンプを設置して、水位監視する大掛かりな装置であった。

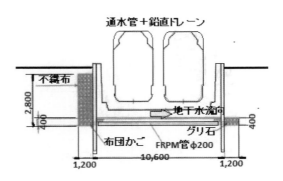

図-8 集水井戸と涵養水平ドレーンの
組み合わせ（事例-7）

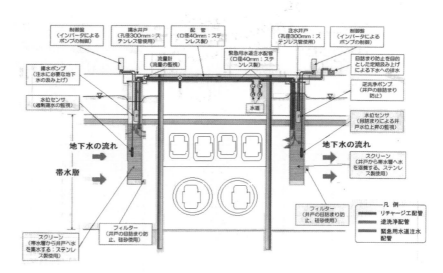

図-9 リチャージ工法 深層地下水（事例-8）

3.6 長尺の斜めストレーナー管

　地下躯体外側に対策工設置の用地が確保できない区間では、踏切部などの鉄道横断部の道路を利用して長尺の斜めストレーナー管を設置した事例を**図-10**に示した。事例-2と同じである。ストレーナー部の目詰まり洗浄を可能とする維持管理用の人孔を設けてある。

3.7 鉛直・水平ドレーン

　図-11の事例も鉄道トンネルを構築した場合の事例で、事例-6と同様である。地下躯体上床版深さまでの土被り厚さが浅い事例で、砕石と砂で埋戻し、

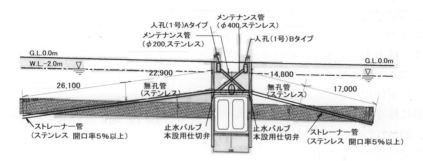

図-10 斜めストレーナー管　　（事例-9）

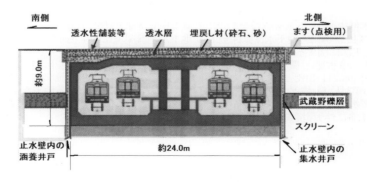

図-11　鉛直・水平ドレーン（事例-10）

97

水平ドレーンの透水層を敷設して表層に
透水性舗装を施したものである。

4. まとめ

　都市における建設工事は周辺の既設構
造物に近接する場合が多く、工事区域内
での安全性の確保はもとより、周辺環境
の保全を図りつつ工事を進めることが求
められる。具体的には、周辺環境への騒
音・振動、地盤変状、地下水位低下や汚
染、隣接建物や既設構造物への影響など
を抑えつつ、工事を安全に進めることに
なる。都市土木工事といわれる所以であ
る。ここでは、地下水流動保全工法で対
策した事例を示した。なお、掘削土留め
工事に伴う地下水への影響を多数調べ
て、**図-12**に示すような調査範囲が提案
されているので、参考に示した。

表　地層別の調査区域

地層＼調査区域	精査区域	概査区域
関東ローム層相当の地層	100m〜150m	200m〜300m
砂礫層相当の地層	150m〜300m	300m〜500m

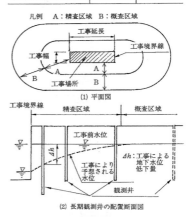

凡例　A：精査区域　B：概査区域

(1) 平面図

(2) 長期観測井の配置断面図

図-12 地下水の調査範囲 [6]

参考文献

1) 三木博史他：地下水流動保全のための環境影響評価と対策,地盤工学会,地盤工学・実務
シリーズ19,2004. 2) 地下水流動保全工法:地下水地盤環境に関する研究協議会 ; 地下水流
動保全工法に関する研究委員会,2002. 3) 杉本隆男,三木健,上之原一有,中沢明,林喜久英,
田村真一,張替徹：環8・井荻トンネル工事での地下水対策工,東京都土木技術研究所年報,
平成7年,pp.211・218, 1995. 4) 東京都土木技術センター: 地下水流動保全対策技術資料,
平成20年3月. 5) 佐々木俊平,岡村秀人,関 高：リチャージ工法による地下水流動保全対策
例,地下水地盤環境に関するシンポジウム2002発表論文集,平成14年12月,2002. 6) 東京都建
設局:工事に伴う環境調査要領,1972.

小規模な下水管埋設工事の土留め解析
～標準断面を対象に3つの解析法での計算～

Key Word 埋設管、土留め、掘削、鋼矢板

1. まえがき

　下水管埋設工事では、土質・地下水位・掘削深さ・粘着力やN値などの条件別に示された標準断面に基づき土留工の断面を決定する場合が多い。

　ここでは、埋立地における地盤条件を考慮して、土留め・山留め解析法である(1)連続梁弾性法、(2)仮想支点法、(3)有限要素法で、土留め工の仮設標準断面の壁変形分布、モーメント分布、切梁軸力等を計算し、解析法による違いを比較した。また、関東ローム地盤で同じ断面の解析を行い、埋立地の結果と比較した[1]。

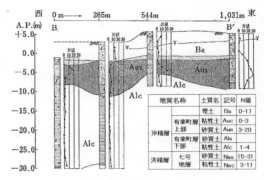

図-1 地質断面(B地区)

2. 工事場所の地質と土留め工の概要

2.1 工事場所の地質

　埋立地のA, B, Cの3地区の下水管埋設工事で、種々の解析を行ったB地区について、地質断面と土質定数の深さ分布を**図-1**と**図-2**に示した。表層部約5～7mは埋立て層で、下位に有楽町層

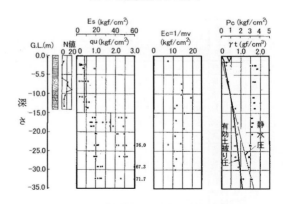

図-2 土の変形係数などの分布(B地区)

上部の厚さ約5～10mでN値10以下の砂層がある。その下に有楽町層下部の厚さ約20～30mでN値4以下のシルト質粘性土層が堆積する。図-2のEs深さ分布図中の太線は解析に用いた変形係数の値である。圧密降伏応力（Pc）は有効土被り圧より小さく正規圧密地盤であった。

　各地区で同様の整理を行い解析のインプット定数を決めた。

2.2 土留め工

　土留工の断面は図-3に示すように、掘削深さ4mの1段梁架構（A, B, C地区および関東ローム）、掘削深さ6.0mの2段梁架構（B地区）、掘削深さ6.5mの2段梁架構（B地区）、掘削深さ7.5mの3段梁架構（B地区）の4種類について解析した。使用し

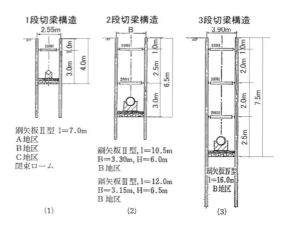

1段切梁構造　2.55m

2段切梁構造　B

3段切梁構造　3.90m

鋼矢板Ⅱ型 l=7.0m
A地区
B地区
C地区
関東ローム
(1)

鋼矢板Ⅱ型,l=10.5m
B=3.30m, H=6.0m
B地区
鋼矢板Ⅲ型,l=12.0m
B=3.15m, H=6.5m
B地区
(2)

鋼矢板Ⅳ型
l=16.0m
B地区
(3)

図-3 土留工断面図

表-1 解析結果

解析条件	1段切梁、鋼矢板Ⅱ型 掘削深さH=4.0m、鋼矢板長l=7.0m								2段梁、Ⅱ型 H=6.0m,l=10.5m		2段梁、Ⅲ型 H=6.5m,l=12.0m		3段梁、Ⅳ型 H=7.5m、l=16.0m		
地盤種別	関東ローム		A地区		B地区		C地区		B地区		B地区		B地区		
解析手法	連続梁弾性法	仮想支点法	連続梁弾性法	仮想支点法	連続梁弾性法	仮想支点法	連続梁弾性法	仮想支点法	連続梁弾性法	仮想支点法	連続梁弾性法	仮想支点法	連続梁弾性法	仮想支点法	有限要素法
切梁軸力(tf/本) 掘削 1段	1.07	2.76	2.10	1.51	3.31	1.72	4.18	1.74	3.47	5.50	4.50	5.50	5.46	4.38	2.10
切梁軸力(tf/本) 掘削 2段	—	—	—	—	—	—	—	—	9.32	4.23	14.34	5.56	14.40	5.49	2.36
切梁軸力(tf/本) 掘削 3段	—	—	—	—	—	—	—	—	—	—	—	—	13.01	3.95	9.33
切梁軸力(tf/本) 埋戻し 1段	1.07	2.76	2.10	1.51	3.31	1.72	4.18	1.74	5.04	6.82	7.68	7.53	9.14	5.41	—
切梁軸力(tf/本) 埋戻し 2段	—	—	—	—	—	—	—	—	9.32	4.23	14.34	5.56	25.54	6.98	—
切梁軸力(tf/本) 埋戻し 3段	—	—	—	—	—	—	—	—	—	—	—	—	13.01	3.95	9.33
鋼矢板変位(cm) 杭頭部 1次掘削	0.82	0.98	3.33	2.44	5.01	2.88	9.04	3.49	4.42	2.88	2.69	2.24	2.85	1.67	0.56
鋼矢板変位(cm) 杭頭部 掘削最終	0.66	0.90	2.86	2.34	4.28	2.77	8.36	3.37	3.73	2.14	2.37	1.82	2.45	1.53	0.37
鋼矢板変位(cm) 地中部 最大値	—	0.44	—	—	—	—	—	—	2.82	—	1.92	—	2.47	1.09	1.28
鋼矢板変位(cm) 地中部 位置	—	GL-4.0m	—	—	—	—	—	—	GL-6.0m	—	GL-6.5m	—	GL-6.5m	GL-7.0m	GL-5.0m
モーメント(tf·m/m) 最大値	0.72	3.19	1.93	2.97	3.38	3.40	3.93	3.35	4.46	13.55	7.95	15.31	10.90	15.50	8.29
モーメント(tf·m/m) 位置	GL-3.5m	GL-3.5m	GL-3.5m	GL-3.5m	GL-4.0m	GL-3.5m	GL-4.0m	GL-3.5m	GL-6.0m	GL-5.0m	GL-6.5m	GL-5.5m	GL-7.5m	GL-6.0m	GL-7.0m

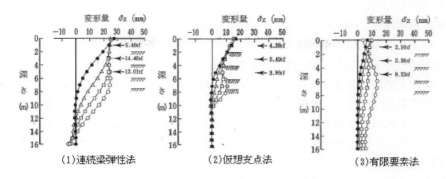

図-4 解析法別の鋼矢板変形分布

た部材の形状、寸法などは図中に示したとおりである。

3.解析結果

解析結果を**表-1**に示す。また、B地区における掘削深さ7.5mの3段架構の土留工について、3種類の方法で計算した鋼矢板変形分布を**図-4**に示す。

これらの計算結果を比較してみると、**表-1**に示したように、切梁軸力は連続梁弾性法が大きく、仮想支点法と有限要素法による結果は同じような値となった。曲げモーメントの大きさは仮想支点法が1番大きく、連続梁弾性法、有限要素法の順になっている。鋼矢板変形は**図-4**のように連続梁弾性法が大きく、仮想支点法と有限要素法による変形形状は似ていた。

このように、同じ地盤で同じ土留め工事をモデル化して計算しているが、使用する解析法で用いる側圧係数が少し違うことやモデル化の相違により結果に差が出た。

したがって、軟弱地盤での土留め工の設計に際しては、種々の角度から検討する必要がある。なお、**表-1**に関東ローム地盤での変位を示したが軟弱地盤の結果より小さかった。

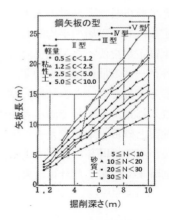

図-5 掘削深さと矢板長の関係

101

4. 標準断面の検討

4.1 掘削深さと鋼矢板長

積算基準の土留め工の標準断面について、使用標準表の掘削深さと矢板長の関係を図示すると、図-5のようになる。

粘性土地盤の場合、粘着力が小さい場合はヒービングの検討により、少し大きな粘着力の場合より矢板長が長くなっている。粘性土地盤で粘着力Cが1.2〜2.5tf/m^2と2.5〜5.0tf/m^2場合は、掘削深さが5m〜6mを越えると矢板長が長くなる。また、砂質土の場合は、どのN値の場合も掘削深と矢板長は直線関係になっている。いずれにせよ、掘削深と矢板長の関係は基本的には直線関係にある。

4.2 標準断面の変形分布

掘削深さが非常に浅い場合の土留め壁の変形を比べた解析事例は殆どない。ここでは連続梁弾性法を用いて地盤種別と掘削深さを変えて解析した。地盤の入力定数は有楽町層の平均的な土質定数を使った。図-6は各ケースの最終掘削後の変

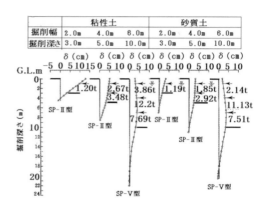

図-6 標準仮設断面の変形分布

形分布である。この結果、粘性土地盤を3〜5m掘削する場合の変形が大きく、根入れ長が不十分であるという結果であった。掘削深さが10mの場合は粘性土地盤と砂質土地盤で大きな差はなかった。これは、砂質土地盤の水圧と根入れ長が両者で同等な長さによるためと解される。なお、1次掘削時変形が最終掘削時まで影響した計算結果は、初期変形を抑えるとする施工経験と一致した。

参考文献

1) 佐々木俊平，杉本隆男：工事に伴う地盤問題に関する現場調査事例，東京都土木技術研究所年報，昭和58年，pp. 295-305，1983.

掘削のほかに様々な工種の影響を受ける山留めの変形

Key Word 関東ローム、鋼矢板、観測施工

1.まえがき

　この事例は、東京の山の手台地の人工柵渠を流れる河川の鋼矢板護岸を改修する小規模工事で、鋼矢板の挙動を調査したものである[1]。通常、鋼矢板の挙動は掘削の影響が大きいが、この工事は掘削深さと掘削幅が小さい山留め掘削工事で、施工法の影響を強く受けていた。

2.　工事場所の地質と鋼矢板護岸の施工方法

2.1 工事場所の地質

　この付近の地質断面を**図-1**に示す。表土の下に層厚約7mの関東ローム層がある。その下位には武蔵野礫層と呼ばれるN値32以上の礫層が層序をなしている。この礫層はこの付近の地下水層となっており、部分的に粘土層を挟んでいることがある。関東ロームはG.L.0.0〜-4.0m付近までが立川ロームで、それ以

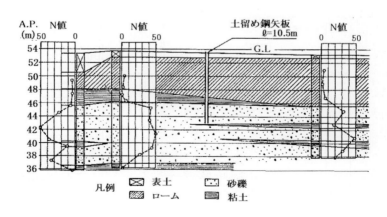

図-1 工事場所付近の地質断面

深の武蔵野礫層までが武蔵野ロームである。

表-1に関東ロームの土質試験結果を示した。関東ロームは黄褐色の火山灰質粘性土で、自然含水比が129〜142％と大きく、単位体積重量が1.32〜1.34gf/cm³で、他の粘性土より小さいという特徴がある。また、標準貫入試験用サンプラー（レイモンドサンプラー）で採取した試料の粒度試験からハーゼンの実験式 $(k=100D_{10}^{2})$ で求めた透水係数kは、1.6〜3.6×10⁻³（cm/sec）で、粘性土としては大きい。

表-1 関東ロームの土質試験結果

関　東　ロ　ー　ム		
	一般値	本試験値
単位体積重量(t/m³)	1.25〜1.45	1.32〜1.34
土粒子比重	2.65〜2.85	2.58〜2.62
自然含水比（％）	100〜145	129〜142
液性限界（％）	100〜160	160〜167
塑性限界（％）	50〜90	52〜62
粘着力（t/m²）	2.5〜6.0	3.2〜6.8
せん断抵抗角(°)	20〜34	12〜16

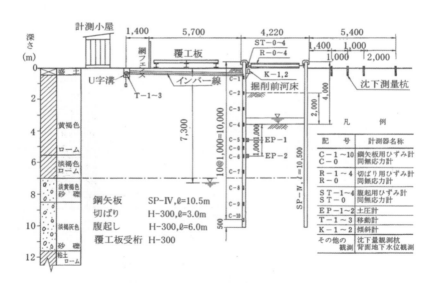

図-2 施工断面と計測器配置

104

2.2 鋼矢板護岸の施工方法

　この工事は、図-2に示すように護岸用鋼矢板を打込んだ後、在来河床を2m掘下げるものである。図中に計測器の配置を示した。

　護岸用鋼矢板(IV型、長さ10.5m)の打設は、隣接地に与える振動・騒音の影響を考慮し打設方法を変えた。一つはバイブロハンマー(40Kw)で打込む方法で、アースオーガ(35Kw)を併用し地盤をゆるめてから打ち込む方法と併用しない場合である。もう一つは、ドロップハンマで屏風打したあと、ディゼルハンマ(22型)で所定の位置まで打下げる工法である。このように、低振動・低騒音杭打機がまだ開発されていない時代の工法であった。

　切梁の架構は、腹起(H-300、長さ6.0m)設置後、ジャッキ(20t)により押し広げた左右岸の腹起し材の間に切梁(H-300、9-=3.0m)を3mピッチで釣り下ろし、腹起しと切梁はすべてボルトで一体化した。鋼矢板護岸打設後、バケット容量0.3㎥の油圧クラムシェルで2mの河床掘削を行った。工期は約5ケ月間であった。

3. 鋼矢板の計測結果

3.1 ひずみ計と土圧計の取り付け

　部材の応力状態等を把握する目的でつぎの測定を行った。1)鋼矢板天端の水平移動量、2)鋼矢板天端の傾斜角、3)切梁の軸力ひずみ、4)腹起材のひずみ、5)根入れ部の抵抗土圧、6)鋼矢板の曲げひずみ、7)背面地盤の沈下量、8)背面地盤の地下水位、9)鋼矢板打込時の振動応力。

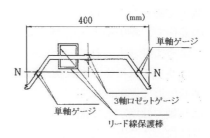

図-3　鋼矢板に設置したひずみ計

　このうち鋼矢板へのひずみ計の取付け状態を図-3に示す。ひずみ計は差動トランス型で、鋼矢板打込み時にひずみ計とリード線を保護するためのプロテクター(溝形鋼150×75×6.5)を0.3～0.4mピッチで点溶接した。

3.2 計測結果

(1)鋼矢板天端水平移動量の経日変化

　図-4は、鋼矢板天端の水平移動量の経日変化を示したものである。降雨量

50mm/日の大雨、測定箇所付近の鋼矢板打込み、切ばり架構時のジャッキのアップ時と撤去時など、主に施工の影響を受けて変化していることが分かる。

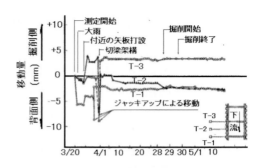

図-4 鋼矢板天端の水平移動量の経日変化

(2)鋼矢板天端傾斜角の経日変化

図-5に鋼矢板天端付近に取付けた傾斜計で測定した値の経日変化を示した。

河床の掘削時には、K-1、K-2ともに背面側へ約3分傾斜したことを示しているが、変化量は微少であった。傾斜は背面側への変化で、鋼矢板の天端が切梁によって押さえられていたためである。これにより鋼矢板が掘削底付近で掘削側に変形し、切ばり軸力は増加して図-6のようになったことが分かる。

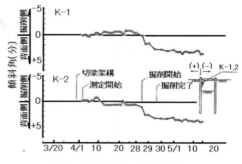

図-5 傾斜計の経日変化

(3)切ばり軸力の経日変化

切ばり軸力の経日変化を図-6に示した。切ばり軸力の経日変化を細かく観察してみると、切ばり架構時に地盤と鋼矢板との弾性的復元力によりプレストレスが導入されている。4月28日に測定場所の河床掘削を行ったが、軸力は掘削直後に一旦低下したあと増加している。掘削完了後の3日間にNo.1切ばりで11t、No.2切ばりで21tまで増加し、その後の約10日間で10tと16tまで低下している。それ以後は一定の値となった。

このように、腹起ジャッキアップ時と掘削時に、軸力は3〜4日の間に変化したあと約10日でわずかな変化を示し、その後は一定の値となっている。最大の

106

軸力を示したときのH鋼の応力度は約210kg/cm²であり、許容応力度1,400kg/cm²に比べかなり低い値であった。

(4) 腹起し材フランジひずみの経日変化

図-7は、腹起しに取付けたひずみ計の指示値から求めた経日変化である。No.1切梁架構時には測定点には曲げが作用しないため指示値に変化はない。No.2切梁の架構時にはひずみ計ST-3とST-4取付け位置(A)点で、±300×10⁻⁶のひずみ値を示したが、ひずみ計ST-1、2取付け位置(B点、切梁が架構される点)では、この点を挟んだ2本のジャッキにより左右岸が押し広げられ、ST-1が50×10⁻⁶、ST-2が430×10⁻⁶となった。この時の指示値が、測定期間を通して最大のひずみを示した。

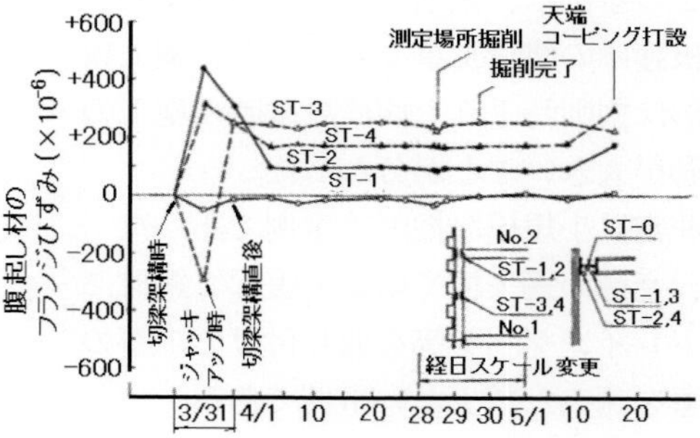

(5) 鋼矢板の曲げモーメント分布

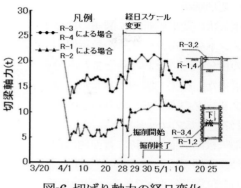

図-6 切ばり軸力の経日変化

図-7 腹起材フランジのひずみの経日変化

鋼矢板に1mピッチで取付けたひずみ計の測定値から求めた曲げモーメント分布を図-8に示した。曲げモーメントは切梁設置時に決まり、掘削中の変化は殆どなかった。最大曲げモーメントは掘削前後の河床間で発生し、曲げ応力は298kg/cm²で許容応力度(1,400kg/cm²)の21%であった。

(9) 変形解析

鋼矢板の変形解析は、図-8の曲げモーメント分布をフーリエ級数近似し、その積分から、たわみ角とたわみ分布を求めた。結果を図-9に示した。ラインプリンタの印字でたわみ角をQで、たわみをIでプロットした。

鋼矢板は切梁架構時に背面側に押込まれ、天端で4.5mm、天端から80cm下がった位置で3.4mmである。背面地盤に設置した移動計の値は、切梁架構前後で背面側に3.4mであり、解析結果の値と一致していた。

4. まとめ

この事例は、掘削規模が小規模な鋼矢板護岸の建設工事であったが、鋼矢板変形は掘削時よりも切梁設置時の施工の影響が大きいことが分かった。

非常に小規模な掘削工事例であったが、土留め鋼矢板や切梁・腹起し鋼材にストレインゲージ等を取り付けて工事の影響を調べた数少ない事例である。

参考文献

1) 金子義明, 杉本隆男, 阿部博：関東ローム地盤での山留め鋼矢板の挙動調査例とその解析, 東京都土木技術研究所年報, 1975.

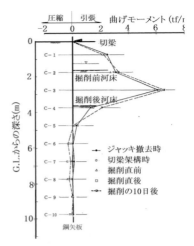

図-8 曲げモーメント分布

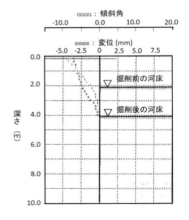

図-9 鋼矢板の変形分布

切梁軸力測定と地盤沈下測量で行った情報化施工

Key Word 観測施工法、埋設管、切梁、地盤沈下

1.まえがき

　下水管や水道管などの管渠工事における土留め・掘削工は、掘削深さや掘削幅が小さく、掘削断面の大きさに応じた標準断面で施工される。施工件数は非常に多く安全性は経験と勘に委ねられ、土留め挙動の観測施工例は少ない。この事例は、東京の葛西沖埋立て地盤で施工した下水道管埋設工事で、切梁軸力と周辺地盤の沈下量を計測し、観測施工により安全管理を行ったものである[1]。

2.　工事場所の地質と土留工と計器配置

2.1 工事場所の地質

　地質断面図を**図-1**に示した。ボーリングNo.5の位置で表層部は砂質シルトや砂の互層でN値は0に近く、非常に軟弱である。ボーリングNo.9付近はN値2～12の砂質土の埋立て土層である。施工延長は65.3mで、埋土に種々の土が使用されているため区間内で土質が変化している。

　埋立て前の干潟砂層表面下には、有楽町層上部のN値2～11のゆるい砂層が6.0～10.4m厚さで堆積しており、下水管の床付面はほぼこの層に位置する。

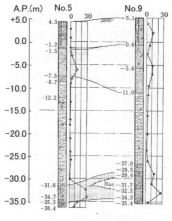

図-1 土質柱状図

　その下位には、有楽町層下部の厚さ約20m、N値0～3の軟弱な粘性土がある。さらに深い位置には7号地層のN値15～31の砂質土層やN値5～11の粘性土層があり、N値50以上の礫層へと続いている。

2.2 土留工と計器配置

　土留め壁は**図-2**に示したように、鋼矢板（Ⅳ型、長さ17.0m）を打設し、掘削は幅4.7m、深さG.L.-8mまで、5次に分けて掘削した。切梁軸力は、地表面から

深さ1m、3m、5mの位置に容量150tの軸力計を設置し測定した。地盤沈下測定は、測量杭を土留め背面に4m、5m、8m間隔で設置し、杭頭を水準測量した。

3. 管理基準値

3.1 切梁軸力

切梁軸力の管理基準値は、①下方分担法、②仮想支点法、③連続梁弾性法で切梁軸力を計算した結果をもとに決めた。その結果を表-1に示した。

①下方分担法は側圧係数を変えた3ケース、②仮想支点法は側圧係数を1次掘削時に0.80、2次掘削時に0.60、3次掘削時に0.50、および最終掘削時に0.40と変え、仮想支点位置を地表面から深さ11.0、13.0、15.0、および17.0mとして計算した。③連続梁弾性法の計算では側圧係数Kaを0.35とし、根入部の変形係数Esは地表面から深さ0〜6.0mをEs=100tf/m²、深さ6.0〜12.0mをEs=150tf/m²、深さ12.0〜17.0mをEs=250tf/m²とした。根入部先端の拘束条件は自由とした。

3.2 切梁の管理基準値

切梁の管理基準値は切梁間隔が3mなので、表-1の最大値と最小値の和の2分の1の3倍とした。すなわち、1段切梁軸力14.6tf、2段切梁軸力17.0tf、3段切梁軸力35.5tfである。なお、切梁材のH型鋼(200×204×12×12、長さ

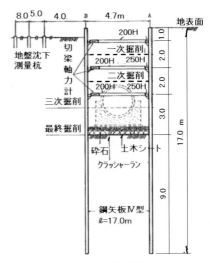

図-2 土留め・掘削断面

表-1 切梁軸力の予測値

| | | 切梁軸力(tf) | | |
		1段梁(-1.0m)	2段梁(-3.0m)	3段梁(-5.0m)
下方分担法	K=0.35	2.84	5.04	12.29
	K=0.35 水圧係数0.5	2.84	3.72	9.21
	K=0.50	4.05	7.20	17.55
仮想支点法	支点の深さ 11 m	5.18	6.34	10.26
	13 m	5.33	6.60	11.21
	15 m	5.43	6.78	11.77
	17 m	5.51	6.90	12.15
連続梁弾性法		6.92	7.59	14.48

注)土留め壁1m当たり

110

4.70m)の座屈を考慮した許容応力度から求めた軸力は80tfである。以上の管理基準値の80%を第1管理値、100%を第2管理値とした。

3.3 地盤沈下

東京の低地での工事12例で、掘削に伴う周辺地盤の沈下量をまとめた結果を図-3に示す。曲線はPeck(1969)の領域区分線であり、領域ⅠとⅡを区分する点線を第1管理値とし、領域ⅡとⅢを区分する点線を第2管理値とした。

4. 計測管理

4.1 切梁軸力

切梁軸力の経日変化を図-4に示した。①2次掘削段階の軸力は9.5tfで第1管理値11.7tf以下であった。②3次掘削段階では、1段切梁は11.0tfとなったが2次掘削時の9.5tfと大差がない。2段切梁は10.0tfとなった。なお、他の断面で第1管理値を越したため、事前に決めた施工時対応の土留め変形や腹起しの変形等の目視による監視を強化した。③4次掘削が始まると1段切梁軸力の変化はないが、2段切梁軸力は上昇し第2管理値を越す18.0tfとなっ

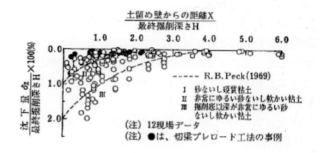

図-3 低地での掘削工事に伴う
x/H〜δz/H×100 の関係

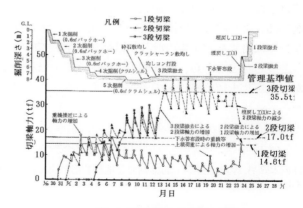

図-4 切梁軸力の経日変化

た。3段切梁軸力は0→5.0
→15.5tfと上昇したが第1
管理値28.4tfより小さい軸
力であった。

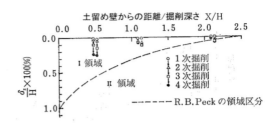

④5次掘削深さはわずか
0.6mの掘削厚さであった
が、2段切梁は19.0tfから
26.0tfに、3段切梁は
19.0tfから25.0tfへと軸力

図-5 逐次掘削に伴う地盤沈下の管理図

が急増した。⑤3段切梁撤去では2段切梁が35.0tfとなったあと、埋戻し時に
減少した。また、2段切梁撤去により1段切梁軸力は急激に増加をした。いずれ
にせよ、軸力は切梁材の許容軸力の80tf以下であり、工事を継続した。

4.2 地盤沈下

逐次掘削に伴う地盤下量の推移を**図-5**に示した。1次掘削時は非常に小さ
く、2次掘削時で6mm、3次掘削時で12mm、5次掘削終了時で23mmであり、沈下量
の施工管理図の領域Ⅰ以内であった。

5. まとめ

以上のように、2段切梁軸力は第2管理値17.0tfを越え、切梁撤去時には約
35tfとなった。沈下量は領域Ⅰ以内で小さかった。また、3段切梁軸力は管理
値35.5tfより約10tf下回っていた。加えて、土留壁の根入長が9.0mあり、ボイ
リングに対する安全率の計算値は最終掘削時でFs=3.24であった。

こうしたことから、切梁軸力は掘削途中で当初の管理基準値を越えることが
あったが、土留め鋼矢板の過大な変形もなく、地盤沈下は管理値以内であっ
た。

参考文献

1)杉本隆男, 佐々木俊平：切梁軸力と地盤変形による浅い掘削工事の計測管理, 東京都土
木技術研究所年報, 昭和56年, pp. 198-207, 1981.

ストレインゲージを貼って非対称の土留め挙動を測る

Key Word　軟弱地盤、鋼矢板、地盤沈下、土圧計

1.まえがき

　河口部の古い運河状河川をドライにして、旧護岸構造物を残して道路を構築する工事で、偏土圧を受ける土留め鋼矢板の挙動を中心に、背面地盤の挙動を調査した事例である。鋼矢板に貼ったストレインゲージでひずみ分布を求め、たわみ方程式を解いて変形分布を求めている[1]。

2.　工事場所の地質と土留め工事の概要

2.1 工事場所の地質

　工事場所の地質断面図を図-1に示す。沖積層が厚く堆積しており、非常に軟弱な地盤である。

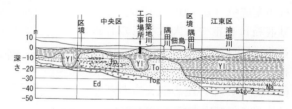

図-1　工事場所地域の地質断面

　工事箇所で行ったボーリング調査結果を図-2に示す。G.L.0.0~-5.5m のシルト質細砂層、G.L.-5.5~-14.1m の砂質シルト層、G.L.-14.4~-16.6m の締った細砂の層、およびそれ以深のシルト層で構成されている。これらの層の土質試験の結果をみると、一軸圧縮試験より求めた見掛けの粘着力 Cu は 1.5~2.3 t/m² と小さい。また、自然含水比は液性限界より大きく非常に流動性に富んだ土質である。

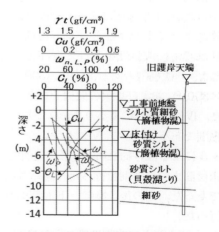

図-2　工事場所地盤の土質

2.2 土留め掘削工事の概要

運河は前年度までの工事ですでにドライ化されていた。

掘削断面図を**図-3**に示す。掘削は、図中記号 I 領域の掘削のあと、図示した位置に長さ 16.0m と 14.0m の鋼矢板および長さ 10.0m の中間杭を打ち込み、領域 II、III、IV、V の順序に掘削した。II の押え盛土の除去のあと長さ 15.0m のカルバート基礎杭（φ300）を打設した。基礎杭は自重で貫入するものもあった。III はバックホウによる深さ約 1.9m の一次掘削で、切ばりの架構はしていないため鋼矢板の頭部は拘束されていない。

掘削中に掘削面からの湧水はなかったが、工事箇所に流れこむ雨水等によって水を含むとシルト質細砂は非常に流動性をおびて泥濘化した。一次掘削のあと、腹起し(300×300H)、および切梁の架構を行った。IVは手掘りによる 0.8m の二次掘削である。そして、V はクラムシ

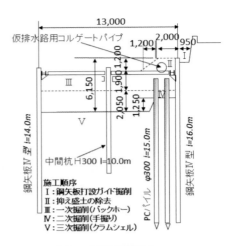

図-3 掘削断面図

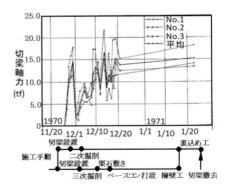

図-4 切梁軸力の経日変化

ェルによる深さ約 2.0m の三次掘削で、護岸鋼矢板前面部は台形状に切り残し、床付面までの掘削を行った。護岸背面地盤から床付け面までの深さは約 6.7m であった。その後、擁壁、下水カルバート等の構築、埋め戻し、切梁の撤去を行った。

3. 土留めおよび背面地盤の挙動測定

土留めの挙動は、つぎのような方法で鋼矢板や切梁に測定機器を取り付け測

114

定した。ストレインゲージを貼った①鋼矢板の曲げひずみ測定と②切ばり軸力の測定、③土圧計による鋼矢板に作用する土圧測定、④傾斜計による鋼矢板天端傾斜角の測定、また、背面地盤の挙動は、⑤水準測量による沈下量測定と測点間の距離測量で水平移動量を測定。

４．測定結果

(1) 切ばり軸力の経日変化

　図-4 は切梁軸力の経日変化である。鋼矢板の前面約 0.8m の掘削で軸力は急激に増加し約 15t まで増加したあと 2t まで減少した。その後三次掘削が進むにつれて軸力は徐々に増加し、床付け時より切ばりを撤去するまでは、約 15t 前後の一定の軸力であった。このように、切梁軸力は施工工程の影響を強く反映した挙動を示すことが分る。

(2) 背面地盤の沈下量の経日変化

　背面地盤の沈下分布を図-5 に示す。旧護岸から約 8m の範囲の沈下量が著しいが、それより遠い領域には殆ど影響が及んでいない。表面からの床付け深さ(約 7m)とほぼ等しい範囲の背面地盤に、掘削の影響を与えていることになり、掘削工事と地盤沈下との間に密接な関係があることが

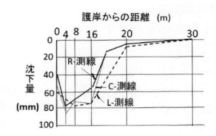

図-5 背面沈下量の分布

分る。なお、背面地盤の沈下は主として、三次掘削中の沈下が著しく、構築中の進行は殆どないが、切梁撤去によって再び沈下した。

(3) 鋼矢板の変形

　床付け後の鋼矢板のひずみ測定値から求めた曲げモーメントやたわみ分布を図-6 に示す。鋼矢板の変形は天端で約 15 ㎜あり、押さえ切土面までほぼ直線的に減少し、根入れ部分の変形は非常に小さかった。天端の傾斜角は、計算値と実測値がほぼ等しかった。なお、掘削中と掘削完了直後の解析結果と実測値はあまり一致していなかった。これは、鋼矢板が可撓性に富む土留め壁のため複雑に土圧が変化していたためと推定される。

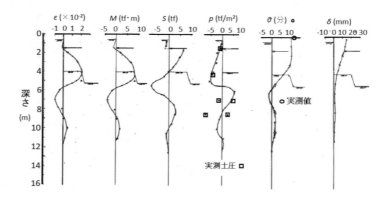

図-6 鋼矢板のひずみ測定値から求めた曲げモーメントやたわみ分布

(4) 土圧測定結果

土圧測定結果を**図-7** に示
す。ランキン・クーロンの土圧
理論による土圧係数を 0.3 と
して求めた土圧分布が、数値
解析結果に近似した土圧分布
となった。

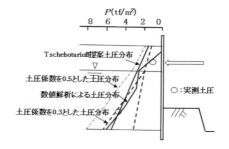

図-7 土圧分布

参考文献

1) 坂口清実,杉本隆男：補助 153 号線建設工事における土留鋼矢板の挙動調査, 東京都土
木技術研究所年報,1968.8.

背面地盤高のわずかな差がもたらす偏土圧の影響

Key Word　軟弱地盤、地盤沈下、鋼矢板、観測施工

1. まえがき

軟弱な沖積層での掘削工事中に、山留め壁が変形し周辺地盤が沈下した事例である[1]。東京の下町低地で排水場を建設する工事で、深さ約 12m の掘削中に山留め壁が変形し周辺地盤が最大 25cm も

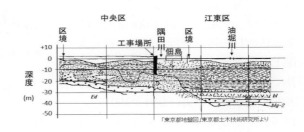

図-1　工事場所地域の地質断面

沈下した。ヒービング崩壊の危険指標である安定係数[2]は 9.1 であった。

2. 工事場所の地質と山留め工事概要

2.1 工事場所の地質

工事場所の地質断面図を図-1 に示す。沖積層が厚く堆積しており、非常に軟弱な地盤であった。工事場所で行ったボーリング柱状図を図-2 に示す。

沖積層は A.P.-13.8m まで貝殻混じりのシルト質細砂、シルト、シルト質細砂、そしてシルトの互層で構成され、それ以深の層はよく締った細砂、および砂礫の洪積層である。標準貫入試験結果をみると A.P.-13.8m までの沖積層は、N 値 0 の層が約 10m 続き非常に軟弱である。また、A.P.-13.8〜23.6m の砂層は N 値が 10〜50 であり深度を増すごとに締っている。それ以深の砂

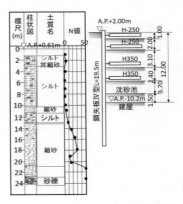

図-2　ボーリング柱状図と
山留め断面

礫層の N 値は 50 以上で建屋基礎支持
層になっている。

2.2 山留め工事の概要

山留め工事は、長さ 19.5m の IV 型
シートパイルをバイブロハンマーにて
打込んだ後、建屋沈砂池の基礎工とし
てデルマック 42 にて直径 60cm の P.C.
基礎杭の打ち込みを行った。山留め支
保工の配置は、**図-2**、**図-3** に示すとお
りで、1,2 段腹起および切梁は H 鋼 300
×300×12×12 および 250×250×9×

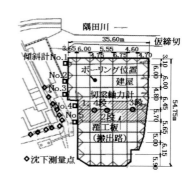

図-3 山留め平面図

14 を用い、3,4 段については H 鋼 400×400×13×21 および 350×350×12
×19 を用いた。掘削は、クラムシェルにて最終床付面まで**図-4** の工程概略図に
示したように約 3.5 カ月間に渡って実施された。各段階での掘削面は、一次掘
削が A.P.-1.10m、2 次掘削が A.P.-4.10m、三次掘削が A.P.-6.50m であり、4 次
掘削は建屋部分で A.P.-10.2m、沈砂池部分で A.P.-8.7m であった。

3. 掘削に伴う切梁軸力の経日変化

図-5 に示すように、各切梁に作用する軸力は掘削の進行にともなって増加し
ている。一段梁は、1 次掘削時の軸力の増加割合が他の三つの切梁軸力のそれ
に比べて非常に小さく、2 次掘
削が進行しているにもかかわ
らず軸力が減少している。この
傾向は三次掘削が完了して四
段梁を架構するまで続いてい
た。この期間における矢板天端
の水平移動量は、図-3 平面図の
左側山留め壁が掘削方向に 25
〜68mm、同右側が背面地盤方
向に 26〜54mm であった。この
ことから、矢板頭部が全体に右

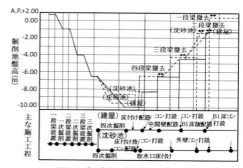

図-4 掘削と構築工程

側に移動したため、掘削が進行し
ても一段梁軸力が増さなかった
と推定された。

　これと同様な傾向が四次掘削
時における一、二、三段梁にみら
れ、掘削工程全搬に渡って山留め
が右岸側に移動したことがわか
る。このような各切梁軸力の変化
は、最終床付面までの掘削が完了
すると、ほぼ一定の値となった。

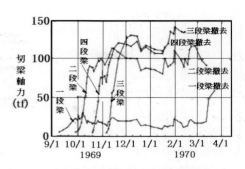

図-5　切梁軸力の経日変化

　その後、掘削の進行にともなって増加する土圧に応じて変形していた山留め
の変形は、構造物の立上げ中に大きな土圧変化がなく、一定に保たれた。

　その後の切梁軸力の変化は、各切梁の撤去、構造物の立上げによって増加、
減少をくり返す。切梁撤去時の未撤去切梁軸力の変化をみると、撤去切梁に近
いものほど大きな軸力増加を示している。たとえば、四段梁撤去直前の1月16

日の軸力と撤去後の1月31日の軸
力とでは、三段梁が34t、二段梁が
30t、一段梁が13tの一軸力増加を
示した。切梁撤去段階での著しい変
化は、二段梁撤去による一段梁軸力
の増加で、40tの軸力増加を示して
いた。

4.背面地盤の挙動

　山留めの挙動を調べると同時に、
図-3 に示す位置で背面地盤の沈下
量の経日変化を調査した。**図-6** に示
すように、背面地盤は掘削の進行に

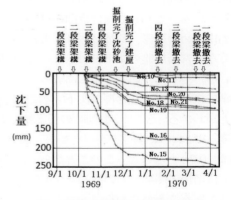

図-6　背面地盤沈下の経日変化

ともなって沈下し、特に、三次、四次掘削の期間での沈下量が大きい。そして
床付け時から一段梁撤去までは、ほとんど沈下がおさまっている。しかし、一
段梁を撤去すると再び沈下する。**図-7** に矢板に直交する方向別の沈下量を示し

119

た。

　この図から、矢板に直交する方向では矢板から約10mの範囲での沈下が著しいが、矢板から離れるにしたがって沈下量は小さくなり、約21m離れるとほとんど影響をうけないことがわかる。

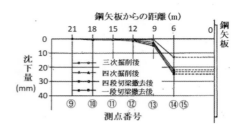

図-7　矢板に直交する方向と平行な方向の方向別沈下量

5. 測定結果の検討

　掘削の進行にともなう切梁軸力の変化および背面地盤の挙動は、図-5、図-6、および図-7から密接な関係があることが分かる。

　軸力の経日変化と矢板天端の水平移動量の変化から、掘削工程全搬にわたって山留めが変形・移動しており、この間に背面地盤が著しく沈下している。しかし、床付け開始以後の山留めの変形、移動はさほど大きくなく背面地盤の沈下もおさまっている。そして、切梁の撤去によって鋼矢板が変形すると再び沈下するこ

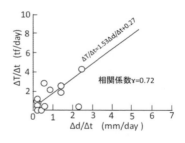

図-8　沈下速度△d/△tと軸力増加率△T/△tとの関係

とがわかる。そこで、掘削時の切梁軸力の時間増加率　△T/△tと地盤の沈下速度△d/△tの相関性を調べた結果、図-8に示すような関係が成立し、相関係数は、0.72となった。このことから、切梁軸力の時間増加率と背面地盤の沈下速度は密接に関係していること、掘削に伴う山留め挙動に比べ、沈下に時間の遅れがあることがわかる。

参考文献

1) 坂口清実,小川和男,杉本隆男　：排水場建設工事における仮設および背面地盤の挙動について，東京都土木技術研究所年報, pp.67-75, 1970.　2) K. Terzaghi & P.B. Peck: Soil Mechanics in Engineering Practice″, 2nd Edition, John Wiley & Sons, Inc., 1967.

既設シールド管のリバウンドを押さえる地盤改良の効果

Key Word リバウンド、埋設管、地盤改良、有限要素法

1.まえがき

　地盤の掘削工事では、地盤内で土被り圧が除去（応力開放）され、鉛直方向に変位する。いわゆる地盤のリバウンドが起こる。シールド管が地盤内に設置されていれば地盤と一緒に浮き上がる。リバウンドが大きいとシールド管は許容応力度を越えて破壊に至る可能性がある(**図-1**)。これを検討するには、掘削前に作用していた土水圧によるセグメントリングの応力と変位を推定し、掘削による除荷でその応力と変位がどう変わるかを知る必要がある。この解析には有限要素法が有効な手法であるが、入力定数の設定が結果に大きく影響する。

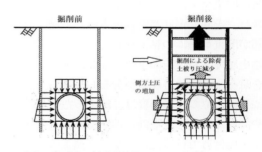

図-1 掘削に伴う既設シールド管の応力変化

　この事例はこうしたことを検討したもので、①地盤工学的視点から地盤の変形係数等の入力定数の同定及び有限要素法による解析、②解析結果に基づく地盤改良範囲の設定、③下水道管の掘削中の計測値と予測値(許容値)との比較などをまとめている [1]。

2.　工事場所の地質と土留め工事の概要

2.1 工事場所の地質

　工事場所は、武蔵野面(豊島台と呼ぶ台地)からそれより一段低い台地河谷底へと崖線を下る斜面に位置している。工事場所付近の地質断面図を**図-2**に示した。地層構成は、地表から下層に向かって、層厚約9mの関東ローム層、層厚約3〜4mの武蔵野礫層、そして地質年代で第三紀に相当する上総層群からな

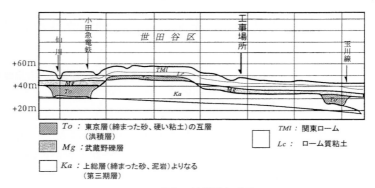

図-2 地質断面図

凡例:
- ▨ To : 東京層（締まった砂、硬い粘土）の互層（洪積層）
- ▦ Mg : 武蔵野礫層
- □ Ka : 上総層（締まった砂、泥岩）よりなる（第三期層）
- □ TMl : 関東ローム
- □ Lc : ローム質粘土

る。関東ローム層は大まかに2層に区分され、上層部が武蔵野ローム層、下層部が関東ロームの粘土化したローム質粘土層である。その下位に浅層地下水を賦存する武蔵野礫層が分布し、さらにその下位の上総層群は、締まった砂や泥岩で構成される硬い地層である。

現場付近で行ったボーリング調査の結果から、各地層と既設の下水道シールド管の設置深度との関係を描くと、図-3のようになる。下水道シールド管天端は武蔵野礫層のほぼ上面の深さに位置し、管底はシルト混じり細砂層（上総層群）中に位置する。最大掘削深さは地表面から約7.6mであり、掘削により

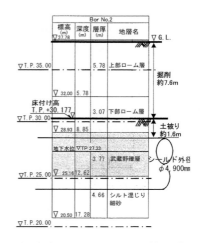

図-3 各地層とシールド管深度との関係

下水道シールド管への最小土被り厚さが約1.6mと薄くなる区間が生じた。

2.2 構築する構造物の種類と土留め仮設

アンダーパスの施工区間は、図-4(1)の縦断面図に示すように、U型擁壁構造とボックスカルバート構造の区間に分けられる。地表面からの掘削深さがも

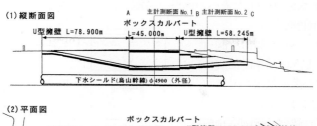

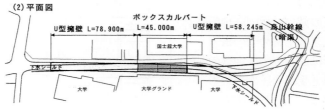

図-4 縦断面図、平面図

っとも深いのはボックスカル
バート構造の区間で、掘削深
さは約7.6mである。

　また、既設の下水道シール
ド管は、図-4(2)の平面図に
示したように、既にある暗渠
に斜めに接続するため緩い曲
線形で曲がり、今回施工の土
留め壁(親杭横矢板工法で構
築)の根入れ先端下を通過す
る区間が生じる。これらのこ
とから、既設下水道シールド
管と土留め断面の関係は、掘
削深さが最も深くなる区間で
図-5(1)のように、根入れ先

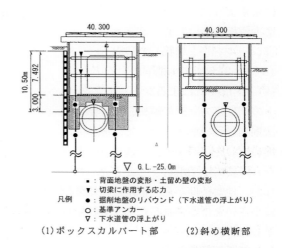

凡例
■：背面地盤の変形・土留め壁の変形
▼：切梁に作用する応力
●：掘削地盤のリバウンド（下水道管の浮上がり）
○：基準アンカー
▽：下水道管の浮上がり

(1)ボックスカルバート部　　(2)斜め横断部

図-5 土留め断面と計測器配置

端下を通過する区間付近では図-5(2)のようになる。

3. 既設下水道シールド管への影響を考慮した土留め解析

3.1 横断面解析

　下水道シールド管は、図-1に示したように構築時に既にセグメントに土水圧を受けている。今回の掘削により、①土被り圧の減少と掘削底地盤の浮上り、②土留め壁の根入れ部変形による掘削底地盤の圧縮変形と受働土圧変化の影響を受ける。こうした応力履歴を考慮した解析を行うため、地盤入力定数の同定に注意し、図-6のFEM解析の流れに示すように、①地盤の初期応力解析からはじめ、②下水道シールド管を構築した段階（シールドトンネル掘削による応力解放）と、③それによるシールドセグメントの初期応力状態の解析、④今回の逐次掘削過程の解析、そして⑤躯体完成埋め戻し完了時まで、一連のプロセスを有限要素法で解析することとした。なお、地盤条件から、掘削による変位は小さいと推定されるため、弾性解析とした。

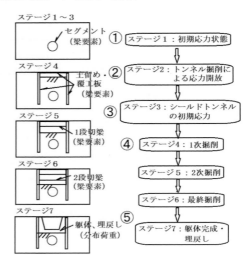

図-6 FEM 解析の流れ

3.2 縦断面解析

　土留め壁を斜めに横断する区間の下水道シールド管は、土留め壁を挟んで縦断的に見た場合、土留め壁の内側は

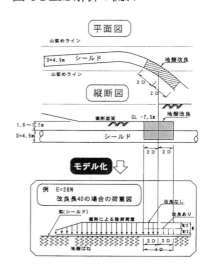

図-7 シールド縦断方向の検討

掘削により土被り圧が減少し、外側は土被り圧に変化がない。このため、土留め壁を挟んで土被り圧に大きな差が生じ、管路延長方向の曲げ変形とせん断変形を受ける。シールド管は、縦断方向にセグメント間がボルト接合されており、このような変形によりボルトの耐力が問題となる。そこで、**図-7**に示すように、弾性支承上の梁の理論により管路の応力解析を行い、ボルトの曲げ応力とせん断応力の照査を行った。

4. 解析の入力値

4.1 横断面解析

有限要素法による変形解析は、地盤調査で得られた変形係数（弾性係数）の値を入力して解析した値と現場での実測値を比較すると、前者が大きい場合が多い。こうした場合、入力定数（変形係数）を変えて実測値に近似するまで解析を繰り返す逆解析を行い、近似した時の地盤定数を用いてその後の解析を行う。ここでは、リバウンド量算定時の変形係数を提案した「深い掘削土留工設計指針」（日本鉄道建設公団、1993）[2]を基本に、以下の①、②、③の方法で検討した。①除荷時の変形係数Eの推定式。②リバウンド実測値[3),4)]からの変形係数の予備推定。③乱れの有無による変形係数の修正[5)]。詳細は文献1)を参照されたい。地盤の入力定数を**表-1**に示した。また、梁要素でモデル化した親杭、切梁、セグメントの入力定数は**表-2**のとおりである。

4.2 縦断面解析

弾性支承上の梁として解析するシールド等の定数表を**表-3**に示した。

表-1 FEM 解析入力条件 (土質定数)

	N値	γt $\times$ $10KN/m^2$	弾性係数 E($\times 10KN/m^2$) CASE A	弾性係数 E($\times 10KN/m^2$) CASE C	ポアソン比 $\nu = Ks/(1+Ks)$	側圧係数 Ks	qu $\times 10^2 KN/m^2$	C $\times 10KN/m^2$	ϕ 度
上部ローム Lm	3	1.42	2,844	←	0.38	0.60	$2 < N \leq 4$	1.185	6.0	0
下部ローム（背面側）	5	1.43	2,527	←	0.32	0.47	$0.5 - 0.6 * 10^{-2} * N$	1.053	5.0	0
下部ローム（掘削側）	5	1.43	2,148	←	0.32	0.47	$0.5 - 0.6 * 10^{-2} * N$	-----	4.3	0
砂礫Mg（背面側）	34	1.90	9,520	19,404	0.28	0.38	$1 - \sin \phi$	-----	4.3	0
砂礫Mg（掘削側）	19	1.90	4,610	9,220	0.32	0.47	$1 - \sin \phi$	-----	4.3	0
シルト混り細砂Ka	50	1.90	14,000	28,000	0.25	0.33	$1 - \sin \phi$	-----	4.3	0
地盤改良（Lm）	(40)	1.43	36,000		0.21	0.26	$0.5 - 0.6 * 10^{-2} * N$	15	75.0	0
地盤改良（Mg）	(50)	1.90	192,000		0.17	0.20	$0.5 - 0.6 * 10^{-2} * N$	80	400.0	0

※ 弾性係数Eの設定　粘性土　：E=240qu
　　　　　　　　　　砂質土　：E=2800N(28N) → CASE A
　　　　　　　　　　砂質土　：E=2800N(28N)×2 → CASE C
　　　　　　　　　　地盤改良　：E=240qu

※ 土質定数の低減（掘削範囲の一部に低減を考慮）
　　下水シールド施工時の乱れ：低減係数=0.85
　　土被り荷重の除荷　　　　：低減係数=0.57
　　（掘削側 下部ローム：α=0.85　砂礫：α=0.85*0.57=0.48）

5. 解析結果

5.1 横断面解析

施工工程(掘削深度)とセグメントリングの鉄筋応力度の関係を図-8に示した。図中の実線は砂質土層(武蔵野礫層とシルト質細砂層)にE=28N×2を、破線はE=28Nを入力値として解析した結果である(Nは標準貫入試験値)。地盤改良しない場合(CASE-1,2)での解析結果(図中の○印と●印)は床付け時に許容応力度を超えた。下水道シールド管を囲むように門型改良した場合(CASE-3,4)は図中の□印と■印となり、許容応力度内に収まる結果であった。

この結果をもとに、"門型改良により、既設下水道シールド管を安全に防護できる"と判断し、コラムジェット工法で改良した。

5.2 縦断面解析

掘削によりシールド管縦断方向の最大曲げモーメントが発生した断面におけるセグメント・ボルトの曲げ引張応力度を図-9に示した。横軸は地盤改良区間の長さである。構築・埋戻し完了時の長期許容

表-2 FEM 解析入力条件(梁要素)

		弾性係数 ×10²KN/m²	断面積 ×10²mm²	断面2次モーメント ×10⁴mm⁴
親杭	上部ローム	2.1*10⁶	0.014※	44400
	下部ローム		0.012※	
	砂礫		0.045※	
切梁	--	2.1*10⁶	43.48	10075
セグメント	--	2.6*10⁵	4500	196900

※親杭梁要素の断面積は、親杭の伸び剛性EAが地盤の伸び剛性EAと等しくなるように各層ごとに定めた。

表-3 縦断方向解析(シールド管、梁要素)

弾性係数 E(KN/m²)(kgf/cm2)	断面積 m²(cm2)	断面2次モーメント m⁴(cm4)
3.1×10^7 (3.1×10^5)	2.9531 (29531)	8.169 (8.169×10^8)

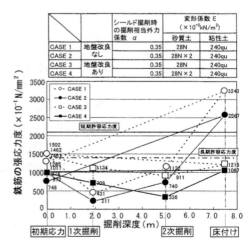

		シールド掘削時の掘削相当外力係数 α	変形係数 E (×10⁻²kN/m²) 砂質土	変形係数 E (×10⁻²kN/m²) 粘性土
CASE 1	地盤改良なし	0.35	28N	240qu
CASE 2		0.35	28N×2	240qu
CASE 3	地盤改良あり	0.35	28N	240qu
CASE 4		0.35	28N×2	240qu

図-8 施工工程とセグメントの鉄筋引張応力度の関係(FEM 解析)

応力度を図中の実線で、掘削完了時の短期許容応力度を図中の破線で示した。門型改良効果の解析は、**図-7**に示した地盤改良範囲で掘削による除荷荷重の2分の1が抑えられるものと仮定した。

　無対策（改良なし）時の曲げ引張応力度は、地盤の変形係数（ばね値）に係わらず、掘削時（○印と□印）と完成時（●印）で許容応力度を超えた。そこで、

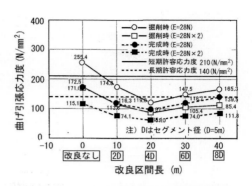

図-9 ボルトの曲げ応力度(縦断面解析)

改良範囲（改良区間長10m(2D)〜40m(4D)）を変えて同様の解析を行った。その結果、土留め壁を挟んで片側にセグメントリング径（D=490cm≒5.0m）の2倍の範囲、即ち、両側に20mの範囲を改良すると、掘削時・完成時ともに許容応力度以内となった。

5.3 地盤改良

　設計では、全工事区間の既設下水道シールド管セグメントリングを門型に地盤改良することになっていた。しかし、改良範囲の解析から、掘削深さが約7.6mの区間と、掘削深さがそれより浅く下水道シールド管が土留め壁を斜めに横断する短い区間だけとした。**図-10**に、掘削深さが約7.6m区間の平面配置図と断面図、そして、土留め壁を斜めに横断する短い区間の断面図を示した。

　過去の事例[6)]では、シルト層中で施工した接円構造の地盤改良体は、柱列状となって一体の梁や壁にならず、接円部でのズレが生じて掘削底面の膨上りが大きかった。一方、同じ接円構造でも、砂層中に施工した場合は、改良体が地盤と一体構造となった挙動を示し、膨上り量が小さく拘束効果が大きかった。この実績から、本工事では、改良断面の側壁部は砂礫層の改良となり接円構造に、天端部のローム層の地盤改良はラップ構造とした。

　下水道シールド管が土留め壁を斜めに横断する区間も前区間と同様である。なお、天端部の改良厚さは過去の経験[4)]から1.5mとした。以上の案にしたがっ

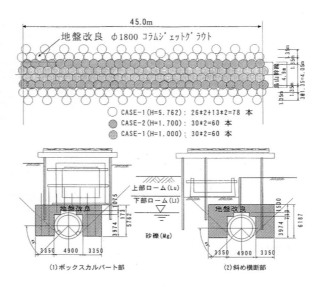

図-10 改良範囲断面図

て、コラムジェットグラウト工法で門型に地盤改良を行った。

6. 計測結果との比較 [1)]

　計測した位置は、図-4に示した①ボックスカルバート部分（主計測断面 No.1）と②土留め壁斜め横断部付近（主計測断面No.2）及び③下水シールド管の浮上り量のみを計測した断面A、B、Cである。

6.1 下水道シールド管の浮上り量と掘削深さ

　地盤のリバウンド量と掘削深さの関係を図-11に示した。掘削に伴いボックスカルバート部分（図-11(1)）は、一次掘削で0.28mm、二次掘削で0.98mm、掘削完了床付け時に最大の1.41mmの浮き上がりを示した。その後、コンクリート打設や埋戻しに伴い沈下し、工事完了時には浮上り量は0.6mm程度であった。

　土留め壁斜め横断部付近（図-11(2)）も同様の傾向で変位し、掘削完了床付け時の最大浮上り量は1.25mmで、工事完了時には多少戻って0.9mm程度の浮上り量であった。下水道シールド管の浮上り量は工事中をとおして、いずれも1次管理値（1.5mm）以内にあった。

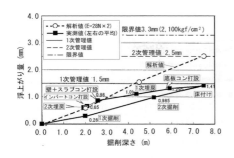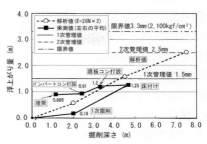

(1) カルバート区間　　　　　**(2) 斜め横断部**

図-11 地盤のリバウンド量と掘削深さの関係

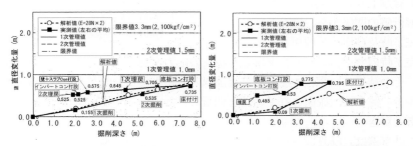

(1) カルバート区間　　　　　**(2) 斜め横断部**

図-12 シールド管上下方向の直径変化と掘削深さの関係

6.2 下水道シールド管の直径変化(上下方向の伸び)

　ボックスカルバート部分と土留め壁斜め横断部におけるシールド管上下方向の直径変化を図-12に示した。直径変化は、前項の浮上り量計測に使用した層別沈下計の上部と下部(図-5参照)の値との差により算出したものである。

　掘削完了床付け後、下水道シールド管の直径変化は左右の平均で0.74mmの伸びであり、1次管理値(1.0mm)以内であった(図-12(1)，■印)。この直径変化量に基づくセグメント鋼材応力は、許容応力度の約50%相当に収まっていた。

　土留め壁斜め横断部は床付け後に最大値0.80mmを示したが(図-12(2)，■印)、1次管理値(1.0mm)に達しておらず、許容変位以内に収まった。

6.3 下水道シールド管の縦断方向の挙動

図-13にシールド縦断方向解析結果と実測値の関係を示す。縦断距離175m付近の土留め壁斜め横断部近傍で、掘削完了時、構築・埋戻し完了時ともに実測値(図中の●印と■印)が解析値(図中の○印と□印)を上回っていた。この下水道シールド管浮上り量の実測値と解析値の関係から、掘削完了時及び構築・埋戻

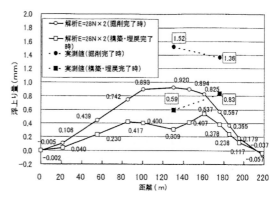

**図-13 縦断方向の浮上がり量の
解析値と実測値**

し完了時のセグメントリング継ぎボルトの応力度を、比例計算により推定した。その結果、いずれの場合も許容値以内におさまり、セグメントリング継ぎボルトの健全性は確保されていたと判断できた。

7. あとがき

　この事例は、既設シールド管の上を掘削した場合の影響を、シールド管の設置時から道路トンネル構築まで、一連の解析を有限要素法で検討し、対策工効果を計測管理したものである。

参考文献

1) 佐々木俊平, 山村博孝, 廣島実, 杉本隆男:掘削工事に伴う既設下水道管の防護解析, 東京都土木技術研究所年報, 平成12年, pp. 1-12, 2000. 2) 日本鉄道建設公団:深い掘削土留工設計指針, 1993. 3) 杉本隆男, 米澤徹, 中沢明:開削工事における下水シールドの浮き上がり対策, 東京都土木技術研究所年報, 平成8年, pp. 309-320, 1996. 4) 杉本隆男, 米澤徹, 中沢明, 安部政雄, 伊藤滋, 内田湘雄, 三木健:環8・井荻トンネルの土留め仮設挙動(その1)設計編, 東京都土木技術研究所年報, 平成8年, pp. 275-286, 1996. 5) 玉置克之, 桂豊, 岸田了:掘削および構築時の支持地盤のヤング係数の変化, 日本建築学会構造系論文報告集, 第446号, pp. 73-80, 1993.

洪積台地での掘削による地盤沈下と地下水低下の影響範囲

Key Word 土留め、仮締切り、地盤沈下、地下水

1.まえがき

　台地部を開析する河川護岸工事の仮設工は、片側が仮締切りで反対側が土留めとなる非対称断面となる。併せて、河川中流域は市街地で住居等が近接するため工事ヤードが河川域内となり、仮設工の天端部に構台を構築した断面となる。断面規模はそれほど大きくないが、こうした仮設断面の護岸建設工事で、掘削に伴う土留めと仮締切りの挙動および周辺地盤の地盤沈下と地下水への影響を調べた事例である [1]。

2.　工事場所の地質と土留め工事の概要

2.1 工事場所の地質

　図-1に東西方向の地質断面図を示した。この河川は源を東京の小平市に発し、練馬、板橋、北区の3区内を流れ、武蔵野台地に河底低地を形成する。この河底低地に沿って沖積面が発達している。

　土質柱状図を図-2 に示す。地表から下位へ、ローム、砂礫、シルト質細砂、シルト、細砂、および、砂質シルトとなっている。砂礫が武蔵野礫層に、

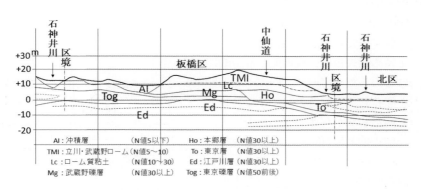

図-1 工事場所付近の地質断面図

131

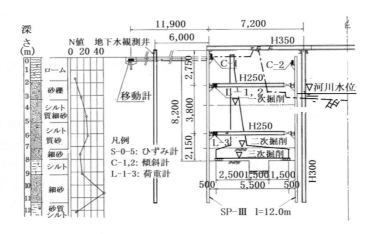

図-2 土質柱状図,仮設工断面図および計測器の取付け位置

シルト質細砂からシルトまでが東京層に、そして細砂が江戸川層に相当する。なお、武蔵野礫層および東京層上部は、この付近の浅層地下水の帯水層となっている。

2.2 土留め工事の概要

仮設工断面図を**図-2**に示す。施工の手順は次のとおりである。

① 仮締切り用鋼矢板（Ⅲ型、1=11.5m）および中央ステージング用H鋼杭（300×300×10×15、 1 =12.0m）をバイブロハンマーで打ち込んだ。

② 土留め鋼矢板は、現地盤を部分的にゆるめるためアースオーガーで地盤を穿孔し、貧配合のソイルセメントを満たしながらオーガーを引抜き、土留め鋼矢板（Ⅲ型、ℓ=12.0m）をバイブロハンマーで打ち込んだ。

③ 河川区域内に覆工板を含めた中央ステージングを構築後、旧護岸を取り

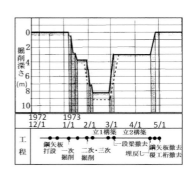

図-3 施工工程と掘削深さ

132

壊しながらG.L.-3.8mまでの一次掘削を行なった。

④ 土留めと仮締切り鋼矢板間の掘削を進めて一、二段切梁を設置し、G.L.-7.2mまでの二次掘削と、G.L.-8.2mの床付面までの三次掘削を行った。

⑤ 一次掘削、二次掘削、および三次掘削中にそれぞれ湧水があり、二次、三次掘削中の湧水量が顕著であった。

⑥ **図-3**は施工工程と掘削深さの関係で、施工延長は130m、仮設工から護岸構築までの工期は5ケ月であった。

3. 仮設工の挙動 ～切梁軸力変化～

仮設の挙動として、掘削に伴う鋼矢板天端の水平移動量と傾斜、覆工桁のひずみ、切梁軸力変化等を調べたが、ここでは、切梁軸力変化から切梁の土圧分担範囲が変わることを述べる。

掘削による切梁軸力の経日変化を**図-4**に示した。記号L-1,L-2は隣り合う下流側と上流側の一段切梁である。二次掘削によって下流側(L-1)が約14t、上流側(L-2)が約18tとなった。その後、上下流側とも少し減少し三次掘削を終えた。

特徴的な軸力変化が観測されている。即ち、下流側から切ばりを撤去してくると、上流側の切梁が約22tに急増したことである。これは一本の切梁が受け持つ土

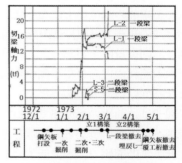

図-4 切梁軸力の経日変化

圧分担面積に関連する現象であり、土圧は深さ方向ばかりではなく、横方向の広がりも分担しているということである。なお、二段切梁の軸力は小さかった。これは、三次掘削による土留めに作用した土圧増加が小さかったためと推定された。

4. 周辺地盤の挙動

4.1 地盤沈下

土留め鋼矢板背面の地盤沈下を**図-5**に示す。一次掘削完了時に鋼矢板から約2m離れた背面地盤上に鋼矢板に平行する亀裂が認められた。二次掘削以降、土留め鋼矢板から約2.4m離れたC-1地点で掘削中の沈下が進行し、三次掘削後

は16mmになった。仮設撤去後は20mm
となった。沈下範囲は鋼矢板から約
6mまでで、床付け掘削深さH=8.2mの
0.73倍であり、地盤変形領域は床付
け深さからのすべり崩壊角45°以内
であった。

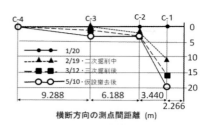

図-5　土留め鋼矢板背面の地盤沈下

4.2 地下水位

　地下水位の経日変化を図-6に示
す。一次掘削中の地下水低下は小さかったが、二次、三次掘削による地下水位
低下は約2.5mであった。埋め戻し後、
徐々に地下水位は回復し、工事完了時
点で工事前の水位以上になった。番号
No.1, 2の観測井は左岸側、No.3は右岸
側で、回復量に差があった。これは地
下水の流れの方向が左岸側から右岸側
となっているためであった。

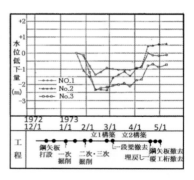

図-6 地下水位の経日変化

　図-7は、前年の下流部で行った工事
で調べた工事場所からの距離と地下水
位低下量の関係で、水位低下の影響は
概ね工事場所から150mであった。土留
め工法は親杭横矢板工法で、工事場所
に近い井戸の低下量は5mであった。土
留め工は遮水性の鋼矢板を用いており、
地下水位低下量は結果として小さかっ
た。

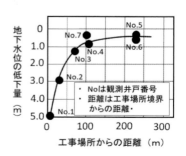

参考文献

1)坂口清実, 杉本隆男：石神井川整備工事に
ともなう土留めと仮締切りの挙動について,
東京都土木技術研究所年報, 1972.

図-7 工事場所からの地下水位
低下範囲

地中梁が連壁の変形を抑える

Key Word　地中連続壁、深層混合処理工法、観測施工法

1.まえがき

　土留め・掘削工事では、周辺環境条件が設計施工に影響し、工法そのものを規定することが多い。地盤改良工法の採用、改良範囲の決定、剛性の大きな地中連続壁工法の採用などである。この事例は、沖積低地の河口部に雨水排水機場を建設する工事での土留め工の挙動を計測し、観測施工を行ったものである[1]。

2.　工事場所の地質と土留め工事の概要

2.1 工事場所の地質

　工事場所は東京の下町低地と呼ばれる沖積低地である。工事中心線に沿った地質縦断図を図-1に示す。埋土の下に未改良のへどろ層が2.3〜3.3m堆積している。これに続く有楽町層はN値が0〜5で、一軸圧縮強さが0.35〜1.5kgf/cm^{2}であり、また自然含水比が液性限界に近い軟弱な粘性土層である。

2.2 工事概要

　工期は2年半で排水機場の基礎躯体を築造した。施工平面図と断面図を図-2と図-3に示す。

　初めにへどろ処理と既設護岸防護用の根固め鋼矢板（Ⅱa型、長さ18m）を打設した後、地中連続壁を施工した。地中連続壁の厚さは80cmと60cmの2種類である。

　また、連続壁削孔時の溝壁安定を図るため、図-3に示したように地表から18mの深さまで深層混

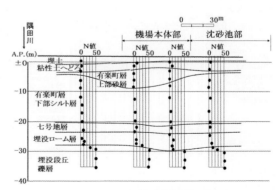

図-1 地質縦断図

135

合処理による溝壁両側の改良を行った。つぎに、躯体基礎の鋼管杭をグラウト併用中掘圧入工法で施工した。地中連続壁の正面形状は**図-4**に示す櫛形である。掘削平面は(**図-2**)、機場本体部で25.4m×64.0m、沈砂池部で25.4m×75.5mである。

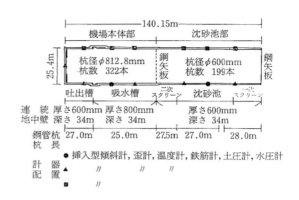

図-2 施工平面図

掘削工に先行して、掘削側に深層混合処理による地盤改良工ならびに地中梁を施工した。改良前の一軸圧縮強さ1kgf/cm²未満を4〜8kg/cm²に、地中梁部で12〜37kgf/cm²にした(**図-5**)。設計強度は前者が2kgf/cm²以上、後者が10kg/cm²以上であった。

機場本体部は一次掘削を地表から2m、二次掘削で4.6m、三次掘削で7.2m、四次掘削で最終掘削面の9.15mまで掘削し、その後底版コンクリートを打設し

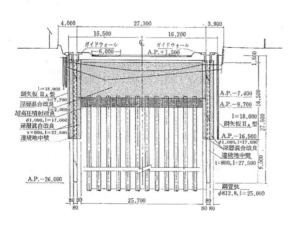

図-3 施工断面図

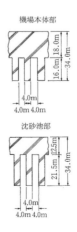

図-4 櫛形の地中連続壁

た。沈砂池部は一次掘削で地表面か
ら1.5m、二次掘削で4.5m、三次掘削
で最終掘削面の7.15mまで掘削し、底
版コンクリートを打設した。底版コ
ンクリート打設後、機場本体部は2、
3段梁を同時に撤去し、沈砂池部は2
段梁を撤去して躯体を構築した。

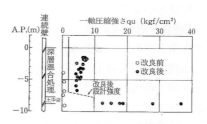

図-5 改良前後の一軸圧縮強さ

3. 施工管理の方法

　計測項目は、①地中連続壁に作用する土圧と水圧、②地中連続壁の鉄筋応
力、③地中連続壁の変形、④切梁軸力および温度、⑤背面地盤の沈下である。
　計測器は機場本体部7箇所、沈砂池部6箇所に設置した(図-2)。連壁変形以
外は自動計測である。計測管理は、事前に設定した管理基準値あるいは計算値
と計測値を比較し、安全性の判定を行った。地中連続壁の変形の管理基準値
は、一次管理基準値のみとし掘削側への変形量を20mmとした。鉄筋応力など応
力に関する項目は、第一次管理基準値を許容応力の80%、第二次管理基準値を
100%に設定した。第二次管理基準値を超えた場合は工事を中断し、土留め工架
構全体と各部材の応力度を再検討し適切な処置を講じることとしている。測定
頻度は掘削工程等を考慮して、土圧、間隙水圧、鉄筋応力、切梁軸力は毎日1
回、　地中連続壁の変形は週1回とした。

4. 計測結果

4.1 地中連続壁の変形

a) 鋼管杭打設

　地中連続壁の変形を図-6に示した。
鋼管杭打設終了時に掘削側へ最大
4mm、連続壁下端近くで背面側へ3mmの
変形であった。掘削側への変形は、鋼
管杭打設時の中掘りによる地盤の緩み
によるもので、下端付近の背面側への
変形は、鋼管杭根固め用のセメントミ
ルクの加圧噴射によるものである。な

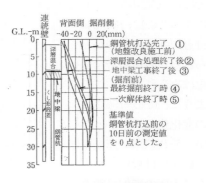

図-6　地中連続壁の変形

137

お、壁変形の変曲点はG.L.-18mの櫛形連壁の段差位置付近となっていた。

b) **深層混合処理工の施工**

　深層混合処理工は連続壁を背面へ押す外力を与え、G.L.-15m以浅で頭部が最大13mm背面側へ変形した。その後、地中梁の施工でG.L.-10m前後の深さでさらに背面側へ最大25mm押し込み、弓形の変形が生じた。深層混合処理工および地中梁工終了後の時間経過で少し戻る傾向がみられた。これらから地中連続壁の変形は、地盤改良深度と壁の櫛形形状と密接に関係していた。

c) **掘削中**

　一次掘削で、根入部を支点とした片持梁的な掘削側への変形が累加した。さらに掘削の進捗につれて、切梁と根入部不動点を支点とする単純梁的な掘削側への変形が累加された。切梁解体時にも掘削側への変形傾向がみられた。掘削中の壁変形量は10mm程度で管理基準値の50%と小さく、地盤改良効果の結果であった。また、深さ方向の変形性状は櫛形地中連続壁の根入部分のかなり深い位置まで壁変形が生じていたが、その量は小さかった。

4.2 土圧・水圧

　鋼管杭打設前後の土圧をみると(**図-7**)、背面側、掘削側ともにG.L.-15m以浅では顕著な変化はない。G.L.-19m付近で背面側土圧が約0.7kgf/cm^{2}増加、G.L.-24m以深では背面側、掘削側ともに0.4〜1.0kgf/cm^{2}の範囲で減少した。

　深層混合処理工によってG.L.-15〜20m付近で約1.0kgf/cm^{2}増加し、地中梁工でG.L.-15m以深で1.0〜2.0kgf/cm^{2}の増加がみられた。水圧は深層混合処理工によってG.L.-18〜24m付近で多少の増加がみられる以外は顕著な変化はみられない。このように、G.L.-15m以浅の変化量が少なかったが、それ以深で連続壁の櫛歯付け根付近を中心に土圧の増加が顕著であった。

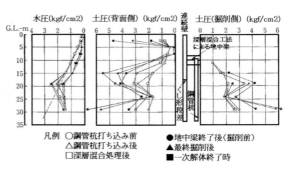

図-7　土圧、水圧分布の変化　（機場本体部）

138

掘削側の土圧は、深層混合処理工でG.L.-18mで増加していたがその理由は不明である。掘削によって掘削側土圧は増加しており、一段梁解体時には掘削完了時に比べ、ほとんどすべての深度で土圧増加がみられた。また、実測水圧分布は地盤内の静水圧に比較的よく合っており、全土圧は、実測間隙水圧+有効土圧としてよいと考えられる。

4.3 切梁軸力

各段の切梁設置時に、プレロードを導入した。その大きさは、機場本体部においては、1段切梁に80tf、2段切梁に45tf、3段切梁に20tfで、いずれも予測軸力の50%の値である。その後の切梁軸力の経日変化(図-8)は、1段切梁は掘削の進行と伴に徐々に増加し、最大150tfとなった。2段切梁軸力も最大100tfを示したが、いずれも第一次管理基準値の180tf以下の値であった。一方、3段切梁軸力は掘削と伴に増加し、7月初旬に第二次管理基準値の75tfを超える85tfとなった。

プレロード導入時に地中連続壁は背面側へ押し込まれたことや温度変化の影響で3段切梁軸力が一時的に管理基準値を超えたことなどから、切梁軸力はプレ

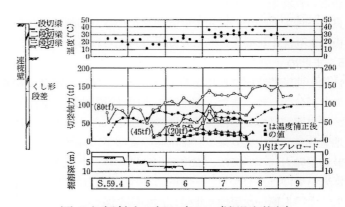

図-8 切梁軸力の経日変化 (機場本体部)

ロードと温度変化の影響を大きく受けていたことがわかる。

このような機場本体部での結果を考慮して、沈砂池部は予測軸力の30%をプレロードとして導入した。なお、温度補正(15°C)を行った後の切梁軸力の経日変化も合わせて示した。

4.5 地中連続壁背面地盤の変形

地中連続壁背面地盤の変形を図-9に示した。連続壁施工により、壁から約4m離れた地点で最大4mmの地表面沈下がみられ、その影響範囲は約15mであった。掘削に伴い背面地盤沈下量は増加し、最終掘削終了時には壁か

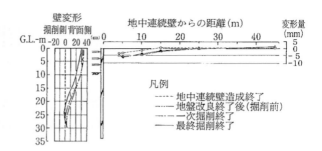

図-9 地中連続壁及び背面地盤の変形
（機場本体部）

ら約5mの地点で最大7mmの沈下量、影響範囲は約20mであった。この沈下量は、通常の軟弱地盤での掘削工事の値と比べると極めて小さい[2]。これは、地盤改良工や地中連続壁の採用で壁変形量を小さく抑制できたこと、周辺保護用鋼矢板により沈下影響を遮断した効果と考えられる。

5. まとめ

1) 地中連続壁背面に作用する土圧水圧は、地中連続壁の変形と密接に関係することが分かった。また、掘削時の土圧は設計土圧よりやや小さめであった。

2) 地中連続壁の変形は、連続壁の剛性が大きく根入長が確保されていたことや地盤改良や地中梁効果で、掘削時の変形が10mm程度に抑えられた。

3) 切梁軸力については、温度変化とプレロード導入量の大きさによってかなり影響を受けた。しかし、一時的に3段切梁軸力が第二次管理基準値を超えた他は、すべて第一次管理基準値以内の値を保つことができた。

4) 背面地盤の沈下量は、7mm程度で掘削による周辺地盤への影響もほとんどみられなかった。

参考文献

1) 佐々木俊平, 杉本隆男, 常盤健, 宍戸薫:工事に伴う地盤問題に関する現場調査事例, 東京都土木技術研究所年報, 昭和60年, 205-216, 1985. 2) 杉本隆男(1983):土留・掘削工事に伴う地盤変形の要因分析, 東京都土木技術研究所年報, 昭和58年, 221-235.

実測して分かる設計値と実測値の乖離

Key Word 変形係数、連続地中壁、切梁、観測施工法

1.まえがき

　土留め工の設計値と実測値を比較し、設計入力定数の評価を行った[1]。実測例は、土留め壁に連続地中壁及び柱列地中壁を用いた水平切梁工法による河川護岸の建設工事である。検討の結果、土質試験による値と鋼材定数を入力値とした土留め壁の変形設計値と比べ、実測値を再現する入力定数の値はかなり小さかった。また、切梁軸力は壁変位と密接に関係すると同時に、覆工桁を含めた支保工全体の影響が大きいと推定された。

2.　工事場所の地質と土留め工事の概要

2.1 工事場所の地質

　柱状図と土留め設計定数を図-1に示した。工事場所の地形は台地河谷底であり、東京の地形区分における下末吉台地東端の低地との境界付近に位置する。ボーリング調査結果をみると、11.7mまではN値0～3の軟弱なシルト層や有機質粘性土層が堆積している。その下位には厚さ0.8mの砂礫層、N値19で層厚1.4mの硬質シルト層、N値50以上で層厚3.2mの砂礫層、N値50以上の微細砂層がある。軟弱な層を詳しく見ると、深さ2.7m～4.7mの有機質粘性土と深さ8.5～11.7mの有機質粘性土の粒度組成は全く異なり、浅い方では砂分に富み含水比が60%程度の土である。また、深い方の有機質粘性土はシルト分が多く含水比が80%程度の土である。これらの有機質粘性土は、台地と低地の境付近の沼地に堆積した土である。深さ12.5

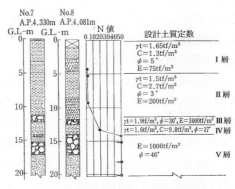

図-1 地質柱状図と設計定数

〜13.9mの硬質シルト層は七号地層相当の時代のもので、この層以深は洪積層である。図-1に示す第Ⅰ、第Ⅱ層の設計時の強度定数は、地表面から深さ11mまで粘着力Cが1.3〜2.7tf/m²とかなり弱く、変形係数は75〜200tf/m²と小さい。土留め壁根入部先端付近の深さ14〜15m(第Ⅴ層)はN値50以上、内部摩擦角φ40°であった。

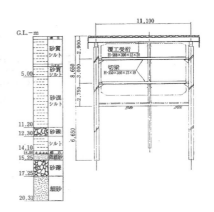

図-2 土留め工断面図(連続壁)

2.2 工事概要

工事施工区間は、延長134.0mを連続地中壁で、延長127.4mを柱列地中壁で施工した。連続壁区間は掘削深さ8.65m、掘削幅11.1m、土留め壁の長さ15.3m、根入長6.65mで、切梁は地表面から2.9m及び5.9mの位置に二段、壁頭部は覆工受桁と覆工板を架構している(図-2)。また、連続壁は構造物本体の一部として緊結した。

3. 計測管理

掘削工の進捗に応じた土留め架構の変形や周辺地盤沈下、周辺構造物の傾斜などを計測した。計測項目は、①土留め壁のたわみ分布、②切梁軸力、③周辺施設の傾斜、④地下水位などの環境調査。ここでは、①と②を検討した。

4. 計測結果

4.1 土留め壁のたわみ分布

土留め壁のたわみ分布をみると、連続地中壁(図-3)は一次掘削終了時では片持ち梁的な挙動を示し、二次掘削終了時でも同じ変形パターンで変形が進み、壁頭部で約1.6cmの変位である。三次掘削終了時で、最大変位は壁頭部で1.9cmであった。壁頭部から2m位までの間で設計値より0.1〜0.2cm程大きいが、壁頭部変位は設計時の2.5cmと比べると、75%程度の変形量であった。

柱列壁(図-4)も連続地中壁と同様の変形パターンを示しているが、二次掘削以降、根入部に近い部分での変形が大きくなる傾向があった。最終変形量は

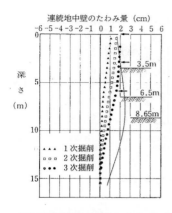

図-3 連続地中壁のたわみ分布　　図-4 柱列式地中壁のたわみ分布

頭部で設計値を超えたが、施工中は設計値以下に抑えることができた。

4.2 切梁軸力

連続地中壁部と柱列壁部の切梁軸力の経日変化を**図-5**に示す。一段切梁架構後5tf程度を示したが、その後、0〜3tfの幅で変動動する挙動になっていた。

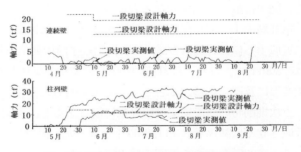

図-5 切梁軸力の経日変化(連続壁部)

一、二段切梁軸力とともに図中に示した設計値よりもかなり小さい。その理由に、連続地中壁の変形が小さく、実際の最大変形量が1.9cmと小さかったことが挙げられる。

一方、柱列壁部は一段切梁軸力は最大34tfであった。図中に示す設計値より25tf大きな軸力であった。二段切梁軸力は最大14tf程度で設計値以下になっていた。これを柱列壁のたわみ分布の変化(図-4)と対比すると、二次掘削終了後に深さ6.9mの二次掘削底付近まで変形しており、柱列壁にかかる土圧の大部

143

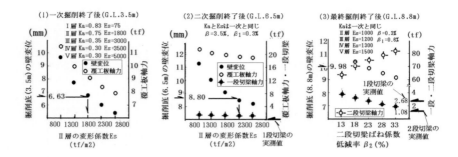

図-6 実測値のシミュレーション

分を柱列壁に緊結した覆工桁と一段切梁で担っていたと考えられる。

5. 連壁の挙動解析に及ぼす地盤の変形係数の影響

連続梁弾性法により、実測値に合う地盤の変形係数Esと、覆工桁、一段、二段切梁のばね係数の低減率 β、 β_1、 β_2 を変えて計算した結果を**図-6**に示した。図中に解析の基本的な入力定数を示してある。

第Ⅱ層の土の変形係数Esに注目すると、一次掘削終了時の変位実測値6.63mmに近似する値は1,800tf/m²、二次掘削終了時の変位実測値8.80mmに近似するEsは2,300tf/m²となり、設計時の200tf/m²よりかなり大きい。このことから、連壁変形に及ぼす影響因子として、施工要因も大きいと推定された。

三次掘削時の二段切梁ばね係数に注目すると、実測の二段切梁軸力1.08tfに近似させる低減係数 β_2 は13%以下となった。設計規準類で示される低減係数の最小値30%を大きく下回る結果であった。

以上、実測値を再現する入力定数は通常土質試験や鋼材定数の値とかなりかけ離れた結果となった。設計値は実測値を包含する値で実務上の問題はなかったが、施工要因を設計時にどう組み入れるかという課題を示す事例であった。

参考文献

1)佐々木俊平, 杉本隆男, 常盤健, 宍戸薫：工事に伴う地盤問題に関する現場調査事例, 東京都土木技術研究所年報, 昭和60年, pp. 205-216, 1985.

ヒービングで中間杭と掘削底地盤が大きく浮き上がった

Key Word ヒービング、観測施工法、地盤沈下、切梁

1.まえがき

　軟弱地盤での掘削工事では、掘削中のヒービング破壊が危惧される。この事例は、埋め立て後間もない超軟弱な地盤に、ボックスカルバートの道路トンネルを開削工法で築造する工事で、ヒービング現象を念頭に掘削に伴う土留め仮設の計測管理を行った結果をまとめたものである[1),2)]。

　ここでは、計測管理と応急対策についてまとめた。ヒービングに伴う中間杭の浮き上がりと座屈検討は本事例の後、3-16 で詳述する。

2.　土留め掘削工事の概要

2.1 土留め仮設

　計画区間は**図-1** に示したように、延長 688m のトンネル区間、その両坑口の堀割区間(約 660m)、橋梁および取付け部の区間(約 207m)からなる。

　トンネル区間の工期は 1 年 3 ケ月と短く、4 工区に短く分割して多くの重機

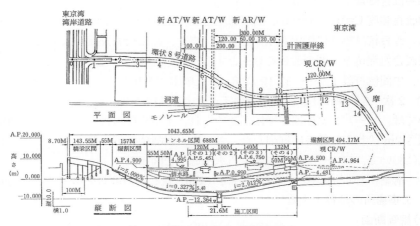

図-1 施工区間の平面図・縦断面図

類の投入が図られた。

　開削工事の断面の例を**図-2** に示した。最大掘削深さ 15〜18m、掘削幅約 26〜30m で、ヒービング対策として、深層混合処理工法による地盤改良、切梁プレロード工法、剛性の大きい土留め壁(鋼管矢板、VL 型鋼矢板)の採用など万全の開削工法が採用された。また、工事の安全管理を図るため、計測管理と次段階予測解析を並行して行った。

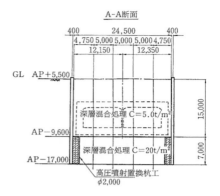

図-2　土留め掘削断面図

2.2 掘削手順

　施工手順は、概ね次のとおりである。所要日数は第 2 工区の実績による。

①　土留め壁工(継手グラウト工含む)…約 63 日間。

②　1 次掘削(深さ 2.0m) …… 深層混合処理工の準備工として、埋立て時のコンクリート塊などの障害物除去。約 6 日間。

③　地盤改良 …… 深層混合処理工:約 36 日間。高圧噴射置換杭:約 43 日間。深層混合処理工は、**図-3** の地質断面図中に示す掘削底下部の根入部地盤を、目標改良強度 C=10〜20tf/m²、掘削部地盤の目標改良強度 C=3〜5tf/m² に改良する。改良杭は相互に接円タイプとする。また、高圧噴射置換杭は土留め壁と深層混合処理杭との間の改良を目的とする。

④　中間杭打設工 …… 約 19 日間、高圧噴射置換杭打設と並行。

⑤　2 次〜6 次掘削工、土留め支保工 …… 約 114 日間。なお、2〜3 工区においては、ヒービング崩壊の徴候が認められ、土留め壁の背面地盤を幅約 20m、深さ 2m にわたり盤下げ掘削した。さらに、掘削深さが一番深くなるその 2 工区において、ディープウェルによる水圧低下を図った。

⑥　構築 ……底版コンクリート(厚さ 1.8m)打設、約 53 日間(5 ブロック分)。

3. 工事場所の地質・土質

(1)地質断面

　トンネル区間の地質断面図を、**図-3** に示す。図中に床付け面と地盤改良下端

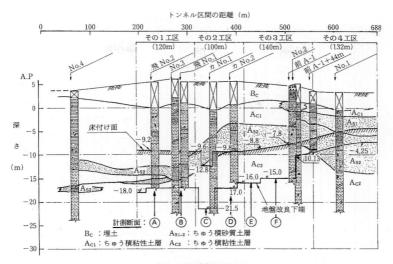

トンネル区間の距離（m）

図-3 地質断面図

（土留め壁根入れ先端）を記した。当該地域は東京の多摩川河口に位置し、沖積層下限深度は概ね A.P. −40m 前後である。地層記号 Bc 層の厚さは 2〜5m で、粘土、砂質土、土丹片、玉石よりなり、コンクリート塊、鉄筋等を混入する。Ac1 層の厚さは約 1.5〜15m と変化し、主として黒灰色の有機質粘土である。腐植物、有機物、砂等混入し、下部では貝殻片が混入している。As1 層は粒子径が均一の細砂で、シルトを混入する。As2 層はシルト混じりの細砂層であり、シルト、貝殻片、腐植物を混入し、その粒径は均一である。これらの砂層厚さは約 2.6〜7.7m である。

　以上のBc層、Ac1層、As1層は近年埋め立てられた新しい地層であり、As2層は有楽町層上部と呼ばれている沖積砂層に相当する。その下位のAc2層は有楽町層下部の粘性土層であり、貝殻片、砂を混入し、腐植物、有機物を含む。掘削の床付面付近の地層、即ちAc2層の砂層分布がその1工区からその2工区の一部にかけて土留め壁の根入部に相当する深さにあるが、その2工区の一部からその3工区では掘削部に相当する深さになっている。このAs2層の平均的なN値は8でゆるい砂層であるが、深層混合処理により非常に硬い層となる。

147

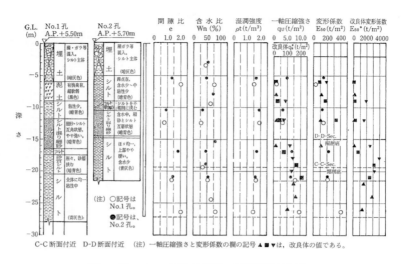

図-4 ボーリング柱状図と土質試験結果

(2) 土質試験結果

土質試験の結果を、ボーリング柱状図とともに**図-4**に示した。土質試験結果は供試体数個の平均値をプロットした。

砂層の間隙比e、含水比Wn、湿潤密度の差はあまり認められないが、粘性土層では差が認められ、層相変化が著しい。粘性土層の一軸圧縮強さquは砂層より浅いAc1層でquが5tf/㎡以下、砂層より深いAc2層でquが5tf/㎡以上となっている。このqu値の差は変形係数E_{50}にも差となって現われ、Ac1層では100tf/㎡以下、Ac2層で100tf/㎡以上となっている。

図中には、深層混合処理した改良体からサンプリングした試料での一軸縮試験の結果を併記した（▲、■、▼記号）。掘削部の改良体のquで10～90tf/㎡、根入部改良体でqu=75～210tf/㎡であり、設計目標値をそれぞれ満たした。変形係数E_{50}は掘削部で90～190tf/㎡、根入部で700～4,000tf/㎡であった。

4. 計測器配置

計器配置断面図は、**図-5**に示したとおりである。土留め壁には挿入型傾斜計ガイドパイプと固定傾斜計を取り付けた。ガイドパイプは鋼管矢板下端以下

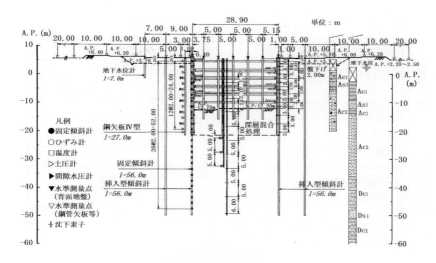

図-5 計測器配置断面図(C断面)

深さA.P.-50mまで設置し、土留め壁下端より下の地盤の水平移動量を測定した。土留め壁に作用する土圧、水圧の測定は、ダミー鋼矢板に土圧計・水圧計を設置し、鋼管矢板から2m離れた位置に打設して計測した。また、土留め壁から9m離れた位置にも挿入型傾斜計用ガイドパイプを設置し背面地盤の水平移動量を計測した。

　掘削底の浮き上り量は、中間杭頭の水準測量と同時に掘削地盤および掘削底以深の地盤中に沈下素子を埋設して測定した。さらに、根入部深層混合処理層下の地盤中に間隙水圧計を設置して、掘削に伴う間隙水圧変化を調べた。その他に、鋼管矢板応力、切梁反力や腹起材の応力測定のため、所要の位置にひずみ計を取り付けた。地表面沈下測定は、図示した位置に水準測量点を設置した。背面地盤の地下水位は観測井に水圧計を設置して計測した。

5. 掘削工程と安全管理

　計測断面位置(C、D断面)での掘削工程を、**図-6**に示す。1次掘削は地盤改良工の前段階に行っている。G.L.-10.8mの4次掘削までは順調な掘削工程で施工され、土留め壁構造や周辺地盤に特別大きな変状などは認められなかった。

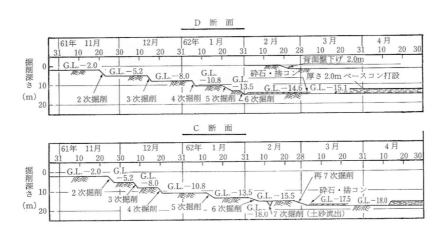

図-6 掘削工程

　しかしながら、**図-3**の地質断面図に示したAs2層を掘削する5、6次掘削段階に入ると、深層混合処理により硬く改良されたAs2層が除去されるに従い、土留め壁構造や周辺地盤の変形が著しく大きくなった。このため計測頻度を増して安全性の確認、事前予測計算、そして計測値からの挙動判定協議を重ねて掘削を進めた。

　各計測値の経日変化は後述するが、D断面における中間杭の浮き上がりによる切梁の曲げ変形で危険と判断され、土留め壁から20m幅の範囲の地表面を深さ2.0mにわたり盤下げ掘削した。また、C断面付近は、7次掘削時に鋼管矢板継手部から土砂流出し、背面地盤が約80cm陥没したため、応急対策の薬液注入を行うと同時に、As2層の水圧低下と背面地盤の圧密促進による地盤強度の回復を目的として、As2層にディープウェルを設置した。その後、本体底版部の鉄筋組立て、底版コンクリートの打設まで計測管理を強化して、安全性の確認を続けた。なお、その3工区においても床付掘削後の中間杭頭の浮き上がり量が大きく、背面地盤の盤下げを行った。その1工区は浮き上がり量が小さく、盤下げ等の対策の必要性はなく施工できた。

150

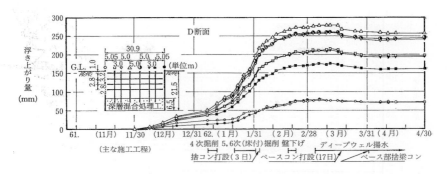

図-7 中間杭の浮き上がり経日変化（D断面）

6. 掘削に伴う中間杭、掘削底以深の地盤、背面地盤の沈下の経日変化

6.1 中間杭頭の浮き上がり量

　中間杭頭の浮き上がり量が大きかったD断面の経日変化を図-7に示した。G.L.-10.8mまでの4次掘削までは浮き上がり量は掘削幅の中間付近で90mm程度と少なかったが、5、6次掘削に入ると急激に増加し、特にG.L.-15.1mまでの床付け掘削時の増加量は非常に大きい。このため厚さ20cmの砕石敷均し、厚さ30cmの捨コンクリート打設を急いだ。その後も浮き上がりは止まらず、260mmに達して切梁の曲げ変形が大きくなり、切梁の座屈破壊、掘削底のヒービング破壊、土留め壁の倒壊といった崩壊プロセスが想定されるに至った。このため、先に述べた背面地盤の盤下げを行ったところ、浮き上り量の増加が止まる兆候が認められた。そして、本体底版コンクリートの打設によって中間杭頭は沈下傾向へと移行した。C断面での挙動もD断面とほぼ同様であったが、浮き上がり量は最大で約195mmとD断面の約70%であった。浮き上り断面形状は、土留め壁位置で小さく掘削幅中央付近で大きい凸形形状であった。

6.2 掘削底以深の浮き上がり量

　層別沈下計による掘削底以深の浮き上がり量の経日変化を図-8に示す。計測断面はC断面である。また、図中に層別沈下計の沈下素子設置深さを示してある。掘削底付近が最も浮き上がり量が大きく、深くなると小さくなる。そして、A.P.-38.9m以深では掘削による浮き上がりが認められない。既存のボーリング調査資料から、

151

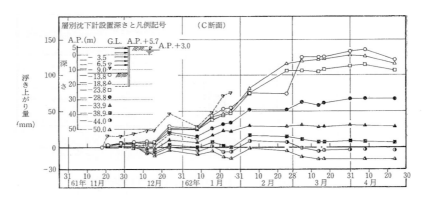

図-8 掘削底の浮き上がり（C断面）

A.P.-38.9m以深の層は洪積層の粘性土層であり、掘削により浮き上がりの影響範囲は図-3に示したAc2層の下端の沖積粘性土層全体に及んだものと考えられる。

6.3 地表面沈下量と沈下形状

　C断面とD断面の地表面沈下量の経日変化と沈下形状を、図-9と図-10に示した。D断面では背面地盤の盤下げ後の沈下量変化をあわせて示した。中間杭や掘削底以深の地盤の浮き上がり量の経日変化と同様に、掘削の進行とともに沈下量が大きくなる。C断面では6次掘削までに約100mm沈下し、床付掘削の7次掘削での土砂流出により地表面が陥没したため土留め壁直近では測定不能となったが、土留め壁から19m離れた地点で500mm以上の沈下量となった。2月下旬から再度床付け掘削に入ったが、3月3日までの沈下量は約550mmに達した。その後、ディープウェルによる揚水が始まった関係から沈下が進行し、4月6日には約720mmとなった。

　D断面では、2月上旬に6次掘削、即ち床付け掘削を行っているが、沈下量は2月10日に最大約100mmに達し、C断面での同一掘削深さである6次掘削後の沈下量とほぼ同じであった。なお、土留め壁直近では盤下げのため測点を撤去して、新たに盤下げをした地表面に測点を設け、その後の沈下量の変化を図中右下に併記した。盤下げ後はディープウェルによる揚水により圧密沈下が加わり、沈下量は4月上旬までに土留め壁から29m離れた地点で175mmとなった。盤

152

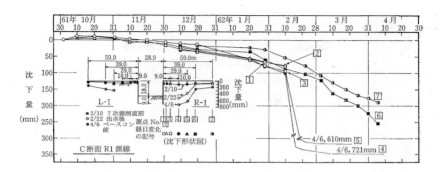

図-9 地表面沈下量の経日変化と沈下形状（D断面）

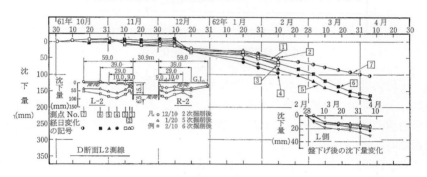

図-10 地表面沈下量の経日変化と沈下形状（C断面）

下げ後も沈下は継続した。

　沈下形状に注目すると、C断面、D断面ともに土留め壁から19m離れた地点、すなわち掘削深さに近い地点で最大沈下量となる形状であった。また、沈下範囲は土留め壁から59m離れた地点でも沈下量が認められ、掘削幅の2倍以上離れた地点まで掘削の影響が及んでいることが分った。

7. 切梁軸力の経日変化

　切梁軸力の経日変化を、**図-11**に示す。各切梁のプレロード荷重は設計荷重の100%を導入した。

　C断面の軸力変化から、各段の切梁は架構後の掘削により軸力が少し増加す

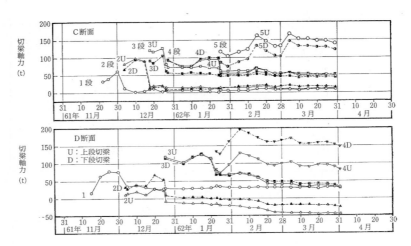

図 11 切梁軸力の経日変化

る。下段切梁架構でプレロードが導入されると土留め壁が背面地盤側へ押し戻され、上の切梁は急激に軸力が低下する。なお、最下段切梁の軸力は2月15日以後急激に減少している。これは、7次掘削時の土砂流出の影響であり、再床付掘削時に軸力が再び増加した。

　一方、D断面の軸力変化も掘削後軸力増加し、下段切梁の架構とプレロード導入による軸力低下がC断面と同様に認められる。しかしながら、2Uと2D切梁軸力はそれぞれ75t/本のプレロードの導入にも拘らず軸力は40t/本以下となっており、3段切梁架構後は負の軸力となっている。また、いずれの切梁も掘削段階が床付け掘削に近づくに従って軸力低下しているが、これは掘削の進行に伴って掘削底以浅の土留め壁が背面地盤側に戻る変形を起こしていたことに起因するものであった。このように、切梁軸力は工事状況の変化や土留め壁の変形に応じて敏感に反応した軸力変化を示した。

参考文献

1)杉本隆男,佐々木俊平：土留め掘削工事に伴うヒービング現象に及ぼす浸透の影響, 東京都土木技術研究所年報, 昭和61年, 225-237, 1986.　　2)杉本隆男,佐々木俊平：埋立て地盤におけるヒービング計測管理, 東京都土木技術研究所年報, 昭和62年, 249-262, 1987.

深層混合処理工法の接円改良とラップ改良の地中梁効果の差
～ 壁変形・切梁座屈・掘削底の浮き上がり～

Key Word ヒービング、座屈、間隙水圧、観測施工法

1.まえがき

　ボックスカルバートの道路トンネルを築造するため、開削工法による地盤掘削中に、掘削底の浮き上がりで中間杭が突き上げられ、切梁が曲げ変形を受けて座屈の危険が生じた[1], [2]。ここでは、改良部の地盤の種類で深層混合処理工法による改良体に違いが生じ、そのことでヒービング挙動が異なったことを示す。

　なお、掘削工事概要、地盤と土留め仮設概要、計測器配置、計測管理と応急対応の観測施工については、前掲の事例3-15に示した。

2.　工事場所の地質概要

　トンネル区間の地質断面図を、**図-1**に示した。Bc層、Ac1層、As1層は近年埋め立てられた新しい地層であり、As2層は有楽町層上部と呼ばれている沖積砂層に相当する。その下位のAc2層は有楽町層下部の粘性土層であり、貝殻片、砂を混入し、腐植物、有機物を含む。掘削の床付面付近の地層、即ちAs2層の砂層分布がその1工区からその2工区の一部

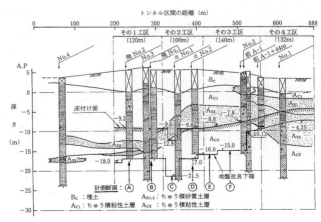

図-1 地質断面図

155

にかけて土留め壁の根入部に相当する深さにあるが、その2工区の一部からその3工区では掘削部に相当する深さになっている。このAs2層の平均的なN値は8でゆるい砂層であるが、深層混合処理により非常に硬い層となる。

3. C、D断面での土留め壁等の変形

土留め壁等の変形例として、C、D断面の計測結果を**図-2**に示す。地盤が非常に軟弱なため、掘削底の下の地盤を根入れ先端まで地盤改良している。

地盤改良および掘削工によって、土留め壁はもとよりその周辺地盤の変形が生じ、特に掘削底の下の地盤がかなり深い位置まで膨れ上がり、中間杭が大きく浮き上がるといったヒービング現象特有の変形が認められた。

3.1 土留め壁と根入れ先端下地盤の水平変位

1)地盤改良時

A～F断面について、地盤改良の準備工として行った1次掘削後（地盤改良前）

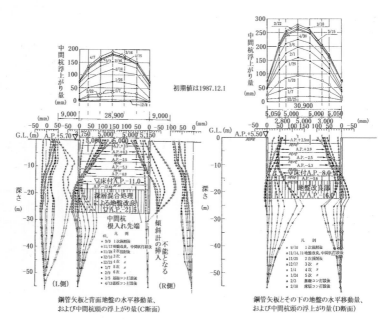

鋼管矢板と背面地盤の水平移動量、
および中間杭頭の浮上がり量(C断面)

鋼管矢板とその下の地盤の水平移動量、
および中間杭頭の浮上がり量(D断面)

図-2　C、D断面の計測

を基準として、地盤改良後までの水平変位分布を描いたのが図-3である。

　土留め壁頭部変位は各断面で11〜125mmと異なるが、共に掘削側に倒れた変形をしている。一方、土留壁根入れ部の変位分布は、すべての断面で根入れ先端が最大値となり背面地盤側に押し込まれた。

　根入れ先端の変位は、高圧噴射工法で改良したF断面が8mmと小さく、深層混合処理工法で処理したA〜E断面では15〜47mmであつた。また、根入れ先端下の地盤で10mm以上背面地盤側に変位した深さは、根入れ先端から深さ2〜11mの範囲であった。

2）掘削時

　地盤改良後を基準とし、床付け掘削後までの水平変位分布を図-4に示す。A、B断面の土留め

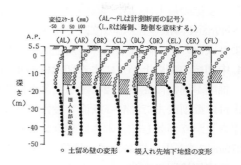

図-3　地盤改良による土留め壁変形と
　　　根入れ先端下の地盤変形

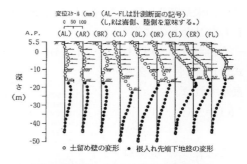

図-4　掘削による土留め壁変形と
　　　根入れ先端下の地盤変形

壁変位は、他断面に比べて小さく特に根入れ部の変位が非常に小さい。

　一方、C〜F断面での土留め壁は、図-1のAs2砂層の上面付近を回転中心とし、頭部は背面地盤側に、根入れ部は堀削側に変形した。根入れ先端での変位は65〜110mmで、A、B断面の変位7〜16mmに比べかなり大きい。

　これは、根入れ部相当の地層がA、B断面はAs2砂層であり、C〜F断面はAc2粘性土層と地層の違いがあり、地層の相違による改良杭の土留め壁拘束効果の差（改良杭接円部の摩擦）に起因する膨れ上がり量の差によると考えられる。

　また、根入れ先端下の地盤は、A〜Fの全断面で特徴的な変形をしている。即

ち、変位の最大値はA、B断面で根入れ先端から深さ5〜7mの位置で26〜35mm、C〜F断面では深さ1〜4mの位置で65〜116mmであり、土留め壁根入れ先端の変位より大きい。この掘削側への変位は深さA.P.−38〜−40m付近まで生じた。

4. 中間杭の浮き上がりによる切梁材の座屈検討

　掘削が進むに従い**図-2**に示したように中間杭が浮き上がり、その大きさは床付け掘削後までにA〜F断面で最大84〜197mmに達した。なかでもD、E断面の浮き上がりが著しく、本体底盤コンクリート打設までにC〜F断面では132〜279mmに達した。このため、切梁は弓型に湾曲し座屈破壊の可能性があった。

1) 座屈検討の方法

　切梁材の座屈検討は、切梁軸力と中間杭位置での強制変位による曲げを受けた単純梁と仮定して行った。i番目の中間杭位置のたわみδiは、n個の中間杭ごとの未知荷重P_iによるi番目の中間杭位置のたわみδiiを求め、それらを重ね合わせたものに等しい。

$$\delta i = \delta i1 + \delta i2 + \cdots + \delta in \cdots\cdots(1)$$

式(1)をマトリックス表示すれば、

$$\{\delta i\} = [K] \cdot \{P_i\} \cdots\cdots(2)$$

　ここで〔K〕は係数マトリックス。

　したがって、中間杭による未知荷重$\{P_i\}$は、

$$\{P_i\} = [K]^{-1} \cdot \{\delta i\} \cdots\cdots(3)$$

　全ての中間杭の荷重が計算されるので、曲げモーメント分布が求まる。

2) 検討結果

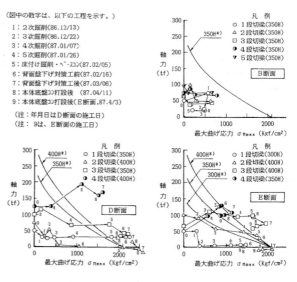

（図中の数字は、以下の工程を示す。）

1：2次掘削(86.12/13)
2：3次掘削(86.12/22)
3：4次掘削(87.01/07)
4：5次掘削(87.01/26)
5：床付け掘削・ベースコン(87.02/05)
6：背面盤下げ対策工前(87.02/16)
7：背面盤下げ対策工後(87.03/06)
8：本体底盤コン打設後(87.04/11)
9：本体底盤コン打設後(E断面,87.4/3)

（注：年月日はD断面の施工日）
（注：9は、E断面の施工日）

図-5　中間杭の浮き上がりによる切梁材の座屈検討

158

この方法で、B、D、E断面の各段切梁について検討した結果を、**図-5**に示す。図中の曲線は、曲げ応力を受ける切梁鋼材の座屈に対する許容軸力の関係である。

　B断面の切梁軸力は各段共に許容値以内であったが、D断面では1、3、4段切梁が床付け掘削時に許容値を越した。また、E断面でも、2、3、4段切梁が5次掘削から床付け堀削時に許容値を越し、座屈破壊が危惧された。

3) 応急対策工

　切梁の湾曲が著しかったC〜E断面にかけて、4次掘削後、①各段切梁への鉛直ブレース補強、上ブラケット設置による支保工全体の一体化、②腹起し材と切梁材の接合部や切梁継手部の補強を行った。また、徐々に進行する変形に対処するため③設計での最下段切梁の架構を省略し、床付け掘削と捨コンクリート打設を急いだ。さらに、④ヒービング起動荷重と側圧を低減するため土留め壁から20m範囲の地表面を2m盤下げし、ディープウェルで水圧低減を図った。

5. 土留め壁根入れ先端下地盤の水平変位と、掘削底の膨れ上がり量、中間杭の浮き上がり量、地表面沈下量の関係

　掘削時の土留め壁根入れ先端下地盤の特徴的な水平変位に注目し、水平変位 δ_{hg} と掘削底の膨れ上がり量 δ_{vg}、中間杭の浮き上がり量 δ_{pv}、地表面沈下量 δ_z との関係を検討した。

　図-6(1) はB、C、E断面の δ_{hg} と δ_{vg} の関係を比較したものである。B断面における δ_{hg} は δ_{vg} の0.33倍程度と小さいが、ヒービング崩壊が危惧されたC、E断面では δ_{vg} の0.5〜1.0倍の範囲にありB断面の場合より大きい。

　図-6(2) はA〜F断面について、 δ_{hg} と δ_{pv} の関係を比較したものである。A、B断面では δ_{hg} は δ_{pv} の0.33倍程度と小さく、C、D断面で δ_{pv} の0.5倍、E、F断面で δ_{pv} の0.75倍と大きい。断面ごとの δ_{hg} の差は土留め壁根入れ部変位に関係する①改良層の拘束効果、②壁剛性差、③根入れ先端下の沖積層厚さの影響によると考えられる。

　図-6(3) はB〜D断面の δ_{hg} と δ_z との関係を検討した結果である。C、D断面での δ_{hg} は、**図-6(1)**、(2) の場合と同様に δ_z の0.5〜1.0倍の範囲にあるが、B断面では δ_z の0、33倍以下であった。

　以上から、土留め壁根入れ先端下地盤の水平変位は、ヒービング現象を特徴

159

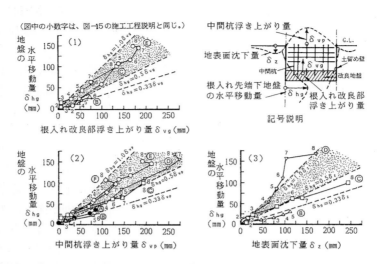

図-6 掘削による根入れ先端下の地盤の水平変位量 δ_{hg} と根入れ改良部膨れ上がり量 δ_{vg} 等との関係

づける変形の一つであることが分かる。そして、土留め壁根入先端下地盤の水平変位はヒービングの管理指標の一つとして有効であり、掘削底の腫れ上がり量の0.5倍が1つの目安となる。

6. 根入れ先端下地盤の水圧と土被り圧の関係

各断面での全応力表示の土被り圧と水圧の関係を**図-7**に示す。図中には、中間杭の浮き上がり量 δ_{vp}、掘削底の膨れ上がり量 δ_{vg}、根入先端下地盤の水平変位 δ_{hg} もプロットした。地盤改良後の水圧に注目すると、B断面ではほぼ静水圧に近いが、C、E断面では改良材注入による根入れ部地盤の体積膨張に伴い静水圧以上に上昇した。このような断面毎の水圧の違いは、根入れ部地盤の差（As2砂層とAc2粘性土層）による。

B断面では、5次掘削まで土被り圧の減少に対して水圧の減少が小さく、6次掘削時に(G.L、−23.5m)と(G.L、−28.5m)の水圧が除荷荷重相当の減少を示している。しかし、C、E断面の場合と異なり、全ての工程で土被り圧の方が水圧よりも大きい。このため、δ_{vp}、δ_{vg}、δ_{hg} は、E断面に比べ小さく6次堀削後の

クリープ的増加がない。C断面では、2
次掘削の当初から静水圧以上の水圧と
なっており、掘削の初期に除荷荷重相
当の水圧減少を示したが、それ以後
は、土被り圧の減少に対して水圧の減
少が小さい。このため、5〜6次掘削以
後の水圧は土被り圧より大きくなっ
た。いずれにせよ、7次掘削までのδvg
とδhgの大きさはB断面の場合より少し
大きく、E断面程大きくない。掘削後は
土被り圧以上の水圧となっていたた
め、クリープ的に変形量が増加した。

　一方、E断面でも2次掘削段階から静
水圧以上の水圧となっており、土被り
圧の減少に対する水圧の減少がB、C断
面に比べ非常に小さい。これは、B、C
断面に比べ大きな根入れ先端下地盤の
水平変位δhgによる圧縮の影響が競合
したためと考えられる。このため、C断
面に比べて早い4次掘削時に土被り圧以
上の水圧となっている。土被り圧以上
の水圧により、掘削底の膨れ上がり量

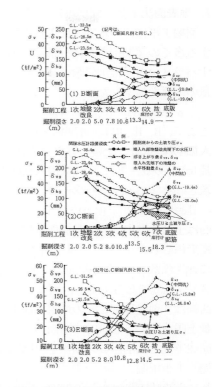

図-7 根入れ先端下地盤の水圧U
と土被り圧σvの関係

δvgと根入先端下地盤の水平変位δhgが急増し、除荷荷重相当の水圧低下を示
した。この低下量はC断面の場合より大きい。掘削後の水圧はほぼ土被り圧相
当であり、C断面と同様にδvp、δvg、δhgはクリープ的に増加した。このよ
うに、E断面での堀削深さがC断面に比べて約4mも浅いにも拘らず、掘削底の膨
れ上がり量が大きくなった理由として、①地盤改良により水圧が上昇したこ
と、②根入先端下地盤の大きな水平変位による圧縮の影響が応力開放の影響に
加わり、土被り圧の減少に比べ水圧減少が小さかったこと、③水圧が土被り圧
以上になったこと、④改良杭長が短いことが考えられる。

161

7. 地表面沈下量と掘削係数の関係

　開掘工事に伴う地表面沈下量に関する多くの実測例を基に、下記に示すパラメーター掘削係数と最大沈下量の関係を提案した[3]。

$$\alpha_c = BH/\beta D \quad \cdots\cdots (4)$$

ここで、B、H、Dは、掘削幅(m)、最大掘削深さ(m)、土留め壁の根入れ長(m)である。また、β_dは根入れ係数と呼称するパラメーターで、

$$\beta_d = (Es/EI)^{1/4} \quad \cdots\cdots (5)$$

Esは土留め壁根入れ部受働側地盤の変形係数(tf/m²)、EとIは土留め壁の弾性係数(tf/m²)と断面二次モーメント(m⁴)である。また、図-8中の曲線は、地盤種別ごとの地表面沈下量上限曲線である。B、D断面の地表

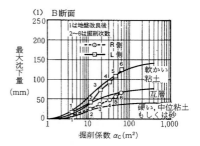

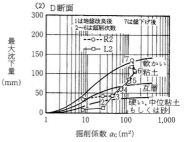

図-8 掘削係数と最大沈下量の関係[3]

面沈下量と掘削係数の関係を、**図-8(1)**、(2) にプロットした。B断面では、L側が工事用搬入路の影響で大きくなり上限包絡線を越えたことを考慮すれば堀削による沈下量はむしろR側に近く上限包絡線以内であった。一方、D断面の地表面沈下量の最大値の推移は、掘削に伴い軟らかい粘性土地盤での上限包絡線に漸近し、その後のクリープ的変形で上限包絡線を越えた。

　このように、**図-8**の軟らかい粘性土地盤での最大沈下量上限曲線も、ヒービング管理指標の1つの目安となる。

参考文献

1)内田広次, 杉本隆男, 佐々木俊平：都市土木工事に伴う地盤問題に関する現場調査事例, 東京都土木技術研究所年報, 昭和63年, 295-309, 1988.　2)杉本隆男, 佐々木俊平：埋立地盤におけるヒービング計測管理―環状第8号線羽田空港トンネル開削工事―, 東京都土木技術研究所年報, 昭和62年, 249-262, 1987.　3)杉本隆男：開削工事に伴う地表面最大沈下量の予測に関する研究, 土木学会, 第373号, 113-120, 1986.

土槽実験でみた受働側地盤の応力とひずみ

Key word　受動土圧、粘性土、異方性、せん断ひずみ

1. まえがき

　軟弱な粘性土地盤では、根入れ部地盤強度が弱いとヒービング破壊の危険性が高い。それは、根入れ部地盤強度が弱いと土留め壁が掘削側へ大きく押し込まれ、掘削底の下の地盤が受働状態となり、地盤のせん断強度を越えると破壊するためである。ここでは、土槽実験により受働破壊に至るプロセスと破壊領域を確認し、土の異方性が受働土圧と密接に関係していることを示す[1]。

2.　実験装置と土の性質

2.1 実験土槽と可動壁

　実験土槽の側面図を**図-1** に示す。土槽の内寸法は長さ 120.0cm、幅 50.0cm、深さ 70.0cm である。可動壁は高さ 49.5cm、幅 49.8cm、厚さ 1.2cm の鋼板である。可動壁下端から土槽の底までは、高さ 20.0cm の固定壁となっている。可動壁の回転軸は、可動壁上端から 40.0cm の深さである。壁面土圧計を稼働壁上端から 12.5、20.0、27.5、35.0、42.5cm の深さに取り付けた。また、可動壁は、上端から 10.0cm の深さの荷重計付き載荷スクリューロッドで押し込む構造である。

2.2 実験方法

(1) 土層の作成

　用いた粘性土は東京下町の有楽町層下部で採取した土である。この土に細砂と水を加えてソイルミキサーで練り返し、流動状態にした土を土槽内に詰めた。

　圧密前の粘性土層の厚さは49.0cm、含水比74.0%であ

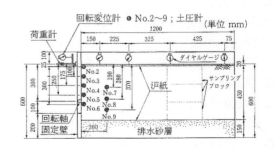

図-1 実験土槽と計器配置

った。圧密は2枚の鋼板上にコンクリートブロックを載せて行った。

圧密過程を**図-2**に示した。第1段階は荷重0.4tf/m²で14日間圧密し、沈下量は4.1cmであった。第2段階は累計荷重1.2tf/m²で15日間圧密し、6.8cmになった。その後7日間吸水膨張させた。リバウンド量は0.8cmであった。

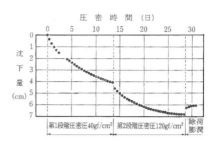

図-2 土層作成の圧密膨張過程

(2) 実験の方法

可動壁に回転角速度0.19°/minを与え、最大回転角が15.47°（載荷ロッド位置での押し込み量80mm）まで押し込んだ。押し込み量が1mm増加する毎に透明アクリル板側から白色ペイント標点を撮影し、地中変位とした。

2.3 粘性土の基本的性質

実験終了直後に可動壁から67〜94cm離れた位置でブロック状に試料を切り出した。試料の組成は砂分30.2%、シルト分56.6%、粘土分13.2%であった。含水比は57.6%であり、液性限界W_Lの57.2%に近い。

この試料で、土槽底面に対して鉛直な方向の軸と水平な軸の供試体で一軸圧縮試験を行った。圧縮応力σと圧縮ひずみEの関係を**図-3**に示す。水平供試体の一軸圧縮強さquと変形係数E_{50}は鉛直供試体の79%と80%で、この強度異方性は圧密後の土粒子配列構造の違い起因するものである。

3. 実験結果

3.1 変位ベクトル

図-4に地中変位ベクトルを示す。地表面から深さ14.0cmまでの可動壁付近で水平変位が卓越し、可動壁から離れると地表面へ向う変位となる。

深さ20.0cmの可動壁直近では水平変位が

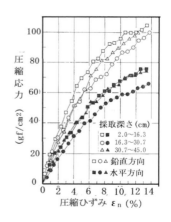

図-3 鉛直・水平切り出し試料の一軸圧縮試験結果

164

卓越した下向きの
変位で、回転軸以
深では水平変位よ
りも鉛直下向きの
変位が卓越した。
可動壁から11cm離
れた地表面で亀裂
が観察され、回転
角が増加して
9.59°となったと
き、23cm離れた地
表面にも亀裂が観
察された。

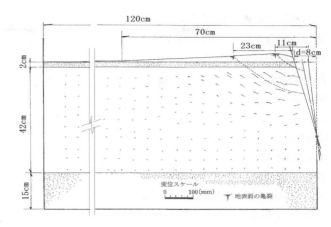

図-4 変位ベクトル

3.2 最大せん断ひずみ

　可動壁の回転角を徐々に増加させた場合の最大せん断ひずみγ_{max}の分布を
図-5に示す。最大せん断ひずみ0.10以上の領域は初期段階から認められ、**図-**
4の斜め上方に向う変位ベクトル部
に相当していた。これは回転角が
9.59°に達したときに観察された
地表面の亀裂位置を通って図上に
示した放物線形の想定すべり線と
対応している。回転角が9.59°、
15.47°の場合の最大せん断ひずみ
は、可動壁回転軸の下端の主働変
形領域（体積ひずみの膨張域）ま
で達し、回転軸付近を境にして、
それより上の受働せん断領域と下
の主働せん断領域に分けられた。

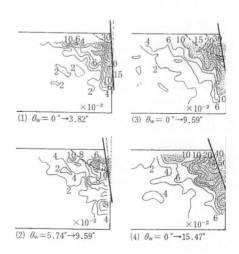

3.3 受働土圧分布

　壁面土圧と土中土圧の深さ分布

図-5 せん断ひずみのコンター

165

を**図-6**に示した。壁面土圧分布は一連の回転角で同様な放物線型であった。表面から2.5cmの深さの土圧は回転角が3.82°まで増加し、その後の増加は小さい。

　深さ10.0cmと25.0cmの壁面土圧は回転角7.66°までは増加し、それ以上での増加は小さかった。一方、深さ17.5cmの壁面土圧は15.47°まで増加していた。地表面に近い土圧の大きさは、**図-3**に示す水平供試体の一軸圧縮強さ70gf/cm²に近い値であった。

4. 土圧σとせん断ひずみγの関係

　可動壁の押し込み荷重を回転軸以浅の土圧分担面積で割った平均土圧σpと回転によるせん断ひずみγpの関係を、**図-7**に示した。せん断ひずみγは深さDと水平変位量dの比である。また、一軸圧縮試験で求めた鉛直供試体と水平供試体の圧縮応力σuとせん断ひずみγとの関係を併記した。壁面土圧は回転変位が増すに従い、一軸圧縮試験の鉛直供試体の応力〜ひずみ関係

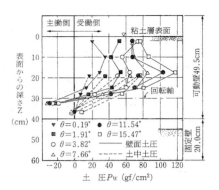

図-6 受働土圧分布

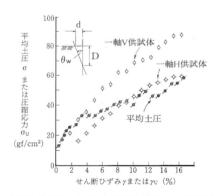

図-7 土圧σとせん断ひずみγの関係

から水平供試休の応力〜ひずみ関係へと移行したことが分かる。これにより、受働土圧は土の異方性と密接に関係することが明らかになった。

参考文献

1)杉本隆男, 佐々木俊平：土留め壁根入れ部地盤の受働破壊に関する土槽実験, 東京都土木技術研究所年報, 昭和60年, pp. 217-228, 1985.

盤膨れ対策の改良層厚を注入量と現場透水試験で決める

Key Word 盤膨れ、被圧地下水、薬液注入、開削工法

1.まえがき

　これは、砂礫層中の被圧地下水による掘削底面の盤膨れにより、連続地中壁の土留め崩壊が危惧された事例である。対策工として、砂礫層中への薬液注入を行った。薬液注入工の検討で、①砂礫層中の被圧地下水の水頭、②掘削底の盤膨れ防止に必要な薬液注入工の注入率と改良厚さ、③逐次掘削に伴う掘削底の盤膨れに対する安全率の変化について検討している[1]。

2.　工事場所の地質・地下水と工事概要

2.1　工事場所付近の地形・地質および地下水

　工事揚所付近の旧地形と地下水位等高線を**図-1**に示した[2]。工事場所は台地に位置し、周辺地域には、河川が台地を開析してできた台地河谷底が発達している。工事場所の北側と南側には、中小河川の支川がつくった河谷底が入りこんでいる。工事場所周辺の浅層地下水帯は、工事場所をほぼ中心とする井荻・天沼地下水堆と呼ばれており、T.P.44mの地下水位等高線があり、ここから北西から南東方向への地水下の流れが認められている。その中で、関東ローム層下

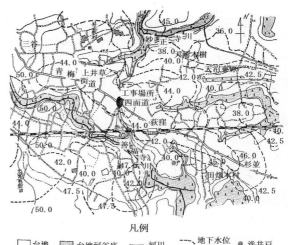

凡例

□台地　▨台地河谷底　―河川　- - -地下水位等高線　⊕浅井戸

図-1　工事場所付近の旧地形と地下水位等高線

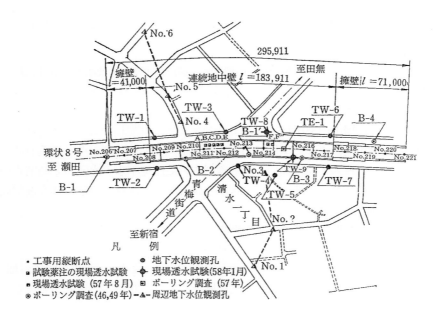

**図-2 擁壁および連続地中壁の平面位置と
ボーリングおよび地下水調査位置**

部に凝灰質粘土層の不透水層が分布している地域では、関東ローム層中に滞水している宙水と武蔵野礫層中を流れる本水がある。武蔵野礫層中の本水の水頭変化は、当該現場での調査結果によると、砂礫層上面での被圧水頭が2〜3mであった。

2.2. 工事概要

立体交差工事は、**図-2**に示したように、総延長約296m、幅員約16m、上下4車線のアンダーパスを構築するもので、擁壁部112m、連続地中壁部184mであった。本線の縦断勾配は最大6.96%で、最大掘削深さはG.L. -8.26mであった。掘削深さに応じて、連続地中壁の厚さは600、800、1,000mmの3種類、長さは10、11、13、15mの4種類であった。根入れ先端はいずれも砂礫層中にある。掘削深さが最も深いポンプ室部では、連続地中壁の厚さは1,000mm、長さは20mで、

床付位置は砂礫層中となった。アンダーパス取付け部は鉄筋コンクリート擁壁で施工され、基礎杭は長さ6.0〜8.5mのH鋼杭で砂礫層を支持層としている。

2.3 砂礫層の被圧地下水

1)現場透水試験と地下水圧分布

　地下水調査結果を図-3に示す。現場付近の地下水は、凝灰質粘土層を不透水層として関東ローム中の宙水（第1滞水層）と砂礫層中の本水（第2滞水層）からなっている。現場透水試験を行い、両滞水層の透水係数および水頭を求めた。凝灰質粘土層の透水係数は、3.60×10^{-4} cm/sec程度であり、工事場所の地下水圧分布は、地表面下-2.0m付近に自由面があって、静水圧分布する第1滞水層と砂礫層上面で平均2.24mの水頭をもつ被圧滞水層となっていた。

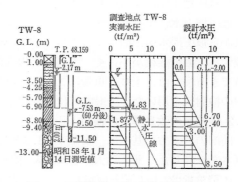

図-3 工事場所の地下水圧分布

2)薬液注入率と透水係数

　第2滞水層は被圧地下水のため掘削による水圧低下は起こらない。このため、砂礫層を改良して土被り重量を増加させ、被圧地下水の揚圧力に抵抗させる対策を行った。この場合、薬液注入による改良層の透水係数を凝灰質粘土層の透水係数より小さくして、改良層自体も宙水と本水に分ける効果を発揮させる必要がある。

　試験注入結果による注入率と透水係数の関係を図-4に示した。こ

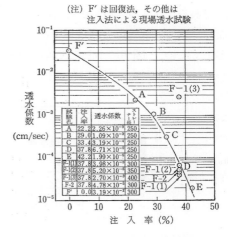

図-4 注入率と透水係数の関係

の関係から、改良砂礫層の透水係数が凝灰質粘土層より小さい10^{-5} cm/secオーダーの透水係数を得るには、注入率は37%以上必要となった。実際の薬液注入時の注入口径や試験注入時の改良土観察結果から、均一な薬液の浸透が認められた注入率を37.8%とした。

3. 掘削底の膨れ上がりに対する検討

3.1 被圧地下水による膨れ上がりに対する検討式

被圧地下水による掘削底の膨れ上がり検討は、図-5に示したように、掘削底から被圧滞水層上面までの土被り重量が被圧地下水圧より大きいか否かを比較する。掘削面積が小さく、土留壁と根入部地盤との付着抵抗や摩擦抵抗が期待できる場合は、土被り重量にこれらの抵抗力を加味できるが、ここでは、図中の検討式を用いた。一般的には、安全率は1.2程度を確保する。

3.2 砂礫層の改良厚さの検討

前節の考え方を基本に、安全率を1.2として各掘削断面における砂礫層改良厚さを計算した。薬液注入率を37.8%、被圧地下水頭を3.0m、改良砂礫層の単位体積重量は2.0tf/m³と仮定し、その他の地層の単位体積重量は土質試験結果の値を用いた。こうして検討した砂礫層の薬液注入範囲の断面を図-6に示す。使用薬液は商品名MGロック3号、主剤：水ガラス（A液）と瞬間硬化剤（B液）である。注入厚さは1.0〜2.5mである。

なお、取付け部擁壁と連続地中壁の接する地点では縦断方向の地下水の湧出を防ぐため、図-6に示した位置に横断方向の締切り鋼矢板（Ⅱ型、長さ

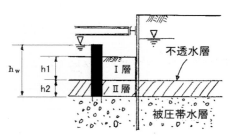

$$F = \frac{\gamma_1 h_1 + \gamma_2 h_2}{\gamma_w \cdot h_w}$$

ここで, F：安全率

γ_1：Ⅰ層の単位体積重量（tf/m³）

γ_2：Ⅱ層（不透水層）の
　　単位体積重量（tf/m³）

γ_w：水の単位体積重量（tf/m³）

h_1, h_2：Ⅰ，Ⅱ層の厚さ（m）

h_w：被圧水頭

図-5 盤膨れ検討式の模式図

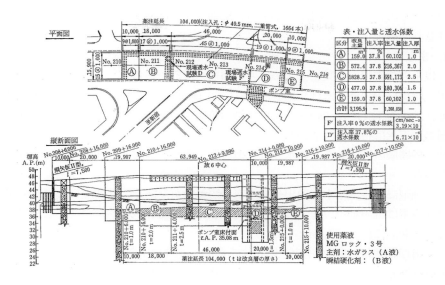

平面図

縦断面図

図-6 掘削底の下にある砂礫層の薬液注入範囲

7.5m)を打設し、第1滞水層の地下
水の湧出を防いだ。

3.3 逐次掘削に伴う膨れ上がり　安全率の変化

　掘削深さと盤膨れ安全率の関係
を図-7に示した。掘削深さが増す
に従って安全率は徐々に低下し、
最終掘削時の安全率は1.20以上と
なっている。最終掘削後に下水管
渠工事として床付面下をさらに
1.0mほど掘り下げる場合には、安
全率はさらに低下し(黒塗記号)、
深く掘削する断面で0.91～0.95と

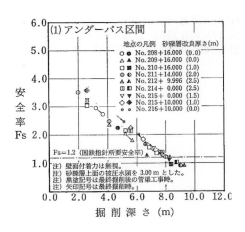

図-7 掘削深さと膨れ上がり安全率
　の関係

なる。このことから、下水管渠工事の掘削では、砂礫層上面の被圧水頭変化に注意して施工した。

4. まとめ

以上の調査検討結果をまとめると、つぎのようである。

① 現場付近の地下水は、地表面下G.L. -2.0m付近に自由水面を持つ第1滞水層と、地表面下G.L. -8.8m～-9.9m以深の砂礫層中の第2滞水層に分けられ、この層の地下水は被圧されていた。

② 砂礫層の被圧地下水の水頭は、砂礫層上面から1.87～2.60m、平均2.24mであった。

③ 掘削に伴う地下水の湧出や掘削底の膨れ上がり防止に必要な砂礫層への薬液注入率は37.8%にした。また、所要改良厚さは、設計安全率を1.2とした場合で、区間別に1.0m～2.5mとした。

④ 第1滞水層の地下水湧出を防止するため、連続地中壁施工両端部に止水鋼矢板を施した。なお、上記の検討結果に基づき施工し、無事工事は完了した。

参考文献

1) 杉本隆男, 佐々木俊平, 石井 求, 常盤 健：東京都土木技術研究所年報, 昭和59年, pp. 175-187, 1984. 2) 青木滋, 遠藤毅, 石井求：杉並区の浅層地下水について ～東京の地下水系の研究(3)～, 東京都土木技術研究所報告, 第46号, 75-94, 1970.

支保工形式ごとに異なる技術課題

Key Word 切梁、逆打ち工法、グラウンドアンカー

1.まえがき

　この事例は、貯留量が 200,000 ㎥ を超える大規模な地下調節池を建設した工事で、土留め壁が連続地中壁工法の3つの工事例について、支保工形式の違いによる土留め壁の変形を、観測施工データで比較検討したものである[1]。支保工形式は、水平切梁工法、グラウンドアンカー工法、逆打ち工法の3種類である。また、それぞれの現場で発生した土留め・掘削上の技術課題と対策をまとめた。

2.　工事場所の地質と土留め工事の概要

2.1 東京の地形概要と工事場所

　東京の地形区分図を**図-1**に示した。東京の地形は西から東へ下り勾配の地形をなし、奥多摩の関東**山地**、多摩・加住・草加・阿須山・狭山などの**丘陵地**、おもに多摩川の左岸に青梅付近を扇の要として平坦に広がる武蔵野**台地**、白子川・石神井川・妙正寺川・善福寺川・神田川・野川・仙川・目黒川・立合川・呑川など武蔵野台地内から沸きだした地下水が台地表層部を覆う関東ローム層を開析し形成した**台地河谷底**、隅田川と荒川沿い及び東京

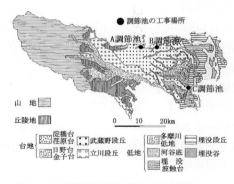

図-1 工事場所（地形区分図上）

湾岸沿いに広がり一部海水面より低い**低地**、および多摩川沿いの**多摩川低地**となっている。**図-1**中に工事場所をプロットした。工事場所は、それぞれ台地そして低地に近い波蝕台を開折する河谷低地に位置する。

　また、各工事場所の地質縦断面図を**図-2(1), (2), (3)**に示した。A,B調節池

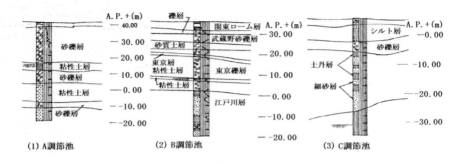

図-2　3 現場の地質縦断図

は関東ローム台地を開析する河川沿いで、砂礫層の深度が浅くN値が大きい。そして浅層地下水を賦存している。C調節池は台地と低地の境付近に位置し、N値が5以下の軟弱なシルト層が浅い深度に堆積した地盤であった。

3.2　工事概要

1) 施設規模

　A, B, C調節池の平面図と断面図を**図-3**に示した。調節地の規模は、貯留量が200,000〜221,000㎥、平面積8,400〜13,500㎡、深さ18.6〜30.5mで、大規模な地下調節池である。

2) 掘削規模

　掘削規模は、平面積が10,000〜14,000㎡、掘削深さが25.5〜36.5mである。いわゆる大規模掘削工事であった。各調節池の標準的な断面で、掘削深さと支保工設置深さの関係を柱状図と合わせ、**図-4**に示した。

3) 土留め壁

　土留め壁はいずれの現場も連続地中壁である。壁厚は1.0〜1.2mと厚く、深さ方向の長さは38.3〜66.8mと長い。深さ方向の根入れ長さの違いは、盤脹れ検討から根入れ先端を難透水層に貫入させたためである。いずれにせよ、連続地中壁を採用した理由は、次のようになる。

①　剛性の大きい連続地中壁の採用：土留め壁の変形を小さくして、周辺地盤の沈下による被害をくい止める。

②　低騒音, 低振動工法の採用：土留め壁施工に伴って発生する騒音と振動を

174

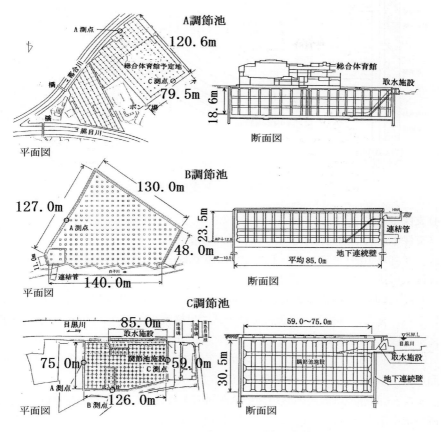

図-3 A,B,C調節池の平面図と断面図

抑制する。

③ 止水性土留め壁の採用：深い掘削による地下水の湧出を抑え、周辺地盤
の地下水位低下を防ぐ。

④ 経済性による採用：土留め壁を本体構造物の一部として利用し、本体壁
の壁厚を薄くする。

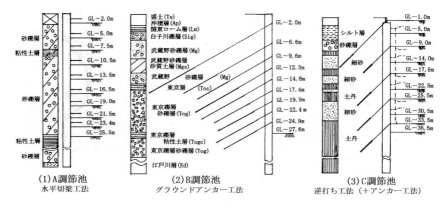

図-4　掘削深さと支保工配置図

4) 支保工形式

支保工形式は**図-4**に示すように、水平切梁方式、グラウンドアンカー方式、逆打ち工法（＋アンカー工法）の3種類であった。それぞれの現場における支保工形式の採用条件を以下に示した。

A調節池工事の場合は隣接して民家があり、アンカー体を民地に施工できないこと、また、当初設計の仮控え壁方式では構築段階でコンクリート製の仮控え壁を壊す工程が加わり、工期・工費に疑問が生じ水平切梁工法に変更した。

B調節池工事ではグラウンドアンカー工法の利点を活用できる条件（掘削平面形状が多角形で、各辺の支保工確保ができる）が揃っていた。

また、C調節池は表層地盤が沖積軟弱層であること、調節池を4層構造として浅い地下階を先行構築することで調節池の早い供用が求められたことなどにより、逆打工法とグラウンドアンカー工法の併用となった。

4. 土留め壁の変形

3調節池の土留め壁変形計測結果を**図-5, 図-6, 図-7**に示した。これら掘削過程挙動と技術的課題への対応は、次の事例で説明することとし、ここでは、各調節池の諸元、発生した技術課題、対策を**表-1**にまとめた。

土留め壁の変形は支保工形式に大きく影響され、支保工もそれぞれの形式ごとに特徴ある挙動を示した。その結果、最大変位はB調節池で64.7mm、A調節池で32.0mm、C調節池で23mmであった。

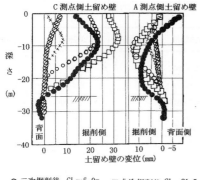

◎ 二次掘削後　GL−5.0m　　□ 八次掘削後　GL−21.5m
× 四次掘削後　GL−10.5m　　● 最終掘削後　GL−25.5m
○ 六次掘削後　GL−16.5m

図-5 土留め壁の変位分布
(A 調節池)

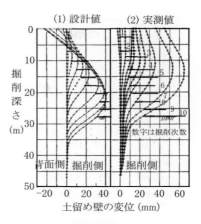

図-6 土留め壁の変位分布
(B 調節池)

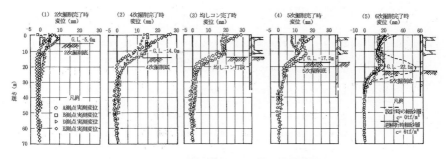

図-7 土留め壁の変位分布 (C 調節池)

5. あとがき

　土留め壁変形に及ぼす支保工形式の違いの影響を計測結果で示した。設計での変形と異なっていた。その大きな理由は、梁バネモデルによる土留め計算に施工要因を取り入れることが難しいこと、そして地盤定数が施工過程で変化することである。こうした意味で、現場での土留め挙動の観測が重要となる。

表-1 各調節池の諸元、発生した技術課題と対策

諸 元 ＼ 調節池	A調節池	B調節池	C調節池
施設規模 　貯留量　（m³） 　平面積　（m²） 　深　さ　（m）	221,000 13,500 18.6	212,000 12,200 23.5	200,000 8,400 30.5
土留め壁の種類 　〃　厚さ(m) 　〃　長さ(m) 　〃　本体利用	地下連続壁 1.0 38.3 合わせ壁	地下連続壁 1.2 47.0 合わせ壁	地下連続壁 1.2 66.8 合わせ壁
支保工形式 　〃　段数	水平切梁工法 9 段切梁	グラウンドアンカー工法 9 段アンカー	グラウンドアンカー併用逆打工法 5 段アンカー、4 層構造
掘削の面積(m²) 　〃　深さ(m) 　〃　次数	13,940 25.5 10 次掘削	12,680 27.6 10 次掘削	10,060 36.5 10次掘削
地形地質	工事場所の大まかな地層状況は、武蔵野台地の地表部を覆う関東ローム層（立川・武蔵野ローム）が削られて欠損となり、ここに黒目川と落合川の堆積により新たに沖積層が分布し、最も新しい地表面を形成している。	工事場所は武蔵野台地内に位置し、武蔵野面に属する成増台と朝霞台に挟まれた低地面にある。この台地内をきざむ低地面には、河川により小規模な河岸段丘が形成され"白子川段丘"と呼ぶ。	工事場所は関東ローム台地の武蔵野面と下末吉面に挟まれた低地面にある。東京湾岸に沿う沖積低地に近く、感潮河川区域に位置する。
発生した技術課題	① 最大120mに及ぶ長大切梁が気温変化の影響で伸縮し、座屈破壊が危惧された ② 掘削底下の被圧地下水の揚圧力で掘削底の整贈れが危惧されディープウェルによる被圧地下水圧制御の方法を検討した ③ ディープウェル排水を河川放流する必要があるからその水質管理が問題となった ④ 土留め壁出隅部の開き部からの地下水湧出をどう処理するか	① 深い掘削に伴う近接構造物の関越自動車道橋脚への影響度観測方法が問題となった ② 支保工のグラウンドアンカーのバネ反力係数が設計値ほど期待できず、土留め壁の変位が大きくなった ③ グラウンドアンカーのバネ反力係数が、供用時に小さく、引き抜き試験では設計値を満たしていた原因は何か	① 実測側圧が設計側圧を超え、次段階掘削による土留め壁変位が設計時より大きくなることが危惧された ② 掘削によるリバウンドで構真柱の浮き上がりによる頂版への影響が危惧された ③ 被圧地下水帯に定着長を設ける場合に、地下水の湧出を防ぎ被圧地下水帯に加圧注入する最適な工法は何か
対策もしくは原因の検討	① 座屈防止のため、中間支柱を増加させるなど、座屈長を短くした。 ② ディープウェルによる揚圧力を制御した。 ③ 掘削による揚水は濁度やpH等水質を監視し、放流水は炭酸ガスでのpH調整等を行った。 ④ 地下連続壁背面薬注は壁変形を助長する危険があり、掘削側から排水マット処理した。	① 計測機器の配置計画に問題があったので、適正配置に変更するとともに、計測器を追加した。 ② 除去式アンカー構造を検討し設計ばね値の評価には、耐荷体の構造から定着長も加えると、適正試験結果と整合することを確認した。 ③ 引き抜き試験は、アンカーケーブルを直接引っ張るため、2個の耐荷体が同時に機能した。	① 土留め壁変位実測値を基に逆解析を行い、土丹層に挟まれた細砂層に粘着力がC=6tf/m²程度期待できること、これを掘削土で確認した。 ② 構真柱ヒズミ計測値、有限要素法解析で浮き上がり量を推定し、本体床版断面で問題ないことを確認した。 ③ 削孔を逆止弁付き単管式ビット＋止水パッカー併用に変更した。

参考文献

1) 金子義明, 杉本隆男, 米澤徹：支保工形式の異なる大規模土留め壁の挙動比較, 東京都土木技術研究所年報, 平成10年, pp. 23-34, 1998.

情報化施工で分かった支保工の影響と連壁変形

Key Word 支保工、切梁、グラウンドアンカー、逆打ち

1.まえがき

　この事例は、3-19「支保工形式ごとに異なる技術課題」で紹介した 3 調節池工事について、支保工形式の違いによる土留め壁と支保工の挙動を、観測施工データで比較検討したものである[1]。

　3 調節池の貯留量は 200, 000 ㎥ を超える大規模な地下調節池を建設する工事で、土留め壁は連続地中壁であった。支保工形式は、水平切梁工法、逆打ち工法、グラウンドアンカー工法の 3 種類であった。地盤条件が異なるが、支保工の違いによる土留め挙動の違いに注目して検討した。

2.土留め壁の変形

2.1 A調節池（水平切梁工法）

1）土留め壁の変位の推移

　図-1にC測点とA測点の土留め壁の変位分布を示す。最終掘削深さは25.5mである。C測点は2次掘削までは片持ちばり的に壁頭部が掘削側に変形している。4次掘削から6次掘削にかけて掘削側への変位が急増した。これは、台風通過により外気温が低下し、切梁の収縮に伴い軸力低下が発生したためであった。この対策として切梁プレロードの再導入を行った。8次掘削において全掘削工程での最大変位となり32mmであった。その後、気温上昇による切梁軸力の増加（切梁の伸び）により、最終

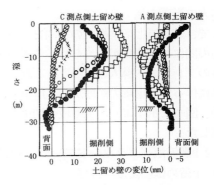

図-1 土留め壁の変位分布(A 調節池)

掘削底まで掘削したにも係わらず全体的に山側に戻り壁変位は減少した。A測点でも、C測点のような気温の低下により、4次掘削から6次掘削にかけて掘削側へ変形が急増した。その後、切梁プレロードの再導入と気温の上昇による切梁軸力の増加により、土留め壁頭部は背面側に最大で10mm程押し込まれた。これは、A測点の背面は河川となっておりC測点の標高より低いため対面するC測点側の土圧によりA測点側に土留め壁全体が変形したためであった。

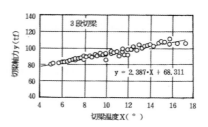

図-2 切梁の温度と軸力の関係

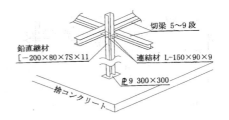

図-3 中間支柱を増した座屈対策

2) 切梁の温度変化対応

土留め壁の変形は、切梁の温度応力の影響を強く受けていた。そこで、外気温と切梁軸力の相関をとると**図-2**のようになった。気温と切梁軸力の間に比例関係が認められ、冬場の気温低下に相当する軸力を計算し、その後のプレロード導入を図った。これとは反対に、最終掘削後の夏場には気温上昇に伴って切梁軸力が増加し、解析の結果、座屈の可能性が生じた。そのため、**図-3**に示すように上下段の切梁を連結し、座屈長を短くする応急対策を施した。

2.2 B調節池（グラウンドアンカー工法）

1) 土留め壁の変位の推移

図-4にA測点位置の土留め壁変位について、設計値と実測値を比較したものを示した。設計値は壁頭部が掘削背面側に戻る形状であったが、実測値は掘削側への30～40mmの変位であった。また、最大水平変位の発生深さは、設計値では掘削が進行するにつれて徐々に下がり、掘削段階ごとの掘削底レベルの4m前後上で発生すると予測されたが、実測値は掘削の進行に伴い深くなることはな

くG.L. -12〜15mの深さであった。

　そして、10次掘削における設計値と実測値の最大変位量δmaxはそれぞれ40.6mmと64.7mmであった。最終掘削深さ(L)に対する最大壁変位量の割合は、設計で掘削深さの0.15%(δmax/L×100)程度、実測で0.23%と実測値の方が多少大きいものの、硬質地盤における剛性壁の最大変位量としては一般的な範囲内であった。

2) 実測変位が設計値を超えた原因

　土留め壁の変位とアンカー荷重の関係について、C測点の例を**図-5**示した。3段目と7段目グラウンドアンカーである。3段目アンカーは6次掘削までは設計ばね値と同等の値で推移していたが、7次掘削以降は変位増加に比べ荷重増加が少なくなる(ばね係数が減少)傾向があった。7段目アンカーは、当初からばね値が小さい傾向にあり、掘削完了後の均しコンクリート打設までばね値は設計値を大幅に下回っていた。A, B, C測点の全てのアンカーについて、土留め壁の変位とアンカー荷重の関係を調べたが、掘削の進行過程のほとんどのアンカーの実際のばね値は設計値より小さかった。

　一方、引き抜き試験でのアンカーケーブル引き抜き変位(壁定着部変位)と荷重

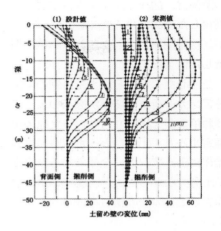

図-4 土留め壁の変位分布 (B 調節池)

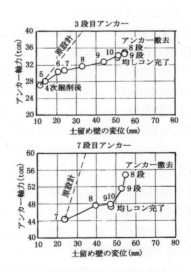

図-5 土留め壁の変位とアンカー軸力の関係

の関係は、**図-6**に示すように定着長に
期待した理論荷重の約90%であった
が、線型関係が成り立ち、ばね値は期
待した値であった。

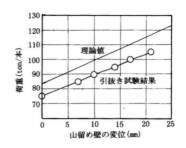

図-6　7段目アンカーの
**　　　引き抜き試験例**

　こうしたことから、土留め壁の変位
とアンカー荷重の関係が**図-5**のように
ばね係数が一様とならなかった原因を
推定すると、①アンカー定着時の緊張
操作によるアンカー全体のゆるみ除去
が十分でなかったこと、②アンボンド
除去式アンカーの構造などが考えられ
た。

2.3 C調節池（逆打ち工法）

1）土留め壁の変位の推移

　C調節池の支保工は、グラウンドアンカーを先行した逆打ち工法との併用で
あった。**図-7**に土留め壁の変位分布の実測値を示した。

① 地下1階B1構築段階

　当初設計による4次掘削後の壁の変形分布は、頭部と掘削底下2m付近(G.L.-
16.0m)を支点とし深さG.L.-9m位置で最大変位3mmとなる形状であった。しか
し、**図-7(1)**, **(2)**のように実測した分布形状は設計時と異なって片持ち梁的な
変形であり、1段アンカーが効果的に働いていなかったことが分かる。

　先行構築の地下1階B1構築後のG.L.-9.0m位置の2段目アンカー撤去に伴い4〜
8mm変位したが、**図-7(3)**に示したように、地表面から深さ10mまでの範囲で逆
打ち躯体の影響でほぼ鉛直な形状となった。弾塑性法による曲げモーメントの
値を基に全断面有効として計算した鉄筋応力が550〜670kgf/cm²であったのに
対し、鉄筋計による実測値は200kgf/cm²でかなり小さい値であった。

② 地下2階B2構築段階

　後行構築の地下2階B2構築のために、深さG.L.-17.5mまでの5次掘削後の変位
分布を**図-7(4)**に、6次掘削(G.L.-22.5m)後の変位分布を**図-7(5)**に示した。

　5次掘削後の実測変位を再現するシミュレーション解析を行った。解析に用

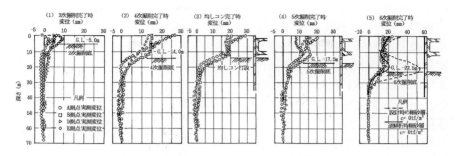

図-7 土留め壁の変位分布 (C 調節池)

いた側圧は実測値を作用させた。

　また、連続地中壁に合わせ壁として施工した側壁の拘束効果をB1階構造物床版位置に回転ばねで与え、断面剛性を全断面有効とした場合の50%にしたケースが、様々な条件の中で最も実測変位に近似した。

　この条件で、3段目アンカー設置後の6次掘削以降の予測解析を行った。6次掘削完了時に、掘削底付近の鉄筋が許容応力 σ =2,250kgf/c㎡を超え4,118kgf/c㎡になり、壁の変位 δ は約53mmに達するという結果となった。そこで、鉄筋が許容応力度を超えない許容変位量を比例配分で計算すると、53.29×2,250/4,118 ＝ 29.11mm となる。その80%の23mmを一次管理値にして掘削を進めることとした。

　また、グラウンドアンカーの耐力は、安全率を考慮した解析では、3,4,5段目アンカーは許容引張力を超え定着長が不足しているという結果であった。安全率を考慮しない極限引張力と定着長で算定した場合は、3段目アンカーが危険となるが、4,5段目アンカーは極限値を超えないという結果であった。

　以上の予測計算結果を受け、6次掘削にあたり土留め壁際を掘り残し、中央部から先にG.L. -22.5mまで掘り下げていった。少し遅れて土留め壁の変位増分を確認しながら、4箇所の計測地点で土留め壁際を徐々に掘り下げていった。その結果、掘削底付近が5次掘削終了時に5mm程度の土留め壁変位であったものが、**図-7(5)**に示したように15mm程度掘削側に腹み出して20mmとなったが、一次管理値の23mm以内であった。また、鉄筋応力の増加も観測したが、約400

183

kgf/cm²程度であった。

　また、アンカー荷重は44tf程度であり、適正試験時の緊張荷重49.8tf以下であった。B2階床版コンクリート打設までに掘削底付近で23mmまで増加したが、一次管理値23mm以内でコンクリート打設を終えることができた。

　6次掘削後の実測変位分布に近似する条件を、逆解析により検討した。その結果、図-7(5)に示したように、土丹層に挟まれた細砂層にc=6tf/cm²の粘着力を期待できるとすると、かなり近似した変位分布が得られた。確認のため6次掘削底で細砂層を観察し、適度な含水状態であれば見掛けの粘着力を期待できると判断し、ブロックサンプリング試料で一軸圧縮試験を行った。一軸圧縮試験で得た応力～ひずみ曲線を図-8に示した。乱れの無い細砂は小さなひずみで脆性破壊を起こすが、粘着力 cは c=qu/2=2～10tf/m²程度であることが判明した。

　また、3段目アンカーを施工後、確認試験（アンカー引張試験）を行った結果、図-9(1)に示すように設計荷重を載荷する前に変位が急増し、設計耐力がないことが判明した。急きょ施工法とアンカー一体を検討した結果、当初の二重管式削孔では、ケーシング内を逆止弁付きインナービットで削孔する

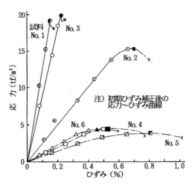

図-8 一軸圧縮試験による
応力～ひずみ曲線

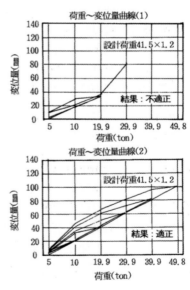

図-9 グラウンドアンカーの
確認試験結果

184

が、1次注入時に被圧地下水の圧力でセメントミルクがケーシングとインナービットの隙間を通して押しもどされ、十分に充填されていない疑いがあった。

そこで、逆止弁付きビットの単管式削孔に切替えて、削孔後にアンカーの定着長頭部をフリー・パッカーで止水して加圧注入し、耐荷体を構築する工法に変更した。これにより、**図-9(2)**に示すようにグラウンドアンカーの耐久力は改善された。

3. 3現場の土留め壁変位の比較

以上述べたように、支保工形式の違いにより土留め壁の変位に特徴的な差異が生じ、これをまとめると、**表-1**のようになる。

先ず、最大変位はB調節池で64.7mm、A調節池で32.0mm、C調節池で23mmであった。掘削深さに対する割合で示すと、0.23%, 0.13%, 0.10%である。この結果から、グラウンドアンカー併用逆打ち工法(C調節池)は、最も土留め壁の変位を抑制していることが分かる。これは、先行構築した地下1階の躯体が非常に大きな支保工剛性を発揮したため、土留め壁頭部変位を拘束した変形分布となったためである。

一方、グラウンドアンカー工法(B調節池)は掘削空間を広く取れ構築にあたって有利であるが、土留め壁変位は3現場のうち最も大きくなった。これは、グラウンドアンカー工法は定着時にプレロードを導入するとはいえ、その支持力機構からアンカーケーブルの伸びに依存していることに起因すると考えてよい。このため、土留め壁の頭部変位が他の支保工形式の

表-1　3現場の土留め壁変位の比較

	A調節池	B調節池	C調節池
支保工形式	水平切梁工法	グラウンド アンカー工法	グラウンド アンカー併用 逆打ち工法
掘削深さ	25.5m	27.6m	22.5m *
最大変位	32.0mm	64.7mm	23.0mm
掘削深さ割合	0.13 %	0.23 %	0.10 %
比較検討結果	① 掘削に伴う側圧による変位に加え、切梁の温度収縮による壁変形が加わる ② 切梁長が120mを超えるため、壁への影響に加え、切梁自体の座屈対策が必要となった	① 最も土留め壁変位が大きい ② グラウンドアンカーの支持機構から、アンカーケーブルがのびるため ③ 除去式アンカーの伸びは、定着部+自由長となる	① 最も土留め壁変位を抑制する ② 構築した躯体が大きな支保工剛性を発揮し、土留め壁変位の変形を抑制するため ③ 土丹層に挟まれた細砂層に粘着力期待できた

*)10次掘削のうち 6次掘削まで。最終掘削深さは36.5m

185

現場より大きいという特徴がある。

　水平切梁工法（A調節池）は最も一般的な支保工形式であり、あらゆる現場への対応が可能である工法である。この事例では、切梁長が最大120mに及んだため温度変化で切梁の伸縮が生じ、土留め壁も掘削側に撓んで背面地盤側に押し込まれるなど影響を顕著に受けた。また、左右の土留め壁を支える切梁支点の拘束度に応じて温度応力が土水圧による切梁軸力に加わるため、切梁の座屈破壊の危険もあった。これに対処するため、補強対策を施した。

4. あとがき

　土留め仮設構造物は、かなり理想化したモデルで土留め構造物の応力と変形を計算し、使用部材や断面形状を決定し、構築される。土留め仮設構造物の実際の挙動は、設計時に予測したとおりとなることは稀である。ここで示した大規模掘削工事における土留め壁挙動は、支保工形式ごとに特徴を持ったものとなった。3現場で問題となった技術課題は、支保工ごとに抱える未解明な課題を含んでおり、設計施工時に十分な検討が求められるものである。

参考文献

1)金子義明, 杉本隆男, 米澤徹：支保工形式の異なる大規模土留め壁の挙動比較, 東京都土木技術研究所年報, 平成10年, pp. 23-34, 1998.

情報化施工で盤膨れとリバウンドを制御

Key Word 盤膨れ、リバウンド、情報化施工、逆打ち工法

1.まえがき

この事例は、地下調節池を構築するための深い掘削工事の計測事例である。土留め壁に連続地中壁（RC連壁）を、支保工にグラウンドアンカーを、そして躯体構築を逆打ち工法で行ったものである。ここでは、①計測値を使った土留め壁変位の逆解析と②被圧地下水による盤膨れの検討を行った結果をまとめた。

掘削途中で RC 連壁の実測変位が予測値の数分の一であったため、初期解析時の地盤の変形係数について、現場でブロックサンプリングした試料の一軸圧縮試験で見直し、再度予測解析を行っている。

また、盤膨れ挙動を被圧地下水圧の計測値と構真柱や躯体重量を考慮した土被り圧との比較により安全性を監視しながら掘削した。実測リバウンド量は最大 1mm 程度（FEM 解析値：5.3 mm）であった [1],[2]。

2.　工事場所の地盤と土留め工事概要

2.1 地盤概要

工事場所は、図-1に示した洪積台地の縁に位置する。

工事現場の地層構成は図-2に示すように、土丹と砂層の互層を基盤とし、その上に洪積層の砂礫土と沖積粘性土が堆積している。地表部はN値1〜3、層厚0.0〜2.7mの表土・埋

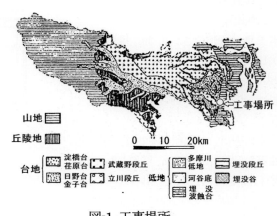

図-1　工事場所

山地
丘陵地
0　　10　　20km
台地　淀橋台 荒原台　武蔵野段丘　多摩川低地　埋没段丘
　　　日野台 金子台　立川段丘　低地 河谷底　埋没谷
　　　　　　　　　　埋没波蝕台
←工事場所

187

土層が分布している。この層はローム質土が主体で部分的にコンクリート片や礫が混入している。その下位にN値0〜1、層厚4.0m〜5.7mの軟弱なシルト層からなる有楽町層（Yℓ）が分布し、A.P.±0.0m付近の一部には層厚約3m、N値7の東京層（Tos）を挟んでいる。その下にN値11〜50、厚さ3.0m〜6.5mの東京礫層（Tog）が続いている。さらにそれ以深はN値50以上の上総層（Ka；固結シルトと細砂の互層）が続いている。特に、A.P.−16.0mより深部ではN値が150以上と非常に硬い。

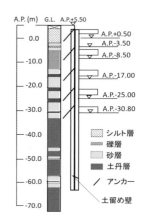

図-2 柱状図と掘削断面

全体的にはA.P.−20.0m〜A.P.−30.0mまでは細砂層が優勢で（Kas）、それ以深では土丹層が優勢となっている（Kac）。地下水位は、3段〜5段アンカーの定着部設置位置のA.P.−28.0m付近や最終掘削面のA.P.−30.5m付近にある。また、層厚約8mの砂層と層厚約4.5の砂層と土丹の互層などの帯水層（透水係数が10^{-3}cm/secオーダー）が分布する。さらに、最終掘削面以深には、被圧した層厚約5mの細砂層が工事区域全体に平面的に連続している。

2.2 工事概要

(1) 工事規模

本工事は掘削深さが36.3m、掘削平面形状129m×78mという大規模な掘削工事であり（図-3）、施工中に河川水を導水する必要性から全断面逆打ち工法で施工している。

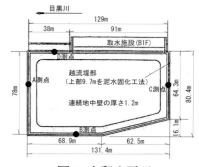

図-3 土留め平面

土留め壁は、本体利用や掘削規模、止水性等から壁長61〜67m、壁厚1.2mのRC連壁（打設延長約400m）を用いた。また越流堰部区間の91mは、取水施設構築の関係から、土留め壁の上部9.7mを泥水固化し、それ以深をRC連壁とした。支保工には、逆打ち本体スラブに加え5段のグラウンドアンカーを併用した（図-2）。

(2) 施工手順

施工は初めにRC連壁を築造し、構真柱を建込んだ後、G.L.-1.0mまで掘削(1次掘削)して、1段アンカーを打設した(**図-2**)。次に、G.L.-5.0mまで掘削(2次掘削)し、上床スラブを構築した後、1段アンカーを除去した。その後、掘削(3次～10次)、スラブ・柱・壁構築(B1F～B4F)、アンカー打設・撤去(2段～5段)を逐次繰り返して施工した。最終掘削(10次)の後、均しコンクリートを打設し、5段アンカーを除去して底版やB4F柱、壁を構築して、地下工事を完了した。

3. 土留め壁の挙動 (情報化施工)

解析は弾塑性法によった。5次掘削完了時について、B1F構造物底版位置の梁やスラブによる回転バネを評価し、RC連壁の剛性を50%低減させたケースが土留め壁変位の実測値(**図-5(1)**)に近似した。これを基に6次掘削以降の予測解析をした。しかし、6次掘削完了時の実測値は**図-5(2)**に示したように、G.L.-20m付近で予測値よりかなり小さく異なっていた。そこで、それ以降の予測を見直すことにした。大きく異なった原因は、G.L.-18.2m以深に分布する細砂層(Kas)の受働抵抗を過小評価したためと推定した。それは、掘削土塊の観察から、細砂層に粘着力が期待できることが分かったためである。早速、ブロックサンプリングして、一軸圧縮試験を行った結果、粘着力Cは以下のようであった。C=qu/2=20～100 kN/㎡ 。

これらの結果をもとに、再度予測解析を実施した。側圧の実測値は、**図-4**に示したようにRankine土圧と水圧の和にほぼ一致することから、実測側圧を用いた。また、解析にはこれまでの予測解析と同様に本体の梁・スラブによる回転バネを考慮し、RC連壁の剛性を50%低減したモデルを用いた。

一軸圧縮試験で得た範囲の粘着力に変えてパラメトリックスタディを行った結果、G.L.-18.2m以深の細砂層(Kas)の粘着力をC=60kN/㎡(6.0tf/㎡)とした場合

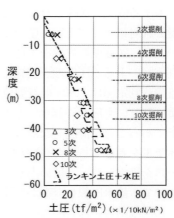

図-4 側圧分布

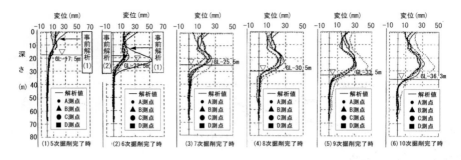

図-5　5次掘削以降の土留め壁の変形

に、実測値と比較的よく一致した(図-5(3))。再評価した方法による予測値
は、7次掘削以後の測定結果と比較的よく一致した(図-5(4), (5), (6))。

4. 掘削底の盤膨れおよびリバウンドの影響

4.1 被圧地下水による盤膨れの検討 [2)]

掘削底面以深の土留め壁根入れ先端付近A.P.-61.8mの細砂層は被圧帯水層で
あり、これによる盤膨れの検討を行なった。その結果、土被り荷重(W)/被圧水
圧(U)=0.89<1.00となり、土水圧の釣り合いから求まる根入れ長さでは、盤膨
れに対する安全が確保されないことが分かった。

盤膨れ対策として土留め壁内での長期間(約5年)の揚水は周辺への影響が大
きいため、RC連壁の先端を不透水層(土丹層)に1m程度貫入させ、施工中は盤膨
れ判定図による水圧管理を実施した(図-6)。

盤膨れ判定図は、水圧計設置位置(G.L.-47.5m)における各掘削段階の土被り
荷重に等しい水圧を許容水圧とするもので、土留め壁内の水圧がこの許容水圧
以下であることを計測しながら管理した。土被り荷重は、順次構築されていく
躯体重量を考慮する場合(許容水圧(2))と、考慮しない場合(許容水圧(1))の2
ケースを設定した。土留め内水圧の実測値は、掘削に伴い3次掘削以降8次掘削
にかけて、静水圧線(実線)から許容水圧(1)線(点線)に漸近している。そし
て、10次掘削時にはこの水圧を若干越える。言い換えれば、被圧地下水の水圧
は掘削深さに相当する位置水頭分の低下をしないため、盤膨れ安全率が掘削の

進行に伴い1.0に漸近することを意味する。このことは、躯体重量がなければ10次掘削時には盤膨れの危険な状態に至ったことを示していた。しかし、本工事では逆打ち工法を採用したことにより、施工中の実際の土被り圧は躯体重量を考慮した場合に近い。計測した土留め内水圧は、躯体重量を考慮した許容水圧(2)(折れ実線)以下に収まっており(図-6)、盤膨れの発生はなく工事を完了した。

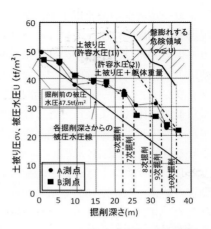

図-6 A,B測点の被圧水圧計測による盤膨れ判定図

4.2 掘削に伴うリバウンドの検討

この工事は、①大規模な掘削工事であること、②本体構造物を逆打ち工法で施工することから、掘削底面のリバウンド量が大きい場合、構真柱の浮上りに伴う本体頂版スラブの変形が危惧された。そこで、FEM解析により掘削底面の浮上り量を推定し、頂版スラブ断面への影響を検討した。同時に、施工中のリバウンド量を計測し、安全を確認しながら工事を進めた。

FEM解析によるリバウンド量の解析は、リバウンド量が最も大きいと考えられる最終掘削面まで一度に除荷するものとして行った。入力した変形係数E_0は孔内水平載荷試験による変形係数E_bから、$E_0=4E_b$[3]により求めた。解析の結果、掘削底面のリバウンド量の最大値は$\delta_{ob}=5.3mm$、土留め壁根入れ先端位置での最大リバウンド量は$\delta_{w1}=3.3mm$となった。計測結果は、土留め壁根入れ先端位置を不動点として計測しており、最終掘削面のリバウンド量δ_mは1mmと小さかった。

頂版スラブ断面における両端固定条件の平板スラブ許容変位量は$\delta_a=27mm$であり、梁とした場合で許容変位量は$\delta_a=30mm$であった。したがって、FEM解析による最大リバウンド量の$\delta=5.3mm$が構真柱を介して頂版スラブに加わったとしても問題ないことが確認できた。

5. アンカー定着部の被圧地下水対策

　現場周辺の地盤は所々に細砂層を挟んでおり地下水位が高い。このため、アンカー体造成時に、削孔中の地下水の噴出や逆流による土砂の削孔先端部への滞留により、定着長の確保ができないことなどが懸念された。

　グラウンドアンカー施工時の検討は、アンカー先端部に作用する水圧とモルタル重量との比較により行った。検討の結果、2段目以深のアンカー打設時に地下水の噴出および土砂の流出が懸念された。そのため、先端部に止水効果を持たせる目的で、2段目以深のアンカー先端は不透水層（土丹層）に貫入させることとし、グラウンドアンカーの配置を決定した。さらに、施工時のボーリング調査の結果、水圧が100kN/㎡(1.0kgf/cm²)程度あり、被圧水の湧出が危惧されたため、3段〜5段アンカーの削孔は止水パッカー併用の逆止弁付き単管式ビットに変更して施工した。

6. あとがき

　掘削深さが深く被圧地下水による盤膨れの懸念がある大規模掘削工事では、掘削中の水圧観測が欠かせない。そして、ディープウェル揚水による水圧制御が必要である。

参考文献

1）佐々木俊平, 山村博孝, 住吉　卓, 杉本隆男, 廣島　実：目黒川荏原調節池工事における深い掘削の計測管理, 東京都土木技術研究所年報, 平成13年, pp. 79-88, 2001.
2）金子義明, 杉本隆男, 米澤徹：支保工形式の異なる大規模土留め壁の挙動比較, 東京都土木技術研究所年報, 平成10年, pp. 23-34, 1998. 3) 日本道路協会：道路土工ー仮設構造物工指針, pp. 97-109, 1999.

リバウンドによる近接する地下鉄構造物への影響

Key Word リバウンド、近接工事、有限要素法

1.まえがき

　埋立て地盤における大平面掘削による地盤のリバウンドに伴い、既存の地下鉄駅舎を含む3層5径間地下構造物や高架橋橋脚などへの影響が懸念された。掘削工事は、図-1 に示したように地下鉄の線状構造物を両側から挟む形で施工しており、最大掘削深さは 24〜35m であった。

　掘削の進行に伴う観測施工で既設構造物の浮上り量を計測して安全の検証を行うとともに、地盤のリバウンド解析を 3 次元有限要素法で行い、解析値と実測値との比較を行った。

2.　工事場所の地質

　代表的な土質区分を A 街区のボーリングデータで示す(図-2)。厚さ 5m 程度の埋土層の下に N 値 15〜45 の東京層(砂質土層)が約 17m 分布し、N 値 50 以上の東京礫層を約 2m 挟む。その下位に N 値が 50 以上の江戸川層があり、砂質土層と粘性土層が互層をなして約 22m の厚さで分布している。最大掘削面深度は G.L.-35.4m であり、この江戸川層に位置している。さらに、その下位には粘性土層を主体とした上総層(N 値＞50)が G.L.-70m 以深まで 25m 以上の厚さで分布している。この上総層の上面は工事区域の南西から北東方向に深くなっている。

　PS 検層から得られた地盤の変形係数やポアソン比を併せて示した。解析に用いた地盤の変形係数と深さ方向の要素分割ならびに掘削深さや建物荷重載荷位置も示した。このうち、解析に用いた変形係数 Es は、PS 検層結果のせん断波速度から求めた変形係数 Eps をもとに設定した。

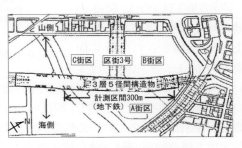

図-1　大平面掘削平面図

193

すなわち、G.L. 0〜−38m の区間
は Es=Eps×1/4，G.L. −38〜−70m
の区間で Es=Eps×1/3 とした。
この Es の値は、通常の設定値
よりやや小さめに評価した。ポ
アソン比 ν は全層 ν=0.33 とし
た [1),2),3)]。

3.解析条件
(1) 解析エリア
　解析対象とした平面は、**図-3** に
示すように、既設地下構造物の両
側で掘削工事を進めている
A,B,C の3街区、および区街3号
工事区域を含む 430m×630m の
エリアとした。また、深さ方向の
断面は、地表面から G.L.−70m
までとした。なお、解析範囲の
境界条件は、端部の鉛直面は
ローラー、下端の水平面はピン
とした。

(2) 解析時の荷重条件等
　実際の施工区割りは、**図-3** の
破線のとおりであるが、解析
上、細い実線で示す FEM 平面
要素分割とし、施工区割りは太

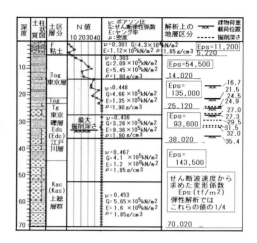

図-2 地層条件と地盤の変形係数

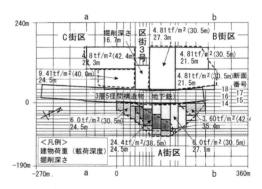

図-3 解析平面と掘削深さ・掘削荷重

い実線のようにモデル化した。また、図中の数字は、解析対象時点(2001 年 4 月末)
の解析荷重条件を示したもので、順打ち工法で掘削している区街 3 号線工事が最
終掘削深さに達し、各工区の掘削深さがほぼ最大を示す時点に相当する。これは、
既設地下構造物が、最も大きな排土荷重(上向きの力)を受ける時点である。また、
この時には、逆打ち工法で施工している A,B,C の 3 街区の一部では、上部躯体工

194

事が始まっており、建物荷重が下向きの力として作用している。なお、計算過程の簡略化のため、既設地下構造物やA,B,Cの3街区の建築工事における土留め壁や地下躯体の剛性は無視し、地盤がそのまま存在するものとした。また、掘削工事に伴う土留め壁の変形や地盤の水平変位についても無視した。

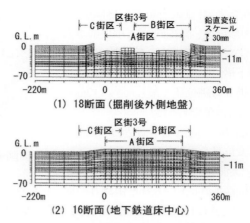

図-4 地下鉄道床部(中心)と近接する
外側掘削後地盤の鉛直変位 (解析値)

4. 解析結果

図-4 に解析結果を示す。計算値は各街区の床付け掘削が同時に終わったと仮定した時の値である。18 断面と 16 断面は、それぞれ図-3 の平面位置、すなわち①18 断面:既設地下構造物外壁(山側)と②16 断面:既設地下構造物(線路床中心)における縦断方向の鉛直変位を示したものである。16 断面の変形図は各街区に挟まれている既設構造物部分が浮上っている様子の解析値である。また、18 断面は B,C 街区と区街 3 号路掘削底の浮き上がり状況を示している。

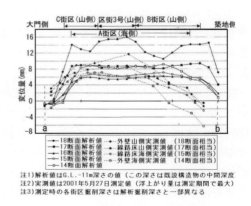

注1)解析値はG.L.-11m深さの値(この深さは既設構造物の中間深度
注2)実測値は2001年5月27日測定値(浮上がり量は測定期間で最大)
注3)測定時の各街区掘削深さは解析掘削深さと一部異なる

図-5 実測値と解析値の比較

図-5 に既設地下構造物の解析値と実測値の縦断方向 5 断面の変位量分布を示した。解析値の G.L.-11m の深さは、既設地下構造物の中間深度に相当し、構造物の変位はこの中間深度付近の値に近いものとした。18 断面で最大 16mm、16 断面で 6mm であった。一方、実測値(破線)は山側 B 街区中央付近から図左側の大門

よりでは、計算値と同様に全体的に浮上り傾向で、端部が小さく中央部が大きくなる変位量分布を示しており、既設地下構造物外壁山側（18断面相当）の区街3号線位置で最も大きい12mmの浮上り量であった。

図-6は、既設地下構造物の実測鉛直変位量を立体的に示したものである。実測した時期に山側B街区では、掘削深さが G.L.-16.5m、観測井の地

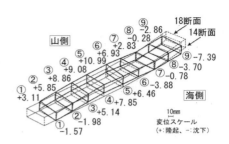

図-6 既設地下構造物の実測
鉛直変位分布（立体視）

下水位が G.L.-29m であるのに対し、既設地下構造物を挟んで反対側の海側A街区よりでは、掘削深さが G.L.-35.4m、地下水位が G.L.-43m と差があった。すなわち、土留め壁と既設地下構造物には、山側から約19m の地盤高差の偏土圧と水位差約14m の水圧が作用していた。

このように、実測値は掘削除荷によるリバウンドの影響に加え、各工区で掘削工程や土留め架構などが異なっており、偏土圧や水位差による土留め壁変形の影響などが加わった結果であることに注意する必要がある。

5. あとがき

掘削の途中で当初の管理値を超える鉛直方向変位が計測された。急遽、工区割りした掘削がすべて完了した時点のリバウンド量を3次元有限要素法で推定した。解析結果は16mm であった。この値は、躯体構造の応力度照査で余裕シロを含めた変形量をかなり下回るものであった。この検討を踏まえて観測施工を継続し、計測値の最大値は12mm に達したが許容値を超えることなく、既設躯体の安全を確認して工事を完了した[4]。

参考文献

1) 黒山泰弘,西川匡,日野勝,吉川正,森川誠司,嶋村貞夫,濱野隆司:高層ビル群に近接した大規模掘削工事の情報化施工,基礎工,Vol. 24, No. 3, 62-67, 1996. 2) 日本鉄道建設公団:深い掘削土留工設計指針, 1993. 3) 杉江茂彦,上野孝之,秋野矩之,崎本純治:土留め掘削地盤の挙動実測事例と3次元有限要素シミュレーション,大林組技術研究所報,No.59, 69-74, 1999. 4) 佐々木俊平,住吉卓,山村博孝,杉本隆男:大平面掘削に伴うリバウンド量の予測解析,東京都土木技術研究所年報,pp.159-164, 2002.

井戸公式で揚水量と影響範囲予測が簡単に

Key Word 盤膨れ、被圧地下水、ディープウェル、掘削

1.まえがき

　山留め掘削計画では、山留め壁や支保工などの構造検討のほかに，地下水処理に関する検討が非常に重要となる。特に、大規模・大深度の山留め掘削の設計で地下水処理の判断を誤ると，施工時に想定外な工期の延長や、コスト増大の大きな要因となる 。慎重な事前検討が求められる所以である。ここでは、深い山留め掘削工事を想定し、被圧地下水の湧出量と根入れ長の関係、被圧地下水による盤膨れ対策としてのディープウェル必要本数を検討した。いずれにせよ、大規模・大深度掘削では汲み上げる排水量が膨大となり、排水コストが無視できない費用となる。1日約2万トン湧出した排水処理に腐心した大規模・大深度掘削工事[1] もあった。

2. 掘削に伴う揚水量の計算

　計算は日本建築学会・山留め設計指針(2018)[2]に準拠した。遮水壁の根入れ先端を被圧帯水層の途中まで根入れしたモデルを図-1 に示す。

　遮水壁の周辺地盤では流量Q_1が水平方向に浸透し、掘削内では流量Q_2が鉛直上向きに浸透する。

　(1)式に示すようにQ_1とQ_2が等しいと仮定した場合、(2)式と(3)式がほぼ等しくなるまで遮水壁背面際の地下水位h_2を反復

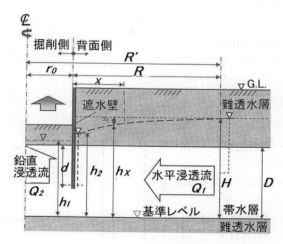

図-1 遮水壁を考慮した揚水量算定モデル図

計算により算定する。この時のQが遮水壁の根入れを考慮した湧出量となる。

　また、算定されたh_2と(4)式より遮水壁からx(m)離れた地点の地下水位低下量S_xが算定できる。【付録】にExcelソフトの表を示した。

$$Q=Q_1=Q_2 \qquad \cdots\cdots\cdots (1)$$

$$Q_1=\frac{2\pi kD\,(H-h_2)}{\ln\left(\dfrac{R'}{r_0}\right)} \qquad \cdots\cdots\cdots (2)$$

$$Q_2=\pi r_0^2 k\,\frac{(h_2-h_1)}{d} \qquad \cdots\cdots\cdots (3)$$

$$s_x=H-h_x=\frac{Q_1}{2\pi kD}\ln\left(\frac{R'}{r_0+x}\right) \quad \cdots (4)$$

3. 事例 [3]

3.1 工事場所の地質

　仮想工事場所の地層構成を**図-2**柱状図に示す。埋土層の下部に層厚12mほどの軟弱な沖積粘性土が堆積する。その下位にはＮ値の大きい洪積の砂礫層、粘性土層があり、さらにその下位には、N値60以上の砂礫層、砂質土層、固結層が続いている地盤である。また、地下水状況は、一番浅いG.L-15.3〜-17.3mの砂礫層は上位に沖積の粘性土層が11.2m厚で覆っており、不圧状態であった。それより深い位置にある被圧帯水層の水頭深さを**図-2**示した。G.L-21.7〜-36.1mの砂礫・砂質土層（第1帯水層）でG.L.-17.1m、固結シルト層に挟まれたG.L-38.0〜-39.2の砂層（第2帯水層）でG.L.-20.3m、そしてG.L-45.2m以深に続く砂礫・砂層（第3帯水層）でG.L.-23.8mであった。

3.2 掘削工事の規模

　掘削工事の平面規模は50m×50mで、最大掘削深さは40mとした。掘削は**図-2**に示したように、最終掘削深さまで9段階に分けた掘削を想定した。

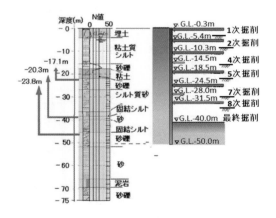

図-2　山留め掘削断面図

工法は山留め壁に連続地中壁を使った逆打ち工法とした。

　図-2に示した山留め掘削断面と帯水層の関係から、各掘削段階の掘削深さがそれぞれの被圧帯水層に近づくに従い、土被り圧が被圧水圧より小さくなる。いわゆる盤膨れによる掘削底の膨れ上がりであり、場合によっては地下水の噴出と掘削底地盤の破壊が起こる。

3.3 盤膨れの検討

　被圧地下水頭に対する盤膨れ安全率が 1.1 となる掘削深さを検討した結果を図-3 に示した。図中の△印は掘削に伴う第 1 帯水層上面までの有効土被り圧の減少を表している。同様に、○印は第 2 帯水層上面まで、□印は第 3 帯水層上面までの有効土被り圧の減少を表している。

　図中の 18.72m は、第 1 帯水層の被圧地下水(揚圧力:45kN/m²)に対する有効土被り圧の比(盤膨れ安全率)が 1.1 となる掘削深さを意味しており、27.83m は第 2 帯水層(揚圧力:174kN/m²)に対して、32.71m は第 3 帯水層(揚圧力:210 (kN/m²)に対して、盤膨れ安全率が 1.1 となる掘削深さである。

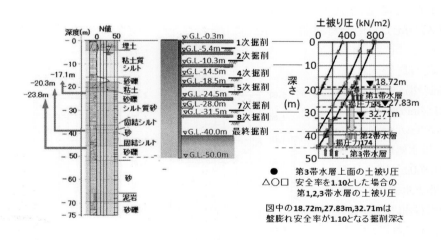

図-3 被圧地下水頭に対する盤膨れ安全率が 1.1 となる掘削深さの検討

199

これらの深さより深く掘削すると、盤膨による掘削底の膨れ上がりが起こる。したがって、掘削時にはディープウェル揚水による水圧制御が必要となる。

4. 山留め壁の根入れ長と湧出量

4.1 検討条件

　深さ40m、平面規模50m×50mの掘削について、山留め壁の根入れ長の違いによる第3帯水層の湧出量とディープウェルの必要本数を検討した。

　湧出量の算出は、「山留め設計指針（日本建築学会）」[2]を参考に、図-1の掘削周辺地盤からの水平方向浸透流量が掘削場所で汲み上げる鉛直方向の湧出量にほぼ等しくなるまで繰り返し計算し、山留め壁際の水頭低下量を求めた（【付録】参照）。

　帯水層は、図-2の柱状図に示すG.L.-45.2〜-65.6mの第3帯水層とし、現場透水試験による透水係数$k=2.53\times10^{-5}$m/sec、被圧帯水層水圧23.3kN/m²とした。

　なお、ディープウェルの必要本数は、シーハルト式により半径0.3m、井戸損失と干渉の効率36.5%とし、本数の安全率1.5として算定している。

4.2 根入れ長を変化させた場合の湧出量とディープウェルの必要本数の検討

　根入れ長を変化させた場合の湧出量とディープウェルの必要本数の検討結果を図-4に示した。根入れ長を深くすると、湧出量およびディープウェル本数は減少する。

　例えば、根入れ長15mの場合の湧出量は1.24m³/minで、ディープウェルは10本となる。排水処理量は1日約1,800m³であり、12か月間下水排水すると、排水費用は約2.5億円となる。これに、3.3の第1、第2帯水層の盤膨れ対策の揚水費用が加算されるため、

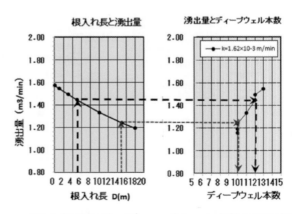

図-4 根入れ長・ディープウェル本数と湧出量

200

排水費はかなりの処理費になることになる。

　根入れ長を短くすると排水量・処理費は増加する。ほかの地下水対策として、地盤改良により難透水層を造成する対策もあるが、平面的に大規模な場合には不経済となる。

　山留め壁の長さを含め、地盤改良費、排水処理費（リチャージや下水処理など）を総合的に比較したうえで判断する必要がある。

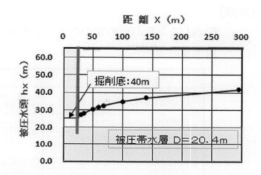

図-5　山留め壁からの距離と被圧水頭

4.3 ディープウェル揚水による地下水位の低下範囲

　ディープウェル10本配置して湧出量を排水した場合の周辺被圧帯水層の水頭背水曲線を**図-5**に示した。この結果、揚水前の被圧水頭は、被圧帯水層上面から上に21.4mであったが、排水により山留め壁際背面で14.34m下がり、排水の影響が山留め壁から約300m離れた範囲まで及ぶ結果であった。

　このように、被圧地下水の揚水の影響は、かなり遠くまで及ぶことに留意する必要がある。

参考文献

1) 坂本　宏：江戸城の濠と私（その二）,江戸連,その16,令和3年3月,2021. 2) 日本建築学会：山留め設計指針,pp.224-225,2018. 3) 小玉大樹：大規模山留設計におけるパラメトリック・スタディ,基礎工,2018.

【付録】

Excel による山留め壁の根入れが帯水層の途中までの場合の揚水量計算例

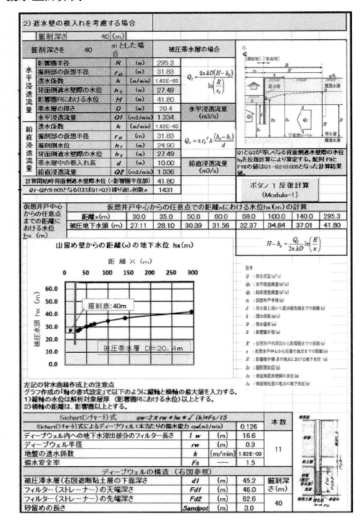

大深度立坑(1)
～円形の掘削は三次元効果で地盤沈下が小さかった～

Key Word 立て坑、山留め、地盤沈下

1.まえがき

　この事例は、地下河川方式の調整池をシールド工法(内径12.5m)で建設するための内径28.2m、掘削深度G.L.-60.3mの発進立坑を構築する工事で、周辺地盤の沈下を調査した結果をまとめたものである[1),2),3)]。

2.　工事場所の地質と山留め工事の概要

2.1 工事場所の地質

　図-1に立坑断面図と柱状図を示した。現場は武蔵野台地に位置し、地表より8mまでは、武蔵野・立川ローム層でN値は4以下である。G.L.-9.0m～-23.0mは武蔵野礫層で堆積年代が新しく、比較的固結度の低い砂礫層である。武蔵野

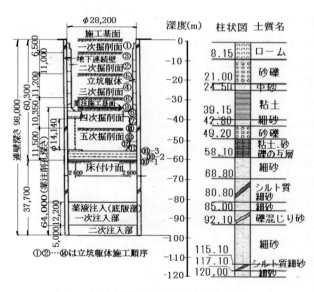

図-1 立坑躯体の施工順序と柱状図

礫層以深は東京層群で上総層群を覆っており、主として内湾性の堆積物(固結シルト、固結砂、固結砂礫)であり、おおむねN値は50以上である。

2.2 山留め工事の概要

山留め壁の地中連続壁は、深さ98m、壁厚1.2mで、先行と後行の合わせて28エレメントにより、断面形状は内径28.2mの円筒状28面多角形である。掘削は一次から床付けまで6段階に分けて施工し、本体の構築は掘削と同時に逆巻工法で行い、図に示す番号①〜⑭の手順で施工した。また、盤膨れ抑止の目的のため、底盤改良は四次掘削底より薬液注入工により施工した。

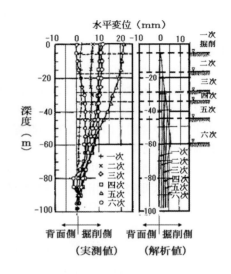

図-2 地中連続壁の変形

3. 地中連続壁の変形

図-2に連壁変位の深度分布を示した。計測断面は図-3のE測線である。最大変位は五次掘削時に掘削側へ生じ、六次掘削時に外側へ戻る変位を示した。これは、五次掘削前に行われた底盤の薬液注入による圧力で連壁の下部が変位し、傾斜の基準点が変動した影響であった。連壁の変位は通常の平面山留めと同様に地表で最も大き

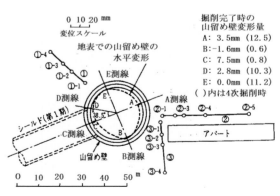

図-3 連壁頭部の変位と地表面沈下測線

くなっており、四次掘削完了時
（G. L. -35m）において各測点にお
いて内側にほぼ10mm程度であっ
た。

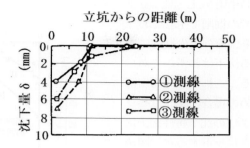

立坑からの距離(m)

図-4 工事完了時の地表面沈下量

　連壁頭部の変位分布を図-3の
点線で示した。A-C方向につぶ
されたやや偏平な円状の変形と
なっている。これは後の図-4に
示す周辺地盤の水平変位とも対
応する。

　ところで、設計時の連壁の変形や断面力は、円筒シェルモデルにより予測
した。このとき、連壁に作用する側圧は静止土圧($K_o=0.5$)を用い、根入れ部は
一般的な山留め設計法の弾塑
性法に準拠した地盤ばねを用
いた。予測された地下連壁の
変位は図-2中の解析値に示す
ように、実測値と比較すると
その変位量や変形モードは異
なっていた。

4. 周辺地盤の変形

　図-3の①-③測線における
工事完了時の地表面沈下量を
図-4に示した。連壁の近くで
沈下量は4〜7mmであったが、
その影響範囲は連壁から10m
までであった。立坑より50m
以上離れた位置では、沈下は
生じてない。

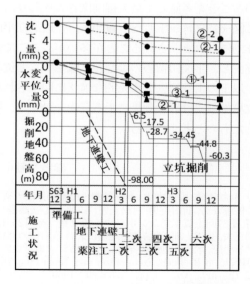

図-5 工事工程と沈下量の経時変化

　図-5に工事工程と沈下量の経時変化を示した。沈下は連壁施工時より始ま
り、掘削の開始とともに沈下が進んでいる。しかし、沈下の大部分は計画深度

の中頃(G.L. -34.5m)ま
での掘削で生じてお
り、その後の掘削によ
る沈下はわずかであ
る。これらを平面山留
めの場合のPeck（ペッ
ク）[4]の沈下特性図上に
プロットすると、図-6
に示すようにすべての
点（○印）が水平軸上
にプロットされ沈下量

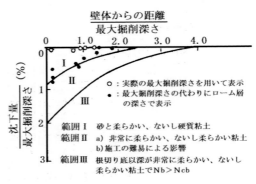

図-6 ペックの沈下特性図

は極めて小さいことが分かる。そこで地表面沈下が上部ローム層に影響されて
いることを考慮して最大掘削深さの代わりにローム層の深さで正視化して同様
に図-6にプロットした（●印）。一般的な平面山留めの場合には、図の範囲
II内にプロットされることが多いが、ここでの範囲は砂や硬質粘土の範囲Iに
位置し、平面山留めの場合と比較しても変位が小さいことが分かる。

　以上のように、二次元的な溝状に開削される大規模な矩形山留めに比べて、
立坑掘削では形状効果による三次元効果が、壁体変位や周辺地盤の変状を抑制
したものと考えられる。

参考文献

1) 村松正重, 安部吉生, 小野沢潔：山留め掘削と周辺地盤の変形, 土と基礎, 講座, 1995.
2)佐藤安男, 前田英男, 村松正室, 末岡　徹, 後藤聡：大深廃立杭の施工と周辺地盤への影響, 第37回土質工学シンポジウム論文集, pp. 125-130, 1992.　3)佐藤英二, 青木雅路, 丸岡正夫, 長谷　理：洪積砂質地盤における山留め側圧の評価, 山留めとシールド工事における土圧, 水圧と地盤の挙動に関するシンポジウム発表論文集, PP. 141-144, 1991.
4)Peck, B.B: Deep Excavation and Tunneling in Soft Ground, 7th ICSMFE, State of the Art, Vol. 4, pp. 225-290, 1969.

大深度立坑(2)
～掘削深さ 60mの円形立坑に作用した土水圧～

Key Word 立て坑、有効土圧、偏圧、現場計測

1.まえがき

　大深度地下調節池を大口径シールド工法で構築するため、内径 28.2m の発進立坑の工事で、土圧計、水圧計、コンクリート応力計、鉄筋計などの計測器を地中連続壁（以下、連壁という）の鉄筋籠に設置し、土圧・水圧及び構造物応力等を計測した。ここでは、円形立坑に作用する土圧と水圧についてまとめた[1],[2]。立坑の諸元と工事場所の地質は、前掲率側「大深度立杭(1)」に示した。

2.計測目的

　連壁と立坑本体に設置された計測計器の配置図を**図-1**に示す。計測目的は以下のとおりである。

　①作用土圧及び作用偏圧：土圧・水圧を計測し円形立抗に作用する有効土圧及び偏土圧について検討する。②受働側地盤反力係数：計測した土圧・水圧と連壁変位の関係を整理して、受働側地盤反力係数について検討する。③作用水圧：連壁の施工で不透水層が掘削された場合の水圧分布について検討する。④連壁の弾性係数：連壁に設置された水平方向のコンクリート応力度計と鉄筋計の計測値から連壁の弾性係数を検討する。

3.　作用土圧及び偏土圧の検討

a)有効土圧分布図

　図-2と**図-3**にA-A断面及びE-E断面の計測値と計算値の有効土圧分布の比較を示した。計算値による有効土圧の計算値は次式のように算出した。

　Po'＝（$\Sigma \gamma_{t1} \cdot h_1$ －Pw）・Ko

　ここに、　Po'は有効土圧(tf/m^2)、（$\Sigma \gamma_{t1} \cdot h_1$）は着目点における上載荷重 1.0(tf/m^2)を考慮した地盤の全土被り圧(tf/m^2)、Pw：計測値による間隙水圧 (tf/m^2)。

　有効土圧係数はA-A断面、E-E断面でそれぞれ掘削前に0.3と0.4であったが、掘削後は前者が0.2、後者が0.3となった。これは、山留め壁の掘削側への変形

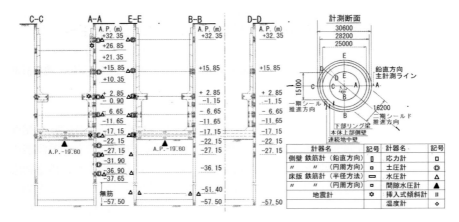

図-1 計測器配置図

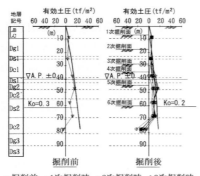

▽掘削前 +1次掘削時 ×2次掘削時 ◇3次掘削時
△4次掘削時 □5次掘削時 ○6次掘削時

図-2 有効土圧分布図 A-A断面

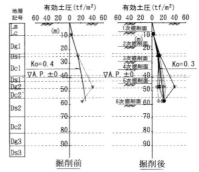

▽掘削前 +1次掘削時 ×2次掘削時 ◇3次掘削時
△4次掘削時 □5次掘削時 ○6次掘削時

図-3 有効土圧分布図 E-E断面

によるものである。

　掘削前土圧係数と掘削時最小土圧係数を表-1に示した。A-A断面とE-E断面
は円形断面中心軸から90°異なる方向の断面である。両者の土圧差は円形断
面に作用する土圧が一様でなく偏土圧状態であることを示す。このように考え
ると、A-A断面の土圧係数に対しE-E断面の土圧は大きく、掘削前土圧係数の値

208

と比べ(0.3-0.2)/0.2×100=50%、掘
削時最小土圧係数の値と比べ(0.4-
0.3)/0.3×100=33%の大きな偏土圧が
かかっていたことになる。

図-4は、床付け面下の砂質土につい
て連壁変位と増加受働土圧の
関係を示したものである。壁
の変位が10mm程度で増加受働
土圧がピークに達しており、
小さな変位で地盤が降伏して
いたことになる。連壁変位
10mm以下の計測値から地盤反
力係数を（増加受働土圧/連壁
変位）で計算した。結果は、
図中に示したように、道路橋
示方書の地盤反力係数とほぼ
同じであった。

4. 水圧の検討

地層中に介在する不透水層のた
めに水圧分布が不連続になってい
る互層地盤では、連壁の打設で不
透水層が削除された場合、あるい
は掘削により山留め壁が掘削内側
に変位した場合、連壁背面に空隙
が生じる懸念がある。こうした場
合、水圧分布の不連続性が阻害さ
れ連続する。計測結果を基に、連
壁への作用水圧を検討した。

図-5にA-A断面について、掘削
前と最終掘削後(6次掘削終了時)

表-1 有効土圧係数まとめ

	A-A断面 (図-3.1.1)	E-E断面 (図-3.1.2)
掘削前土圧係数	0.3	0.4
掘削時最小土圧係数	0.2	0.3

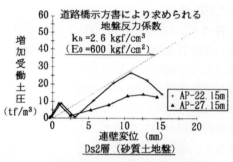

図-4 連壁変位ー増加受働土圧分布図

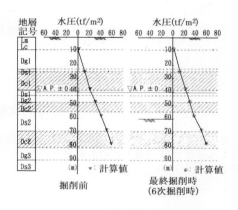

図-5　A-A断面の水圧分布

の各砂質土地盤の間隙水圧分布図を示した。深さ方向に線型的に水圧が大きくなっているように見えるが、必ずしも静水圧分布ではない。E-E断面の水圧分布も同じ傾向であった(図-6)。

表-2 に A-A 断面とE-E断面の各砂質土層の間隙水圧水頭示した。掘削前と最終掘削時とで各砂層の間隙水圧水頭は1〜2mの差が出ていたが、各層の水頭が同じになることはなく、連壁施工による不透水層削除で不透水層の遮断機能が損なわれることはなかった。

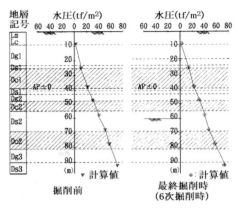

図-6 E-E 断面の水圧分布

表-2 各砂質土層の間隙水圧水頭

	A−A断面 （図-5)		
	Ds1 層	Dg2 層	Ds2 層
掘 削 前	28.15	24.55	24.45
最終掘削時	28.45	23.75	22.90

	E−E断面 （図-6)			
	Ds1 層	Dg2 層	Ds2 層	Ds3 層
掘 削 前	27.25	23.65	23.50	19.30
最終掘削時	29.75	25.25	21.90	21.80

参考文献

1)東京都：円形立坑の計測解析, 1996.　2)佐藤安男, 前田英男, 村松正重, 末岡　徹, 後藤　聡：大深度立坑の施工と周辺地盤への影響, 第37回地盤工学シンポジューム論文集, pp. 125-130, 1992.

大深度立坑(3)
〜薬液注入工事中に発生した出水と対策〜

Key Word 立て坑、盤膨れ、薬液注入、ディープウェル

1.まえがき

　大口径シールドトンネルの発進立坑（内径 28.2m）の掘削途中で、大量の出水があった事例である [1),2),3)]。盤膨れ対策のため地表面から 24m 掘り下げた施工面から G.L.−60.1m の床付け面以深の透水層に向けて、薬注による止水工事を行っていたときの出水であった。薬注打設は初期段階の削孔中であったが、ボーリング孔からの出水が止められない事態となった。急遽、ポンプ車で坑内に注水し、水位を坑外水位と同じにさせることで、ボーリング孔からの出水を止めた。

　原因検討後、掘削段階ごとにディープウェルによる揚水で立坑の外水位を施工基面以下に下げて盤膨れ対策の薬液注入を繰り返し、最終掘削底まで掘削した。

2.　工事場所の地質と立坑形状

2.1　工事場所の地質

　図-1に柱状図と立坑の断面図を示す。地表から約10mの区間に柔らかい関東ローム層(Lm)及びローム質粘土層(Lc)が堆積しており、その下位に武蔵野礫層(Dg1).東京層群(Dc上　Dc2.Ds上 Ds2.Dg2,Dg3)が、また、地表面下約90mに上総層群砂層(Ds3)が分布している。

　連続地中壁（以下連壁という）に設置した間隙水圧

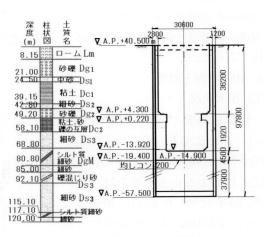

図-1 柱状図と立坑形状

計で測定した掘削前の水圧分布を図-2 に示す。掘削前の実測値を■で、本設立坑の設計水圧分布を実線で、静水圧線を点線で示した。各帯水層の水圧状態は静水圧線が示す水圧より小さいが、武蔵野礫層が不圧帯水層であるのに対し、それ以深の帯水層は被圧状態にあった。

このことから、掘削に伴う盤膨れ対策として、連壁の根入れ先端深度から上の細砂層と砂混じり礫層約17mの区間に薬液注入を施す設計であった。

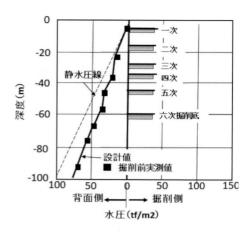

図-2 水圧の実測値

2.2 立坑の平面形状

立抗は図-1に示した長さ97.8mで、**図-3 立坑平面図**に示すように壁厚1200mmの連壁を土留め壁とし、平面的に28角形の接合鋼板工法で施工された。本体の側壁は一部順巻き部もあるが、大方逆巻き工法で施工する大深度円形立抗であった。

3. 出水状況と対策

3.1 出水状況

盤膨れ対策として、地表面からG.L.-24mまで掘り下げた薬注施工面から、計画床付け面以下の透水層に薬注による止水工事を行っていた。**図-4** に示したように、計画本数の比較的初期段階の削孔中に出水があり、薬注本数を増すのでは止められないと判断し、坑内と坑外の水

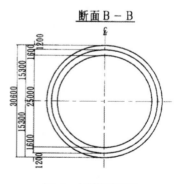

図-3 立坑平面図

位を同じにさせることにした。立孔内への出水中は周辺の地盤沈下と地下水状況の監視を強化した。

3.2 原因の検討

出水原因は様々考えられたが、主要な原因は、①薬注施工面からの薬注深度が非常に大きく、使用したボーリング口径（φ100mm）の経験深度としての実績が十分でなかったこと、②大深度削孔に耐える口径でなかったため、長尺ロッドが削孔中

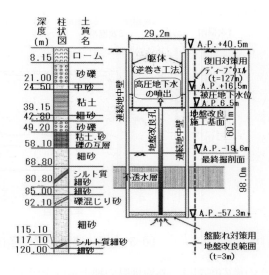

図-4 立坑施工中の地盤改良孔からの高圧地下水噴出

にローリングして削孔径が拡大したためと推定した。このため、出水時の施工基面から水替しながらボーリングを再開して薬注することは、困難と判断した。

3.3 対策

応急対応は、立坑の内外水位が平衡するまで坑内水位を上げることで出水を止めた。その後、周辺の被圧地下水圧を下げるため、立坑外周に設置したディープウェルにより周辺地盤の被圧地下水圧を下げた。外周地盤の被圧地下水圧は薬液注入の施工基盤面より数m下げた水圧とした。

その後の薬注工事では、ボーリングの削孔精度を上げるため、ボーリング径を100mmから150mmにした。口径を大きくした理由は、深さ約100mという大深度での削孔精度は、口径100mmの場合で100分の1だが、口径150mmの削孔の場合に1000分の1に大幅な改善が図れることが判明したことによる。これらの対策により、止水薬注を行って出水を止めることができた。

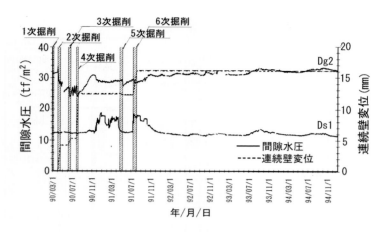

図-5 水圧・連壁変位の経日変化

その後の掘削は、外周地盤の地下水位をディープウェルにより各次掘削底深度以下に下げながら、計画深度までの掘削を行った。

4. 水圧と連壁変位の経日変化

図-5 にDs1層とDg2層に設置した間隙水圧計で測定した水圧と連壁変位の経日変化を示す。連壁変位はDs1層とDg2層の間にあるDc1層位置での変位である。これにより、2次掘削で連壁変位が急増しているものの、各砂質土層（Ds1層．Dg2層）の水圧は変化していない。このことから、Ds1層とDg2層の水圧は不透水層（Dc1層）で遮断され異なる水頭を有しており、この状態は連壁の変位が生じても保持されていることを確認できた。

参考文献

1)佐々木俊平：都市の地下水問題, 基礎工, 総説, 2006.　2)佐藤安男, 前田英男, 村松正重, 末岡　徹, 後藤　聡：大深度立坑の施工と周辺地盤への影響, 第37回地盤工学シンポジューム論文集, pp. 125-130, 1992.　3) 村松正重, 安部吉生, 小野沢潔：山留め掘削と周辺地盤の変形, 土と基礎, 講座, 1995.

掘削途中の計測値を使って次段階変位を予測

Key Word 地中連続壁、地中梁、土留め、情報化施工

1.まえがき

　市街地での建設工事では民地との離隔が小さい場合が多く、周辺への影響を抑制することが求められる。この事例は、鉄道と交差する幹線道路で開削トンネルを構築する工事で、①地盤沈下、②騒音・振動、③地下水への影響を考慮した土留め壁の挙動を計測し、掘削の途中で次段階掘削の予測解析をして工事を進めたものである[1]。

　土留め壁には断面剛性の大きな地中連続壁とソイルセメント柱列壁を採用し、土留め壁の挙動を変位計、鉄筋計、土圧計、および水圧計で測定し、切梁の軸力はひずみ計で計測をしている。

　ここでは、情報化施工の一環として、原設計値と計測値を基に逆解析して求めた入力定数による次段階予測について、述べている。

2.　工事場所の地質と土留め工事

2.1　土留め仮設工

　地質縦断と土留め壁・トンネルの位置関係を**図-1**に示す。トンネルの主要区間は、浅層地下水を賦存する武蔵野礫層中に位置する。土留め壁の根入れ先端は、北側では東京礫層中に薄く挟在するシルト層、南側では東京層群のシルト層の透水係数が小さい層まで根入れした。

　第一期工事区間の土留め仮設断面の例を**図-2**に示す。縦断方向には、掘削底の下に$\phi 3,800$mmの下水道シールド管と$\phi 3,150$mmの東京電力シールド管が並行して敷設されている。最終掘削底の下の下水道シールド管は土被りが浅い。また、東京電力シールド管が土留め壁と重なる部分は、不連続な互い違いの地中連続壁断面となる。横断方向に大口径下水道管や水道管等がある部分の土留め壁は、噴射撹拌置換杭工法で施工し止水壁を構築した。砂礫層の掘削中と掘削後の均しコンクリート打設までは、根入れ先端や工事端から回り込む地下水をディープウェルで揚水した。

215

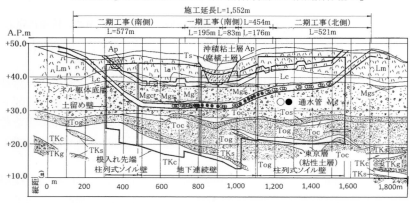

図-1 地質縦断と土留め壁・トンネルの位置関係

2.2 地盤改良

　土留め壁断面の右側は**図-2**のように不連続な構造となるため、根入れ効果に不安が残された。この部分は、噴射撹拌置換杭工法で不連続部を改良した。併せて、東側の止水壁と西側土留め壁との間を、噴射撹拌置換杭

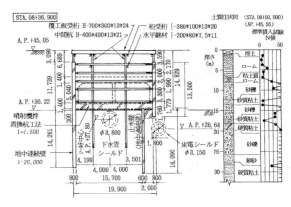

図-2 土留め仮設断面

工法で地中梁を構築した。これにより、西側土留め壁の根入れ部変形と止水壁の変形を抑え込み、あわせて下水道シールド管にかかる水平方向土圧の増加を抑えることができる。また、掘削底以深の地盤とシールド管のリバウンドに対

216

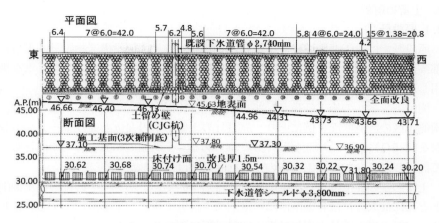

図-3 先行地中梁の配置 (第一期工事区間、南側)

して、地中梁の曲げ抑え効果を期待した。地中梁は、**図-3**に示すように所要の間隔で施工した。地盤改良の施工基盤は、掘削深さの関係で3次ないし4次掘削底であった。

2.3 土質概要

鉄道線を挟んで、南側と北側工区で行った孔内横方向地盤反力試験の結果を**図-4**に示した。変形係数Esの深さ分布である。主要な地層の変形係数にバラツキがあるが、つぎのとおりである。

①関東ローム層:11〜80kgf/cm²

②武蔵野礫層

　上層部:101〜710kgf/cm²

③武蔵野礫層

　下層部:6,7〜1109kgf/cm²

④東京層:132〜1390kgf/cm²

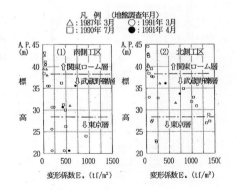

図-4 孔内横方向地盤反力試験で求めた変形係数の深さ分布

3. 土留め解析

3.1 原設計

　原設計では、①共同溝設計指針(日本道路協会)、②仮設構造物設計基準(首都高速道路公団)、③トンネル標準示方書・開削編(土木学会) の設計基準を準用し、土留め解析を行った。

　開削トンネルの施工延長が1,263mと長いため掘削深さが異なる。ここでは、南側工区の計測断面を例にとり、原設計の土留め壁の変位と曲げモーメント分布を図-5(1)に示す。掘削深さは14.3mである。全断面の100%を有効断面として計算した。なお、覆工受桁の変位抑制効果は無視した。

　土留め壁の変位は、一次掘削時に片持ち梁的変形である。その後の逐次掘削とともに最大変位は各掘削段階の掘削深さ付近で生じ、変形が増加する。そして、切梁の撤去で最大変位は撤去切梁付近に変わる。また、最大曲げモーメン

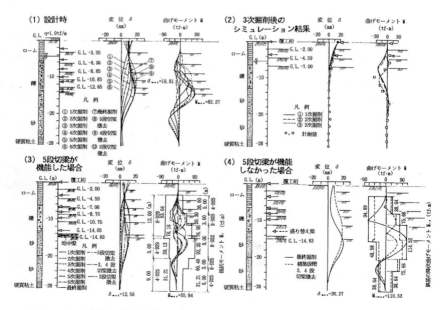

図-5 土留め壁の変位と曲げモーメント分布

218

トは、複鉄筋矩形断面の引張鉄筋の許容応力度を基に計算した抵抗モーメント Mrsの値84.1tfm/mより小さかった。

3.2 掘削深さ7mの3次掘削時

図-5(2)に、3次掘削後の実測結果に基づいてシミュレーション解析した結果を示した。原設計の3次掘削までの土留め壁の変位と曲げモーメントは計測値と比べてかなり小さかった。そこで、実測値変位に近似した解析値を得るため、地盤バネを変えて繰り返し計算を行った。

その結果、表-1に示したように、武蔵野礫層のバネ係数を原設計時の約2.4倍とし、根入れ先端の固結シルト層のバネ係数を5倍とした場合の変位の解析値が実測値に近似した結果が得られた。また、曲げモーメントの解析値を点曲線で示した。最大値に差があるが、その分布形はかなりよく近似していた。

3.3 4次掘削以降の予測解析

3次掘削時のシミュレーション解析により求まった表-1の土質条件により、4次掘削以降の次段階予測解析を行った結果を図-5(3)と図-5(4)に示した。図中の実線の折れ線は、連壁鉄筋籠の配筋から求めた抵抗モーメントである。

図-5(3)は、1〜5段の全ての切梁が有効に機能しているとした場合である。土留め壁の変形で最も危険となるのは切梁撤去時であり、原設計は切梁撤去による壁の最大の腹み出し量は19.81mmとなっていたが、12.56mmに収まると

表-1 原設計とシミュレーション解析の土質条件の比較

地層種別	土質定数		原設計	シミュレーション
①関東ローム (Lm)	単位体積重量	γ	1.4 tf/m³	1.4 tf/m³
	内部摩擦角	φ	10	0
	粘着力	C	4.0 tf/m²	2.65tf/m²
	着座バネ係数	K	380 tf/m²	90 tf/m²
	N値	N	4	2
②凝灰質粘土 (Ls)	単位体積重量	γ	関東ロームと同じ値	1.4 tf/m³
	内部摩擦角	φ		0
	粘着力	C		2.65tf/m²
	着座バネ係数	K		70 tf/m²
	N値	N		2
③武蔵野礫層 (Mg)	単位体積重量	γ	1.9 tf/m³	2.0 tf/m³
	内部摩擦角	φ	38	40
	粘着力	C	0 tf/m²	0 tf/m²
	着座バネ係数	K	3390tf/m²	8200tf/m²
	N値	N	40	40
④東京層砂層 (Tos)	単位体積重量	γ	2.0 tf/m³	1.9 tf/m³
	内部摩擦角	φ	42	35
	粘着力	C	0 tf/m²	0 tf/m²
	着座バネ係数	K	8700tf/m²	3090tf/m²
	N値	N	50	35
⑤東京礫層 (Tog)	単位体積重量	γ	上に同じ値	2.0 tf/m³
	内部摩擦角	φ		40
	粘着力	C		0 tf/m²
	着座バネ係数	K		5930tf/m²
	N値	N		50
⑥固結シルト (Tkc)	単位体積重量	γ	1.6 tf/m³	1.6 tf/m³
	内部摩擦角	φ	0	0
	粘着力	C	30 tf/m²	30 tf/m²
	着座バネ係数	K	2240tf/m²	11200tf/m²
	N値	N	50	50

いう結果であった。また、曲げモーメントは、最終床付け掘削時に掘削底の下で最大値となり55.94tfm/mで、抵抗モーメント以内であった。

図-5(4)は、最下段切梁の5段目が機能しないとした場合の結果である。これは、最終掘削の直前に架構した最下段切梁がベース・コンクリート打設後の切梁撤去段階で荷重があまりかかっていなかったことを経験するが、そうしたことを想定した解析結果である。底盤改良層を掘削する最終掘削段階で、掘削底付近の腹み出し量が最大値を示し20.27mmであった。この時の曲げモーメントが全工程で最大となり、110.53tfm/mであった。この値は、複鉄筋矩形断面として計算した許容応力度をもとにした抵抗モーメントMrsの値84.1tfm/mを越えているが、鉄筋の降伏応力度から計算される降伏曲げモーメントの114.52tfm/mを超えていない。

このことから、5段切梁が機能しない場合には、土留め壁の引張鉄筋は許容応力度を超えるが、鉄筋の降伏応力を超えることはないと予想された。これらの予測結果を踏まえて、計測しながら工事を進めた。

4. あとがき

土留め仮設の概要と原設計および一部のシミュレーション結果を記述した。土留め仮設の計測結果は、別掲3-28「壁変形・側圧・軸力を計測した情報化施工」で紹介している。

参考文献

1) 杉本隆男, 米澤徹, 中澤明: 環8・井荻トンネルの土留め仮設挙動(その1)設計編, 東京都土木技術研究所年報, 平成8年, pp. 275-286, 1996.

壁変形・側圧・軸力を計測した情報化施工
～洪積台地の開削トンネル工事～

Key Word 地中連続壁、側圧、切梁、情報化施工

1.まえがき

　洪積台地の開削トンネル工事の情報化施工例である。土留め壁の変形と応力、切梁軸力、土留め壁に作用する土水圧について、土留め壁を含む仮設工、掘削、地盤改良、ベース・コンクリート打設、そして構築の進展に伴う切梁撤去まで、施工過程を追って計測した結果をまとめた[1),2)]。

2.　工事場所の地質と土留め断面

2.1 地質縦断と土留め壁

　地質縦断と土留め壁・トンネルの位置関係を図-1に示す。トンネルの主要区間は、浅層地下水を賦存する武蔵野礫層中に位置する。土留め壁は地中連続壁と柱列式ソイルセメント壁である。その根入れ先端は透水係数が小さい層まで根入れした。それぞれの層は、北側では東京礫層中に薄く挟在するシルト

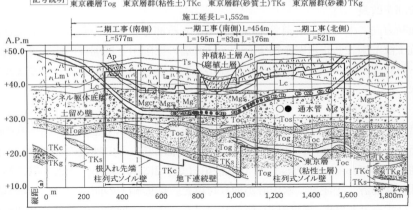

図-1 地質縦断と土留め壁・トンネルの位置関係

221

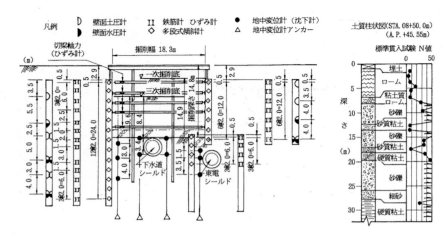

図-2 土留め断面と計測器の配置（計測位置③）

層、南側では東京層群のシルト層である。

　第一期工事区間の土留め断面と計測器の配置例を図-2に示す。最終掘削底の下の下水道シールド管は土被りが浅い。また、既設のシールド管が土留め壁と重なる部分は不連続な互い違いの断面となるため、噴射撹拌置換杭工法で不連続部を改良した。

　横断方向に大口径下水道管や水道管等がある部分の土留め壁は、噴射撹拌置換杭工法で施工し止水壁を構築した。砂礫層の掘削中と掘削後の均しコンクリート打設までは、根入れ先端や工事端から回り込む地下水をディープウェルで揚水した。

2.2 計測器配置

　第一期工事区間の南側工区の計測平面位置は図-3に示すとおり、①〜⑥の6断面である。このうち、⑤断面と⑥断面は、掘削底の下の地盤のリバウンド量の測定のみである。計測器配置（断面図）は図-2に示したが、土留め壁に傾斜計、鉄筋計、土圧計、水圧計を取り付けた。切梁軸力の測定では、1本の切梁にひずみ計を2個、温度計を1個取り付けた。また、掘削に伴う最終掘削底の下の地盤のリバウンド量を測定するため、地中変位計および層別沈下計を設置

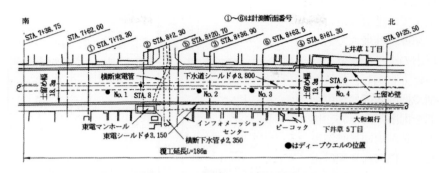

図-3 計測位置(平面図) 第一期工事区間 (南側)

した。これらの計測器の総数量は、レベル測量による周辺地盤の沈下量測定を除いて、南側工区で464個である。測定点数が多いため、パーソナルコンピューターで制御する自動計測システムを採用した。

2.3 掘削工程

　計測断面①と③における掘削深さと経過日数の関係を**図-4**に示す。最終掘削深さは16.1mと15.1mである。掘削工程はつぎの4工程に分けられる。

　① 覆工桁施工のための1次掘削、② 地表面から深さ7mまで(3次掘削底)の関東ローム層と凝灰質粘性土層の掘削、③ 先行地中梁構築の地盤改良、④ 最終掘削底(床付け掘削)までの

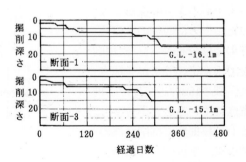

図-4 掘削深さと経過日数の関係

武蔵野礫層の掘削とディープウェルによる揚水。

3. 計測結果

3.1 土留め壁の変位分布

　土留め壁の変位分布を**図-5**に示した。東側の土留め壁は不連続で短い根入

れ長であったが、5次掘削までは地盤改良効果が発揮され最大でも5mm以内の小さな変位であった。しかし、最終掘削で掘削底部の地中梁部を掘削したため、根入れ長が短い影響が現れて、根入れ先端は止水壁頭部が掘削側に変位したことに伴って3mm掘削側に変位した。このため、土留め壁は頭部が背面地盤側に倒れ、根入れ先端が掘削側に跳ね上がるような変形となった。一方、西側の土留め壁の変位分布から、5次掘削まで地中梁の効果が発揮され、深さ15m付近で変位が拘束されていることが分かる。最終掘削で掘削底部の地中梁部を掘削したため、深さ13〜15mの変位が5mm増加して腹み出しの変位分布となった。なお、3次掘削後の地盤改良では、東西の壁は背面側に押し戻された。

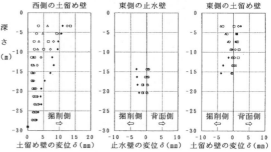

図-5 土留め壁の変位分布
（第一期工事区間（南側）、断面③）

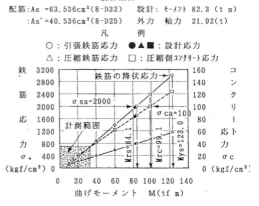

**図-6 曲げモーメントと鉄筋応力および
コンクリート応力の関係**

3.2 曲げモーメントと鉄筋応力、コンクリート応力の関係

　鉄筋応力の測定値を基に、つぎのように曲げモーメントの値を推定した。地

中連続壁を偏心軸方向圧縮力が核外に作用する複鉄筋長方形梁に置き換え鉄筋応力と曲げモーメンの関係を計算した。

曲げモーメントとコンクリート縁圧縮応力σc、引張鉄筋応力σs、そして圧縮鉄筋応力$\sigma s'$の関係を計算した結果を**図-6**に示す。計測断面①〜④の鉄筋応力の計測範囲は700kgf/cm²未満の網掛けした範囲であり、曲げモーメント換算で35tfm未満となる。鉄筋の許容応力度から決まる抵抗モーメントと比べ小さく十分安全側のモーメントであった。

3.3 土留め壁に作用する側圧と水圧

土圧計で測定した側圧から水圧計で測定した水圧を差し引いた値は、土留め壁に作用する有効土圧と見なすことができる。

西側の土留め壁の最終掘削後の側圧と水圧分布を合成して描いたのが**図-7(1)**である。×印に細実線が示す設計側圧分布に対して、太い実線で結んだ◇印が実測側圧、点線で結んだ◇印が水圧の実測値である。編み掛け部分が水圧、それ以外が有効土圧に相当する。武蔵野礫層では側圧の大半が水圧で占められ、有効土圧はわずかである。また、東京層でも水圧の占ある割合は3分の2を超えており、有効土圧の割合が3分の1以下である。掘削側では、掘削底の直

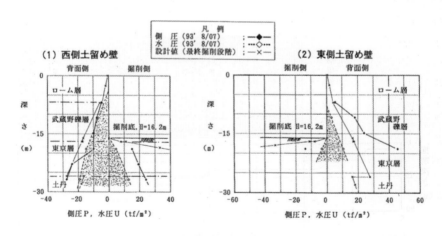

図-7 土留め壁の側圧分布　（第一期工事区間(南側)、断面③）

225

下で水圧低下分が有効土圧に転換したことが分かる。深い位置で受働側側圧の大半が水圧で占められている。

　また、東側土留め壁で同様な分析を行った結果を図-7(2)に示す。掘削の当初から土留め壁と止水壁の間を地盤改良した影響で土留め壁が変形し、掘削中は3段切梁位置を回転軸とする変形が起こったものの、背面側では側圧と水圧の減少はほとんどなかった。そのため、最終掘削段階の側圧に占める有効土圧の割合が設計値を大きく上回ったのは、掘削前に止水壁と土留め壁の間の地盤改良により土留め壁が背面側に押し込まれ、背面側地盤が受働状態となり土圧計の指示値が大きくなったためと考えられる。

3.4 切梁軸力

　図-8に、計測断面-1の切梁軸力の経日変化を示す。覆工桁架構のための表土掘削後、壁際を残した掘削断面中央部を先行掘削し、1段切梁と2段切梁を逐次架構していった。計測は、関東ローム層や凝灰質粘土層の地表面から深さ7〜8m掘削し終わってから始めたため、それらの掘削の影響が含まれない。また、架構した1段切梁と2段切梁のゆるみをとるため、10から30tfの荷重をかけた。切梁ごとの架構状態から、導入プレロード荷重は図に示したように異なっている。

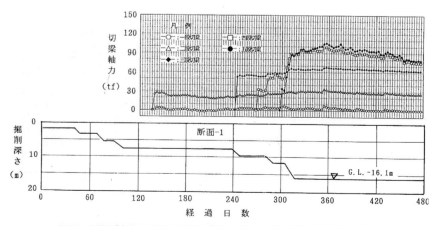

図-8 切梁軸力の経日変化（第一期工事区間（南側）、断面-1）

226

計測開始直後に行われた地盤改良による土留め壁の変形は1〜2mmであり、1、2段切梁には地盤改良の影響がほとんど認められない。3段切梁に約50tfのプレロードを導入して武蔵野礫層の5次掘削に入ったが、1〜3段切梁軸力はほとんど変化がない。4段切梁には約30tfのプレロードを導入したあと6次掘削を行った。この掘削で、4段切梁の軸力は60tf近くまで増加し、併せて1〜3段切梁も軸力増加があったが、増加量は2〜5tfと小さい。5段切梁は約30tfのプレロードを導入して掘削を進め、約1.5mの床付け掘削を残すまで進んだ時点での各段の切梁軸力は、つぎのようであった。ここで、4段と5段切梁軸力の管理値は、6段切梁が機能しないとした場合である。

　① 1段切梁：2tf、② 2段切梁：30tf、③ 3段切梁：65tf、

　④ 4段切梁：89tf（管理値100.8tf）、⑤ 5段切梁：87tf（管理値204.7tf）

4段, 5段切梁軸力は、4次掘削終了段階で推定した切梁軸力の72.0tfを超えるものの管理値以下であった。また、5段切梁軸力は、推定値の153.1tfおよび管理値を大きく下回る値であった。そこで、最下段となる6段切梁架構を省き、土留め壁の変形と切梁軸力変化の計測管理を強化（1日3回計測）して、残る1.5mを掘削して最終掘削まで行うこととした。ただし、不測の事態に対処できるよう、6段切梁架構の準備を行って万全の態勢で臨んだ。

　この段階での土留め壁の変位は9mmであったが、変位の管理基準値15mm以下と小さく、土留め壁の鉄筋応力は約300kgf/cm²で許容応力度2,000kgf/cm²の15%とかなり小さかった。5段切梁の軸力は最終掘削終了までに10tf増加して100tfとなったが、管理基準値の100.8tf以下であった。このよう

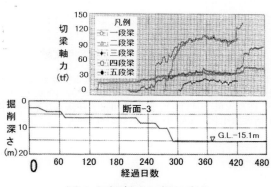

図-9 切梁軸力の経日変化
（第一期工事区間（南側）、断面-3）

に、計測管理によって、6段切梁架構を省くことにより、工期を短縮することができた。

　計測断面-3における切梁軸力の経日変化を図-9に示したが、計測断面①の変化とほとんど同じ変化であった。なお、構築の進展に応じて切梁を下方から撤去するが、図示したように、下の切梁を撤去することにより残った切梁の反力が増加する。特に、最下段の5段と4段切梁を同時に撤去したことにより、3段切梁で32tf増加して132tf（許容軸力227.4tf）に、3段切梁撤去により2段切梁で35tf増加して87tf（許容軸力112.0tf）となった。しかしながら、最終的には、切梁の許容軸力を超えることなく構築を行うことができた。

4. あとがき

　計測管理(情報化施工)の目的は、次の3つに分けられる。

　　① 実測値により設計値そのものの再現性を確認すること。

　　② 実測値に整合する設計入力値を逆解析し特定すること。

　　③ 実測値から予知しえなかった新しい要因を見出すこと。

　ここでの計測目的は上述の①になる。一方、前掲の"次段階予測編"では、原設計の予測値に対し、掘削途中段階の計測値を使った逆解析で入力定数を再設定し、次段階予測解析を行った。計測目的の②に相当するものであった。③の予知しえなかった新たな事象はなかったが、次段階予測と計測管理を併用することで、最下段切梁の設置をしないで済むことができた。

参考文献

1) 杉本隆男, 米澤徹, 中澤明: 環8・井荻トンネルの土留め仮設挙動(その2)計測編, 東京都土木技術研究所年報, 平成8年, pp. 287-298, 1996. 2) 杉本隆男, 三木健, 上之原一有, 中沢明, 林喜久英, 田村真一, 張替徹: 環8・井荻トンネル工事での地下水対策工, 東京都土木技術研究所年報, 平成7年, pp. 211-218, 1995.

第4章

盛土と斜面安定

近接する基礎に影響しない盛土の高さと範囲は

Key word　盛土、負の摩擦力、圧密沈下、護岸

1.まえがき

　この事例は、東京の沖積低地での盛土工事により、近接する高架橋基礎と護岸への影響を検討したものである。杭の設計荷重に圧密による負の摩擦力を加えても鉛直支持力の方が大きいこと、盛土による近接護岸への影響は地中応力分散の範囲外にあること、周辺への影響を抑える対策として、盛土高を抑えサンドドレーン工法により圧密促進を図ることなどを検討した。

2.　工事場所の地質と盛土工事の概要

2.1 工事場所の地質

　図-1に柱状図と土質試験結果を示した。調査場所は荒川や中川によって形成された沖積低地である。地表面からG.L.-10m〜-30mにかけてN値が0〜2、一軸圧縮強さが4〜11tf/㎡の軟弱なシルト層が分布している。この層は盛土した場合に圧密沈下する。造成工事は、公園の築山、旧河川護岸沿いの避難路盛土、そして擁壁にすり合わせた盛土などである。以上の造成に伴う各種盛土工事による周辺地盤や構造物への影響について検討を行った。

2.2 鉄道高架橋への影響

　擁壁を構築し盛土した場合の高架橋基礎杭に対する圧密沈下によるネガティブフリクションの影響について検討した(図-2)。基礎杭はベノト杭で杭長1=34〜37m、杭径φ101.6cmの支持力杭である。杭一本当りの設計荷重は250tfである。「建造物設計標準」[1]に準じて単杭として検討した。

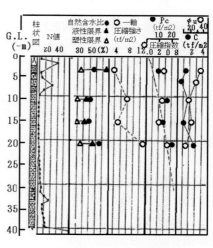

図-1 柱状図と土質試験結果

まず、中立点深度Lnを圧密層下底までの深度Lの0.9倍とするとLn=24.8mとなる。各層のネガティブフリクションと有効周面摩擦力度を算定し、全層についてネガティブフリクションRnと周面摩擦による極限鉛直支持力Qfを求めると、Rn=341tf、Qf=160tfとなる。

先端地盤の極限鉛直支持力$Qp=30N \cdot Ap$=811tf、杭の自重Wp=63tf、杭が排除した土の重量W=47tf、フーチング底面の有効根入深さDf=3.5m、安全率Fsを2として杭頭の安全鉛直支持力[1]Raを計算すると、

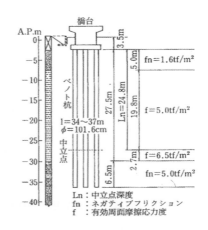

図-2 圧密沈下による負の摩擦力

Ln：中立点深度
fn：ネガティブフリクション
f：有効周面摩擦応力度

$$Ra = \frac{1}{F_s}(Q_p + Q_f - (R_n)) - W_p + (W_e) + \gamma D_f' A$$

$$= 301 \text{ tf} > 250 \text{ tf （設計荷重）} \quad \cdots\cdots\cdots (1)$$

となり、設計荷重250tfより大きく安全であった。

2.3 旧護岸への影響

斜面盛土荷重による地中増加応力を、地中応力が直線的に分布するという仮定に基づく慣用法[2]を用いて計算した。分布角を30°とすると図-3に示したように護岸鋼矢板には増加応力の影響はなく、また地中増加

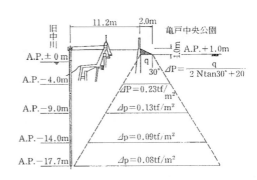

図-3 斜面盛土荷重による
旧中川護岸への影響

応力もA.P.-13m以深は0.1tf/m²より小さくなる。従って、斜面盛土による旧中川護岸への影響はない。

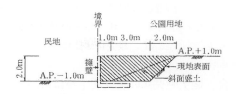

図-4 民地境界付近の盛土

2.4 民地境界付近の盛土の影響

民地境界に擁壁を設けて盛土した場合と斜面に盛土した場合について検討した(図-4)。前者について、円弧すべり破壊に対する安全率を簡易分割法のC'、φ'表示式[3]を用いて計算すると最小安全率Fsは3.4となり十分安全であった。また圧密沈下量は、擁壁の重量も含めた盛土荷重を2.0tf/m²として、オスターベルグの計算図表[4]から増加応力$\triangle$pを計算し、圧密試験結果の$e \sim log P$曲線からe_0(土被圧P_0に対応する間隙比)、e_1(土被圧$R_0 + \triangle P$に対応する間隙比)を求め、圧密対象層厚をHとして沈下量Sを次式で計算すると、民地境界で8.7cmであった。

$$S = \frac{e_0 - e_1}{1 + e_0} H \quad \cdots\cdots\cdots\cdots\cdots\cdots\cdots (2)$$

一方、後者についても同様に圧密沈下量を計算すると民地境界で1.0cmとなった。民地境界付近では家屋が隣接していること、建物の許容相対沈下量が1〜4cmである[5]ことを考え、前者の擁壁による民地境界までの盛土はしないとした。

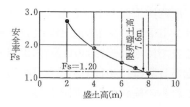

図-5 築山盛土の安全率

2.5 築山盛土の影響

前節に述べた方法で築山盛土によるすべり破壊と圧密沈下量の検討を行った。盛土高を変えて各盛土高における最小安全率を求めると安全率Fsが1.2以上となる限界盛土高さは7.6mとなった(図-5)。また築山を幅60m、奥行120m、高さ4.0m盛土した場

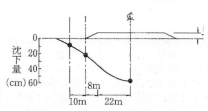

図-6 築山盛土による圧密沈下量

$$t = T_v \cdot \overline{H}^2 / C_v \cdots\cdots\cdots\cdots\cdots\cdots\cdots(3)$$

T_v：一次元圧密の時間係数

$\overline{H}$：最大排水距離

C_v：圧縮指数

合、盛土中央部の最大沈下量は57.4cmとなり、のり尻部及びのり尻から10m離れた位置の沈下量はそれぞれ21.0cm、8.9cmとなった（図-6）。圧密沈下時間tは(3)式で計算すると、残留沈下量が約10cmとなる圧密度80%に至るまでに2590日（約7年）要するという結果であった（図-7）。

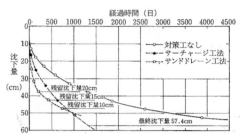

図-7 対策工法による圧密沈下量

以上から、築山を計画高の4.0mに盛土した場合のすべり安全率は、図-5のようにFs=1.90となり問題ない。しかし、沈下時間が長く残留沈下量が多くなっている。圧密沈下促進工法としてサーチャージ工法（余盛高7.5m（限界盛土高7.6m）とサンドドレーン工法について沈下時間を計算すると[6]、残留沈下量が10cmに至るまでにそれぞれ830日及び735日を要する。サーチャージ工法で沈下量が0となる日数は1320日であった（図-7）。

これらの検討から、周辺地盤への影響を監視しながら、サンドドレーン工法を採用することとなった。

参考文献

1) 日本国有鉄道編：建造物設計標準解説基礎構造物及び抗土圧構造物, 105-112. 1984.
2) 佐々木俊平, 杉本隆男, 常盤健：工事に伴う地盤問題に関する現場調査事例, 東京都土木技術研究所年報, 昭和61年, pp. 239-249, 1986. 3) 土質工学会：土質工学ハンドブック1982年版, 237, 1983. 4) 土質工学会：土質工学ハンドブック1982年版, 108-110, 1983. 5) 日本建築学会編：建築基礎構造設計基準・同解説, 169-176. 1982.6) 土質工学会：土質工学ハンドブック1982年版, 163-165, 1983.

埋立てによる地盤沈下は
いつまで続き、最大いくつになるのか

Key Word　　埋立て、時間～沈下曲線、即時沈下

1.まえがき

　隅田川と荒川にかこまれた江東三角地帯には、縦横に運河が残されている。その南部に位置する運河状の河川を埋め立てて公園に変える工事で、埋立てに伴う地盤沈下について検討した[1]。ここでは、双曲線法による最終沈下量と全応力経路法による即時沈下量を推定した。

2.工事場所の地質

　図-1に地質断面図を示した。表層部を有楽町層上部(Yu) の砂質土層が、その下位に有楽町層下部(Yl)の粘性土層となっている。東西方向630mの区間のうち450mを埋め立てた。

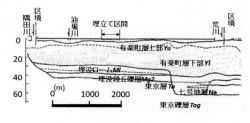

図-1 地質断面図

3.工事概要と土質概要

3.1 埋立て工事

　埋立ては、図-2の断面図に示したように幅平均18m、厚さ平均4mである。埋立て区間を2ブロック

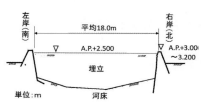

図-2 埋立て断面図

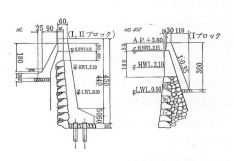

図-3 旧護岸断面図

に分け、ブロックⅠ（延長約235m）は東詰から片押しして2か月で埋め立てた。また、ブロックⅡ（延長215m）は、最西端を2重締切（SP-Ⅳ型、1=15, 11m、舟打ち）し、2か月で埋立て材を押し出している。その後、湿地ブル（50t）を使用して、基準高A, P, 十2.50mに整地した。なお、図-3に旧護岸断面図を示す。古い石積護岸にコンクリートを張り付けた護岸であった。埋土材は、東京都下町低地内の建設工事、下水道や地下鉄工事の発生土で、シルト分が90〜95%であった。一部コンクリート塊があった。

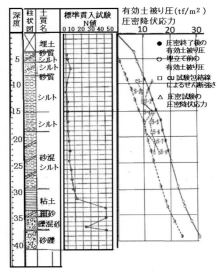

図-4 柱状図と土被り圧

3.2 有楽町層下部の圧密降伏応力

図-4のボーリング柱状図と土質試験結果によると、地表面から埋土〜ゆるい砂質土〜軟弱なシルトおよび砂質シルト〜粘土〜礫混り細砂〜砂礫となっており、地盤沈下に大きな影響をおよぼすシルトおよび砂質シルト層の厚さは約21mである。標準貫入試験から有楽町層下部の地層はN値0〜5であり、非常にやわらかい土質である。また、埋立て前に採取した試料の圧密試験から圧密降伏応力（△）の深度分布を示した。埋立て前の有効土被り圧（○）より大きく、埋立て前に過圧密の状態であったことが分かる。しかし、埋め立て後の有効土被り圧（●）より小さいため、時間とともに圧密による沈下が増加した。

4. 地盤沈下の測定結果

地盤沈下は水準測量および測点間の水平距離測量で測定し、1ヵ月に1回の割合で調査をした。

4.1 旧護岸の沈下

図-5に旧護岸の右岸側沈下量を示した。ブロックⅠで約200mm、ブロックⅡ

で120mm沈下している。この違いの
影響要因として、①施工開始時期、
②埋立て土砂と施工方法、③地盤条
件、④護岸型式などが挙げられる。
沈下量が50mm程度の測点18の変動は
橋上の測点で、橋台基礎と護岸基礎
の相異によるものである。

　図-6に沈下量の経日変化を示し
た。埋立て初期の沈下は、時間とと
もに直線的に増加した。埋立てから
1年後の沈下勾配はやや緩やかにな
りつつあるものの、ブロックⅠ、Ⅱ
ともに沈下が収まる傾向に至ってい
なかった。

4.2 横断方向の沈下

　図-7は第Ⅰブロックにおける護
岸背面の横断方向の沈下量である。
埋立て内に比べ護岸直近の沈下量が
約70mmと小さいのは、測定開始が
図-5の旧護岸測定開始時より8ヵ月遅
いためである。横断方向の沈下は約
40m離れた位置まで影響が及んでい
た。

5. 沈下量の推定
5.1 最終沈下量　〜双曲線法〜

　実測の沈下量〜時間曲線に適合す
る曲線式により、最終沈下量を推定
する方法には、指数曲線、対数曲
線、log曲線、双曲線などで近似させる方法がある。ここでは、使用例の多い
双曲線式を用いた。結果を図-8に示した。測点No.10で209mm、No.27で394mm

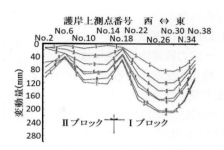

図-5　右岸側の旧護岸の沈下量

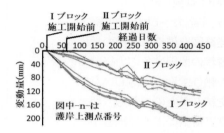

図-6　護岸上測点沈下量の経日変化

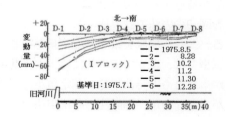

図-7　旧護岸背面の横断方向沈下量

であった。

5.2 即時沈下量
～応力経路法～

埋立て荷重による即時沈下量を計算した。Lambeの有効応力経路を使った方法[2]を準用したものである。

圧密非排水三軸圧縮試験(CU試験)を行って、**図-9**の全応力～ひずみ関係の経路図を描く。図中の放射状の曲線は各応力経路の軸ひずみ ε の等しい点を結んだものである。埋立て荷重による原地盤中の鉛直応力増分をBoussinesq解で求め、対応するひずみの増分 $\Delta\varepsilon$ を**図-9**の方法で読み取

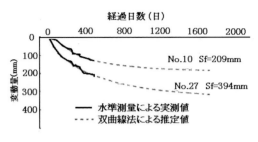

図-8 双曲線法による最終沈下量

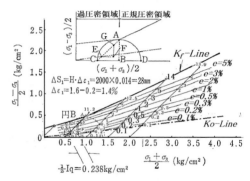

図-9 応力経路法による最終沈下量

る。これに層厚を乗じて沈下量を得る。計算した沈下量は82mmであった。この工事では、埋立て工事前に盛土内に沈下板などの測量ポイントを設置していなかったため即時沈下量の測定値がない。このため埋立て直後の実測値との比較ができないが、即時沈下の推定法の一つとして試みた。

参考文献

1)杉本隆男：洲崎川埋立て工事に伴う地盤変形の解析と対策工法の検討, 東京都土木技術研究所年報, 昭和50年, 1975.　2)Lambe, T. W, : Methods of Estimating Settlment, Jour. of S. M. F. Div., ASCE, VoL, 90, No, SM5, Proc, Paper4060, pp. 43-67. 1964.

遮断鋼矢板で周辺地盤沈下を少なくする

Key Word　埋立て、地盤沈下、地中応力、有限要素法

1.まえがき

運河の埋立てに伴う地盤の最終沈下量は、実測値に基づく場合は双曲線法が使われることが多い。ここでは、三次元的な影響を考慮した地盤沈下解析の研究例を紹介し、三笠の解析法で最終沈下量を推定した。併せて埋立て断面の二次元有限要素法解析で即時沈下（せん断変形）を推定し、遮断鋼矢板などの地盤沈下対策工の効果比較を行った。

2. 地盤沈下解析に関する既往の研究

地盤沈下に関する予測方法は、理論的な背景を持つ解析的実験的手法によるものと、施工現場における実測という方法がある。ここでは、前者の沈下解析法の流れ述べ、有効応力論に基づくLambeの解析法を解説する。

2.1 沈下解析法の流れ

Terzaghiの一次元圧密理論は約100年前(1924年)に発表された研究で、現在に至るまで、圧密沈下の理論的研究の基礎となってきた。この理論の有効応力の考え方は強度理論にとっても研究の始点になっている。

SkemptonとBjerrum[1]は、沈下は間隙水圧の発生によって起るものとし、実際問題における沈下理論の適用を容易にさせた。その後、Biotの三次元圧密理論の研究に始まり、Terzaghiの考えた一次元鉛直応力だけでなく、地中内応力は水平応力を含めた三次元的な応力条件のもとで起ることから、せん断変形による沈下と圧密沈下の両者を合せて地盤沈下の原因とするSkempton & Bjerrum、三笠、Lambなどの解析法が提案された。

2.2 Lambeの沈下解析手法[2,3]

Lambらは、三次元の変形を直接的に表わすため、**図-1**の三軸圧縮試験の有効応力経路による沈下量の推定法を提案した。その手順を以下に示す。

①初期圧密圧を数段階に変えた状態から三軸試験を行なう(*cu*条件)。同時にK_o圧密試験も行う。②得られた$d \sim \varepsilon$図より有効応力径路を書き、K_fとK_o線

もあわせて記入する。

③等軸ヒズミ点を結び等値線として有効応力径路図上に示す。④工事前後の地盤内有効応力を推定し実験上の有効応力径路と相似する形状を図面に書く(点線で示す)。

⑤即時変形はI点からB点のヒズミとする。I点は推定した有効応力径路Ko線の交点であり、またB点

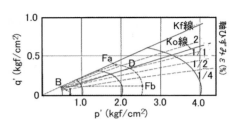

図-1 三軸圧縮試験の有効応力経路による沈下量の推定

はKf線上にある。求めたヒズミをε_2とする。⑥Ko圧密のデータから$I \rightarrow D$間のεの変化を読みとり体積ヒズミε_vを求める(圧密変形)。⑦弾性論から導かれた(1)式を利用して垂直ヒズミε_1を求める。式中のKはFa点でのσ_3'/σ_1'である。⑧即時変形ヒズミε_2と圧密変形ヒズミε_1を加えれば、三次元圧密による垂直ヒズミとなる。⑨⑧で求めた垂直ヒズミに粘土層厚を掛ければ沈下量が求まる。

　この方法は、三次元的圧縮に三軸圧密試験のデータ(*CUKo*条件)をそのまま用いるので、初期間隙水圧を他の手法のように弾性論を基本として計算するものよりも実際的であるといえる。しかし、実務での実績は多くない。

$$\frac{\varepsilon_1}{\varepsilon_v} = \frac{\Delta L/L_0}{\Delta e/(1+e_0)} = \frac{1+K_0+2KK_0}{(1-K_0)(1+2K)}$$

$$\cdots\cdots\cdots \quad (1)$$

　ところで、Skemptonの理論やLambeの手法は共にせん断変形に対しては即時に起るという仮定で解法を展開している。実際の地盤は**図-2**のようにせん断変形も時間的な経過をたどるので、ダイレイタンシーやクリープの影響があることにも留意しておく必要がある。

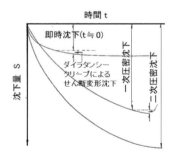

図-2 沈下要因概念図

3. 地盤内応力の変化による地盤沈下解析法

3.1 三次元沈下計算

地盤上に半無限に広がる荷重の場合は、Boussinesqなどの解を利用して鉛直方向の増加応力$\Delta\sigma_z$を求め、一次元圧密による圧縮量算定法によって、鉛直方向の沈下量を求めている。すなわち土質調査の結果から、軟弱層を数層に分け、それぞれの層についての土被り圧Pvに対象土層の$\Delta\sigma_z$をたし合せた応力の体積圧縮係数m_v(cm²/kg)をグラフから求める。それぞれの数値を(2)式に代入し、各層での総和をとったものを最終的な沈下量とする。ここでは、以下に示す三笠の三次元沈下計算手法[4]により、全沈下量、せん断断変形による沈下量、圧密沈下量を評価した。

3.2 解析結果

(2), (3), (4)式による計算結果を図-3に示した。図中には鉛直応力とせん断応力に対応する影響係数Iも合せて示した。

$$S = \int_0^H m_v \cdot \Delta\sigma_z \cdot dz \qquad \cdots(2)$$

$$S_d = \frac{1}{2}\int_0^H m_v \cdot (\Delta\sigma_z - \Delta\sigma_x) \cdot dz \qquad \cdots(3)$$

$$S_c = S - S_d = \frac{1}{2}\int_0^H m_v \cdot (\Delta\sigma_z + \Delta\sigma_x) dz \cdot \qquad \cdots(4)$$

埋立て直下がせん断変形によって188mm沈下し、護岸背面から約18mの背面地盤付近で18mm隆起している。隆起範囲は90m付近まで及んでいる。その後の圧密沈下によるものを加えると、埋立て直下で最大約400mmとなっている。これは、前掲事例の双曲線法で推定した最終沈下量に近い。また、旧護岸から40m離れた距離で沈下量が約20mmであった。最終沈下量の影響範囲は50m前後となり、前掲事例の図-7に示した実測値から推定された範囲40mに近かった。

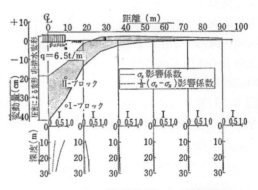

図-3 三次元的圧縮沈下の計算結果

4. 有限要素法による変形解析

護岸前面に長さ15mのII型鋼矢板を打設したのち、埋立て厚さを1m減らした場合の地中変位を図-4に示した。

有限要素法はDuncan & Chang[5]の非線形式を用いたせん断変形解析で、変形は鋼矢板の下端をまわりこむ形で、鋼矢板がない場合より変形領域は狭かった。すなわち、鋼矢板の遮断効果が読み取れる結果であった。

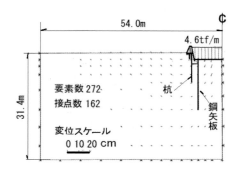

図-4 せん断変形による地中変位

5. 対策工検討

①鋼矢板を埋立て前に打込んで地盤中の応力の広がりを拘束する工法、②埋立て荷重を減らす工法、および③両者の併用工法について解析的に検討した。

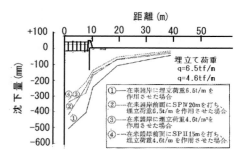

図-5 対策工法別の最終沈下量

図-5に対策工別の最終沈下量を示す。得られた結果の一つは、鋼矢板の剛性を変えても地盤変形量は大差がないが、長さを長くすれば変形量は少ないということであった。

参考文献

1) Skempton, A. W, and Bjerrum, L : A Contribution to the Settlement Analysis of Foundation on Clays, Geotechnique, VoL7, pp.ユ68-178, 1957. 2) Lambe, T. W, : Methods of Estimating Settlment, Jour. of S. M. F. Div., ASCE, VoL, 90, No, SM5, Proc, Paper4060, pp. 43-67. 1964. 3) Lambe, T. W. : Stress Path Method, Jour. of S. M. F. Div., ASCE, VoL. 93, No, SM6, Proc, Paper5613, pp, 309-331, 1967. 4) 土質工学会:土質工学ハンドブック, 技報堂, pp. 154-157, 1965. 5) Duncan, J. M and Chang, C. Y. : Nonlinear Analysis of Stress and Strain in Soils, Jour. Of S. M. F. Div. ASCE, Vol. 96, No. SM5, Proc. Paper7513, p. 1629-1653. 1970.

土の異方性と土と鋼の付着試験を使った FEM 圧密沈下解析

Key Word 盛土、有限要素法、付着力、異方性

1.まえがき

　軟弱地盤上で構造物に近接した盛土工事の影響を有限要素法で検討する場合、地盤と構造物の境界をどのようにモデル化し、境界特性をどのように設定するかが重要である。ここでは、土の異方性と土と構造物の境界特性を三軸圧縮試験と土と鋼の付着抵抗試験で求め、土のせん断強さ補正と土と構造物の接触面を表すジョイント要素特性を組み込んだ有限要素法解析を行った。これにより、軟弱地盤上の盛土による既存鋼管矢板への影響を検討した[1],[2]。

2. 土の基本的性質

2.1 地盤概要

　試験に供する土を採取した場所の地質断面図を**図-1**に示した。東京下町低地である。地表面下-5.0m～-10.0mまではN値10以下のゆるい砂層（有楽町層上部）があり、その下位には圧縮性に富むN値5以下の軟弱なシルト層（有楽町層下部）が25m～30mの厚さで堆積している。この層は、盛土工事あるいは掘削工事などで地盤沈下が問題になることが多い。

2.2 土の基本的性質

　土の基本的性質を調べた結果を**図-2**に示した。圧密降伏応力Pyは、A.P.-15m付近は有効土被り圧相当で正規圧密状態に近いが、その上と下の深さでは有効土被り圧より大きく過圧密状態にある。ま

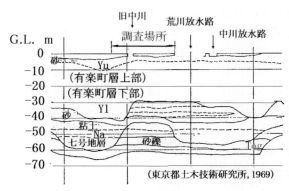

図-1 地質断面

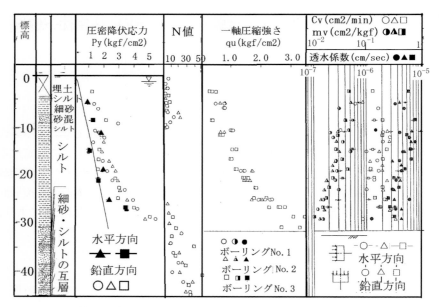

図-2 圧密降伏応力、一軸圧縮強さ、透水係数、
圧密係数、圧縮係数の深さ分布

た水平方向供試体の圧密降伏応力は鉛直方向のそれより小さい。一軸圧縮強さ
quはA.P.−8m付近まではほぼ一定の値(0.5Kgf/cm²)を示すが、それ以深は深さ
と共に大きくなり、A.P.−30m付近で約3.0Kgf/cm²であった。透水係数
k(cm/sec)、体積圧縮係数m_v(cm²/kgf)は、深さとともに小さくなる傾向を示
し、前者は10⁻⁶、後者は10⁻²のオーダーに分布している。圧密係数Cv(cm²/min)
は深さに関係なく$1.0 \times 10^{-1} \sim 3.0 \times 10^{-1}$の間にある。k、$m_v$、Cvの水平方向供試
体の値は鉛直方向供試体の値に比べm_vはやや小さく、Cvはやや大きい傾向があ
った。

3. 土の異方性と付着抵抗試験 [2]

3.1 土の異方性

シルト層の土の圧縮強さが、主応力の方向変化に伴い変わることを調べた。
切り出し方向を水平面との角度(β)を変化させた供試体で非圧密非排水三軸圧

縮試験(UU試験)を行なった。β =90°のときの軸差応力($\sigma_1-\sigma_3$)（UU_{90}と記す）を基準に、各βにおける強さ（$\sigma_1-\sigma_3$）（UU_{β}と記す）をまとめたのが図-3である。βが小さくなるに従ってUU$_\beta$も小さくなる傾向があり、その平均的な値を点線で示した。これを基に、解析に用いるβ（°）の変化に伴う強さの比α = UU_β/UU_{90}をつぎのように定めた。

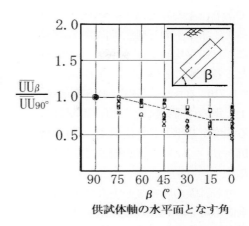

図-3 UU_β / UU_{90} との関係

- α=1.0 : (90$\geqq$$\beta$>75)、
- α=1.0-0.005×(75.0-β)
  : (75$\geqq$$\beta$$\geqq$15)、
- α=0.7 : (15>$\beta$$\geqq$0)。

3.2 土と鋼の付着力

土と鋼の付着力は、採取したシルトを練返し後に大型圧密試験機で再圧密し、土のみの試験（以下、土の直接せん断試験という）および土と鋼（材質SS41）の付着試験（以下、土の付着試験という）を圧密等体積直接せん断試験で行なった。併せて、土の三軸圧縮試験も行った。付着試験結果を図-4に示した。

初期せん断剛性E_{is}は有効垂直応力σ_n'と比例関係にあり600σ_n'（tf/m²）であった。また、三軸圧縮試験のせん断抵抗強さから付着抵抗を推定する補正係数を以下のように定めた。付着試験の有効内部摩擦角はϕ_f'=24°

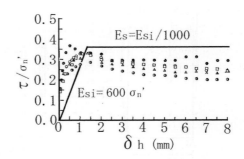

図-4 付着抵抗試験結果

であり、土のみでは$\phi s' = 33.5°$であった。また土の三軸圧縮試験(cu試験)における平均は $\phi 3' = 38.1°$ であった。各試験のϕ'の比$\beta 2 = \phi f'/\phi s'$ $= 0.716$、$\beta 1 = \phi s'/\phi 3' = 0.879$ から、土と鋼の付着抵抗を三軸圧縮試験による強度を基準とした係数で、(付着抵抗)$= \beta 1 \times \beta 2 \times$(三軸圧縮強さ)とした。

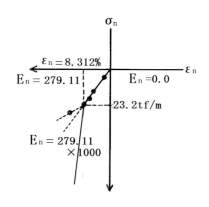

図-5 鉛直剛性

付着試験の圧密後の垂直ひずみε_nと垂直応力σ_nの関係を図-5に示した。ジョイント要素の垂直方向の変形係数はつぎのように定めた。

・$E_n=0.0$($\varepsilon_n < 0.0\%$)、・$E_n=279.11$($0.0 \leqq \varepsilon_n \leqq 8.3\%$)、
・$E_n=279.11 \times 10^3$($\varepsilon_n > 8.3\%$)。

4. 地中構造物の圧密抑制効果の解析

4.1 地中変位ベクトル

盛土下に鋼管矢板、法先に鋼矢板のある断面を想定した。地盤との間にジョイント要素を入れ、土要素は4節点アイソパラメトリック要素である。地中変

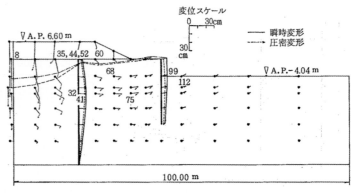

図-6 地中変位 (即時＋圧密変形)

位を図-6に示した。実線
が瞬時変形量、点線が
2,600日後の圧密変形量で
ある。盛土に伴う瞬時変
形に注目すると左端の地
表面(節点番号8)で約24cm
沈下している。鋼管矢板
付近(ジョイント要素節点
番号35と52)で約4.6と約
4.3cmであり、鋼管矢板の
頭部がつき出す形態であ
った。

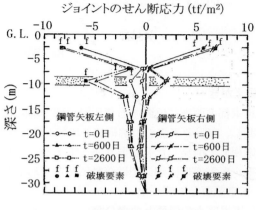

ジョイントのせん断応力 (tf/m²)

図-7 鋼管矢板の摩擦力変化

鋼管矢板と鋼矢板に挟
まれた領域では法肩下(節点番号60)の地表面沈下量が最大で約6.2cmとなって
いる。法先部分(節点番号86)で約2.5cmの膨れ上がりであった。

4.2 鋼管矢板の摩擦力

図-7に鋼管矢板の摩擦力変化を示した。盛土終了後t=0日において、鋼管矢
板の頭部で左右の要素ともにせん断破壊している。圧密の進行に伴い鋼管矢板
の左側要素では、t=600日でG.L.-7.0m付近まで破壊が伸び、t=2600日で砂層ま
で破壊が進行している。砂層下のシルト層中では、圧密の進行でせん断応力
(付着力)が増加している。これら各深さのせん断応力を累加した力が鋼管矢
板に負の摩擦力として加わることになる。一方、鋼管矢板の右側では圧密によ
るせん断応力の増加は少ない。それに比べ、鋼矢板の摩擦力は小さいという結
果であった。鋼管矢板と鋼矢板の摩擦力差は、先端を硬質層へ根入れしたか否
かの違いの影響であった。

参考文献

1) 杉本隆男：盛土による地中構造物を含む地盤の変形解析, 東京都土木技術研究所年
報, 昭和53年, pp. 335-354, 1978.　2)雑賀徹,杉本隆男,佐々木俊平：盛土による地盤変形の
有限要素法解析, 東京都土木技術研究所年報, 昭和52年, pp. 311-325, 1977.

FEM圧密解析は実測沈下にどこまで近似できるか

Key Word 盛土、有限要素法、間隙水圧、圧密

1.まえがき

　東京都の西方に位置する荒川河口部の堤防盛土工事で沈下・側方変形などを計測し、有限要素法での解析値と比較した。解析法は、Christian(1970)の手法を応用して開発した有限要素法[1]である。実測値と解析値の比較検討で、即時変形・圧密変形に加え塑性流動による変形が含まれていることを示した。

2. 工事概要とモデル化

2.1 築堤盛土の概要と要素分割

　平面図を**図-1**に示した。延長の長い堤防盛土である。ボーリング柱状図（**図-2**）をもとに、下層からシルト層(4層)、砂層、埋土層の6層に分けた。A.P.＋2m〜A.P.-23mの地盤はサンドコンパクションパイルによる改良地盤であった。

図-1 調査場所平面図

　工事断面をもとに、**図-2**の要素分割に示したように、深さ AP.-32m、盛土中心軸から河川方向へ100mの地盤とした。境界条件は、シルト層底面で完全固定、両側面

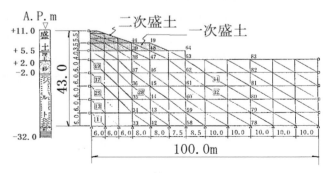

図-2 要素分割

248

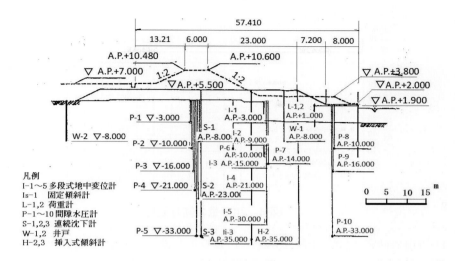

図-3 計器配置

凡例
I-1～5 多段式地中変位計
Is-1 固定傾斜計
L-1,2 荷重計
P-1～10 間隙水圧計
S-1,2,3 連続沈下計
W-1,2 井戸
H-2,3 挿入式傾斜計

で水平方向のみ固定とした。排水条件は、A.P.−2m～A.P.−8mの砂層およびシルト層の底面下を排水層とし、両側面は非排水とした。

2.2 解析手順

盛土の単位体積重量は1.8tf/m³とした。解析モデルは二次元平面ひずみ条件である。はじめに表層部の埋土層を荷重とした解析で、300日経過後の応力と変形状態を現地盤の初期状態とした。これを初期条件とし、築堤の一次、二次盛土による即時変形と圧密変形を計算した。

2.3 盛土による地盤変形の測定

盛土による周辺地盤の即時変形と圧密変形を測定するため、図-3の計器配置図に示すように、沈下計、間隙水圧計、傾斜計など、様々な計器を埋設した。

3. 計測結果

3.1 沈下量

沈下量の現場実測値および解析値を盛土工程とともに示したのが図-4である。沈下量は、現場計測器の設置深度に合わせて解析値をプロットした。S−

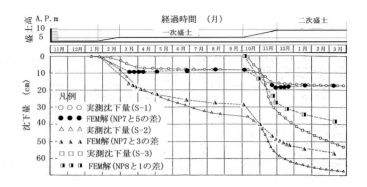

図-4 沈下量の経日変化

1(○印)は砂層+埋立て土層、S-2(△印)はシルト層のうち改良部分(A.P. -23m以浅)+砂層十埋立て土層、そしてS-3(□印)はシルト層+砂層+埋立て土を対象層としている層である。解析値は、盛土終了時をt=0として、経時変化を示した。圧密変形量は、S-1層を除いて実測値が解析値よりも大きい。また、圧密沈下曲線の形から、沈下の速度は実測値が解析値を上回っていた。

3.2 地中変位

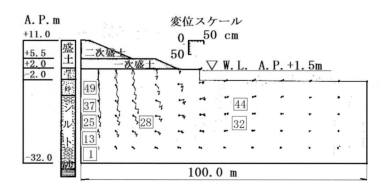

図-5 地中変位

地中変位の解析値を**図-5**示した。太線が即時変形で、細線が圧密変形である。盛土中心軸付近は、即時変形、圧密変形ともに鉛直方向への変位が顕著である。盛土のり先では側方変位が大きく、河川側では即時変形時に浮き上がっている。圧密過程で堤防側に戻るといった結果であった。実測値は**図-6**の側方変位のように戻ることはなく、河川方向に徐々に増加した。

3.3 側方変位

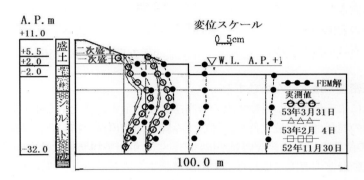

図-6 側方変位

二次盛土載荷による側方変位の解析値(点線)と実測値(実線)の比較を示したのが**図-6**である。

実測値の経日変化に注目すると、盛土開始とともに河川方向に変位し、盛土が終わった(52年11月30日)以後も側方変位が徐々に進行していた。その後、120日経過した53年3月31日に最大となり、その後ほぼ一定値となっている。このように、側方変位は解析のように戻らず経時的に増加した。この実測値と解析値の違いを、間隙水圧の実測値で検討した。

3.4 間隙水圧

盛土載荷によって発生した過剰間隙水圧$\triangle U$を載荷圧$\triangle P$で除した値の経日変化を**図-7**に示した。実測値は一次盛土から200日経過した二次盛土直前の間隙水圧を初期値とし、その後の経過日数における間隙水圧と初期値との差を$\triangle U$として整理した。

解析値は圧密の進行にしたがい減少している。一方、実測値は増加傾向で、

圧密開始後150日を経
過してもまだ間隙水圧
の減少がみられない。

このことから、塑性
流動による変位増加が
圧密による変位の戻り
よりも大きいため、河
川側への変位の増加と
なって表れたものであ
る。

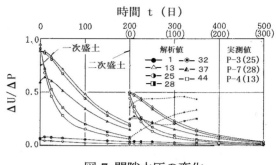

図-7 間隙水圧の変化

3.5 圧密後の最大せん断ひずみ

解析による最大せん断ひずみの分布を図-8に示す。盛土中心軸の砂層とシ
ルト層の境界付近を最大とし、等ひずみ線の凸部頂点を結ぶと、護岸の下およ
そ25mの位置を通る大きな円弧が描ける。この解析で得た最大せん断ひずみに
塑性流動などの要因が加わり、実測値が示す変位となったと推定された。

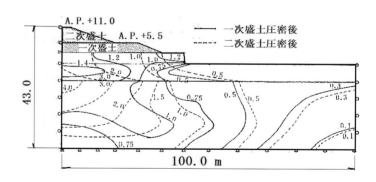

図-8 圧密後の最大せん断ひずみ分布

参考文献

1) 雑賀　徹, 杉本隆男, 佐々木俊平：盛土による地盤変形の有限要素法解析, 東京都土木
技術研究所年報, 昭和52年, pp. 311-325, 1977.

252

沈下と側方変形を計測した埋立て工事の観測施工

Key Word 埋立て、層別沈下計、間隙水圧、観測施工法

1.まえがき

　沖積地盤内の幅約 30m の運河を延長約 310m にわたって埋め立てて公園化する工事で、埋立て直下の地盤沈下や周辺地盤への影響を調査した。埋立てに伴う地盤変形調査では、沈下計、間隙水圧計、挿入型傾斜計などを埋設して調べている。そして、将来沈下量などを予測した [1],[2]。

2.　工事場所の地質と埋め立て工事

2.1 工事場所付近の地質

　工事場所は東京の江東デルタ地帯の運河である。現場付近の地質断面（図-1)によると、N値0～3の軟弱な沖積粘性土層（有楽町層下部粘土層）が約20m堆積しており、盛土や掘削工事に伴い地盤変形が生じやすい地盤である。

　運河内で行った土質調査結果は、図-2の土質柱状図に示したとおりである。A.P.-0.6mからA.P.-19.0mまでは黒灰色のヘドロと暗灰色のシルト質粘土層が堆積している。N値はほぼ0である。その下位には、N値40の中砂、N値5以

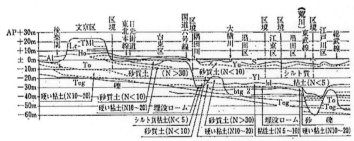

図-1 地質断面図

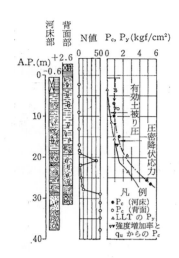

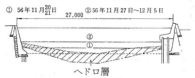

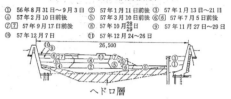

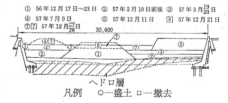

図-2 土質柱状図

図中左側の縦書き凡例:
河床部 / 背面部
N値 Pc, Py(kgf/cm²)
有効土被り圧
圧密降伏応力

凡 例
● Pc（河床）
○ Pc（背面）
△ LLT の Py
▽▽ 強度増加率と qu からの Pc

上の暗褐色凝灰質粘土、N値50以上の砂層や砂礫層がある。図中には、N値と圧密降伏応力の深さ分布を示した。圧密降伏応力が施工前の有効土被り圧より大きいことから、過圧密地盤であることが分る。

(1) No. 0＋10.0 m（築堤部）
① 56年11月20日・21日 ② 56年11月27日～12月5日
27,000
ヘドロ層

(2) No. 5（鋼天板打設部）
① 56年8月31日～9月3日 ② 57年1月11日前後 ③ 57年1月13日～21日
④ 57年2月10日前後 ⑤ 57年3月10日前後 ⑥ 57年7月5日前後
⑦7 57年9月17日前後 ⑧ 57年10月28日・29日 ⑨ 57年11月27日～29日
⑩ 57年12月7日 ⑪ 57年12月24～26日
26,500
ヘドロ層

(3) No. 11（搬入路部）
① 56年12月17日～23日 ② 57年2月10日前後 ③ 57年3月19日・20日
④ 57年7月9日 ⑤ 57年12月11日 ⑥ 57年12月21日
⑦7 57年12月27日・28日
33,000
ヘドロ層
凡例　○…盛土　□…撤去

図-3 埋立て断面図

2.2. 埋立て工事概要

埋立て工事の縦断位置ごとの施工手順を図-3に示す。右岸側の護岸根固め工実施後、施工区間両端を締め切った。水替工のあと、平均厚さ2.0mのヘドロ層のうち上部約1.0mをセメント固化（配合率5%）した。その後、搬入路を設け、約4か月で平均埋立て厚約1.0mを、その後9か月でさらに約0.7mと、2回に分けて埋め立てた。

2.3 計測器配置

計測器の配置を図-4に示す。

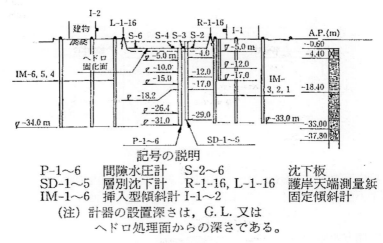

記号の説明

P-1〜6	間隙水圧計	S-2〜6	沈下板
SD-1〜5	層別沈下計	R-1-16, L-1-16	護岸天端測量鋲
IM-1〜6	挿入型傾斜計	I-1〜2	固定傾斜計

（注）計器の設置深さは，G.L. 又は
ヘドロ処理面からの深さである。

図-4 計測配置図

①埋立て直下の地盤沈下を計測するための沈下計と測量用沈下板そして間隙水
圧計、②既設護岸や背面地盤の沈下を計測するための沈下測量用鋲、③埋立て
背面地盤の側方変形を計測する挿入式傾斜計を設置した。

3. 調査結果

3.1 沈下量

河川内地盤の沈
下量は10〜40cm
であるが、大部
分がヘドロ層で
生じていた（図-
5）。また背面地
盤での沈下は、
護岸から10〜20m
の範囲で、護岸
に近づくに従い

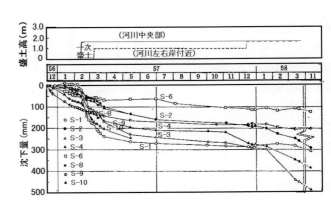

図-5 沈下の経日変化

大きくなり、その最大沈下量は約3.5cmであった（図-6）。

255

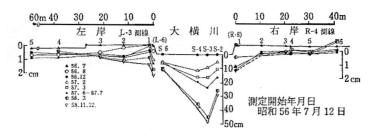

図-6 横断方向の沈下

　護岸天端の沈下量は、1〜3cm程度であった。運河内地盤の沈下は埋立て工の施工の影響が大きく、背面地盤と護岸天端の沈下は埋立て工よりも護岸補強の薬液注入工の影響が顕著であった。

3.2 側方変形

　背面地盤の側方変形は、水替工を行なった時期までは河川側に変形し、その後は、ヘドロ固化工、埋立て工に伴って背面側に変形が進行する傾向がみられた。しかし、その変形量は10mm未満と小さかった（図-7）。

3.3 間隙水圧

　間隙水圧の挙動は、深さごとに3つの傾向に分類できる（図-8）。

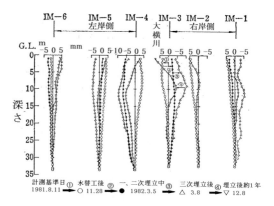

図-7 側方変形

　一つは、ヘドロ層直下のA.P.-5m〜-10mのシルト層中の挙動で、埋立て工に伴って増加し、その後やや減少傾向を示した。

　二つ目は、A.P.-26m〜-31mの砂層もしくは砂層に近い層で、周辺のA.P.-50mあたりの被圧地下水位の上昇の影響を受けていたと思われ、同様の勾配で上昇傾向を示していた。

三つ目は、A.P. -15m～-18mの層で、漸増傾向を示していた。これらの間隙水圧の挙動から、浅い部分で多少の圧密沈下が進行していたが、A.P. -15m以深の間隙水圧は上昇しており圧密沈下は始まっていないと推定された。ヘドロ層下面以深はほとんど沈下していない層別沈下計の実測結果と対応するものであった。

3.4 将来沈下量の推定

　土質試験結果に基づいたSkemptonらの方法による沈下量は35.7cmとなった。また、即時沈下量とe～10gP曲線法(圧密沈下量)の合計沈下量は18.2cmであっ

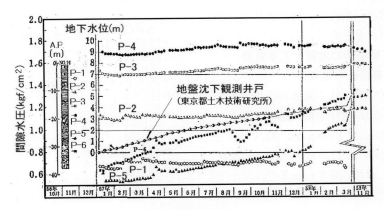

図-8　間隙水圧の変化

た。また、宮川の方法(双曲線法)、星埜の方法および浅岡の方法により、実測沈下曲線から将来沈下量を予測計算した。実測沈下曲線が収束する様子がみられず、予測計算の精度は悪いものの、今後1000日間に10～40cm程度の沈下が予想された。また、周辺の地盤沈下は今後1cm程度の沈下が、護岸天端の沈下は1～2cm程度の沈下が進行すると予想された。

参考文献

1) 杉本隆男, 佐々木俊平：江東内部河川埋立工事に伴う地盤変形の調査例, 東京都土木技術研究所年報, 昭和59年, pp. 205-215, 1984.　2) 佐々木俊平, 杉本隆男：工事に伴う地盤問題に関する現場調査事例, 東京都土木技術研究所年報, 昭和58年, pp. 295-305, 1983.

沈下対策でへどろ固化処理と遮断鋼矢板を打設

Key Word 埋立て、地盤沈下、鋼矢板、へどろ

1.まえがき

　この事例は、運河状河川の埋立て工事による地盤変形を抑えるために、(1)河床に堆積したへどろを現位置で全層処理し、(2)埋立て荷重をへどろ層の下位にある軟弱な粘性土層の圧密降伏応力以内にして、(3)既存の護岸前面に鋼矢板を打設するなどの対策を行ったものである。これらの対策効果を計測した結果をまとめている[1]。

2.　工事場所の地質と工事概要

2.1 工事場所の地質

　埋立て場所は、東京の江東デルタ地帯の軟弱地盤地域の運河である。施工延長は、約186.0m、幅21.0mであり、現場内で行った土質調査結果を図-1に示す。深さ3.2mまでは埋土でN値は5程度である。その下位にはN値5のゆるい砂層とN値0〜4の軟弱シルト層が深さ29.9mまで堆積している。一軸圧縮試験と非圧密非排水三軸圧縮試験で求めた圧縮強さを示したが、深さとともに圧縮強さは大きくなる。

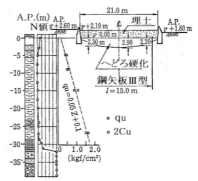

図-1 施工断面と柱状図

2.2 工事概要

　工事の平面図を図-2に示した。鋼矢板で二重締切り後、水替工を実施した。そして、

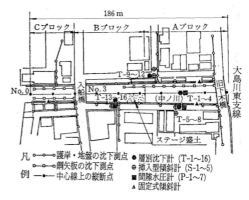

図-2 施工平面図と計器配置

区間中央部にへどろ処理用プラント
を設置するための盛土を行った。河
床のへどろにセメント系処理材を混
合し一週間養生した改良土で埋立て
を開始した。ダンプで改良土を運搬
し、ブルドーザによる押出しで、
A.P. +2.0〜+2.2mまで盛り上げた。

施工区間は**図-2**に示すA、B、Cの3
ブロックに分けた。埋立て高の変化
を**図-3**に、そのうちAブロックの埋
立て高の変化を**図-4**に示した。

2.3 計器の設置

埋立て工事に伴う地盤変形を詳細
に把握するため、層別沈下計、間隙
水圧計、挿入型傾斜計、固定傾斜
計、および測量点を設置した。**図-2**
の施工平面図に計器と測量点の配置
を示した。また、計器の設置深さを
図-5に示した。層別沈下計は、地表
沈下がどの深さの沈下に起因して
いるかを把握するためであり、間
隙水圧計は、埋立て荷重によるシ
ルト層の過剰間隙水圧の発生量と
その消散過程から圧密沈下などを
調べるためである。挿入型傾斜計
は、埋立て荷重による護岸背面地
盤方向への側方変形量を調べるも
のであり、固定傾斜計は護岸の傾
斜を測定するものである。測量点
は水準測量による護岸、鋼矢板、

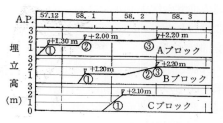

図-3 埋立て高の変化

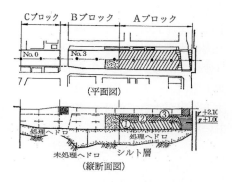

図-4 埋立て高の変化断面図

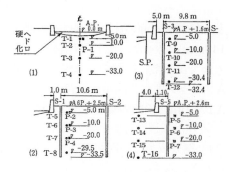

図-5 計器の設置深さ

259

周辺地盤の沈下測定をするために設置した。

3. 測定結果

計器と水準測量による測定結果を図-6の沈下量と間隙水圧の経日変化に、背面地盤の側方変形を図-7に示した。

図-6(1)は埋立て中心部のへどろ処理層上面、へどろ未処理層上面、護岸天端、および鋼矢板天端の水準測量による沈下の経日変化である。埋立て中心部の沈下量は、へどろ未処理地点の沈下勾配が大きく沈下が継続している。

一方、へどろ処理地点では沈下の沈静化が認められる。また、護岸および鋼矢板天端の沈下は非常に小さい。図-6(2)は埋立て中心部と背面地盤の層別沈下計による測定結果である。へ

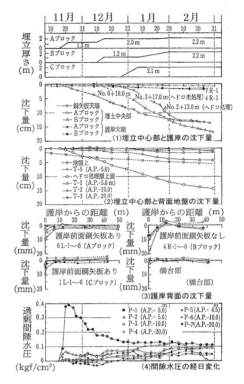

図-6 沈下量と間隙水圧の経日変化

どろ処理層上面の沈下曲線は水準測量結果と近似しており、3月30日時点で143mmであった。沈下の7割がへどろ処理層上面(A.P.0.0m)とA.P.-5.0mまでの層で生じた。同図中の点線の沈下曲線は、背面地盤の層別沈下結果である。Aブロック埋立開始後の背面地盤の沈下量は25mmで、約8割が地表面とA.P.-5.0mとの間の層で生じていた。

図-6(3)は護岸背面地盤の沈下量である。鋼矢板を打設した区間(A、Cブロック)と鋼矢板がない区間(Bブロック)の比較から、鋼矢板の沈下抑制効果が認められる。なお、橋台部の沈下はほとんどなかった。

図-6(4)は間隙水圧計の経日変化である。埋立て中心部の深さA.P.-5.0mのシ

260

ルト層中の間隙水圧(P-1)は、埋立て開始とともに約0.4kgf/cm²まで急激に上昇した。その後、経日的に減少して施工完了時には約0.1 kgf/cm²となっている。図-6(2)で示したへどろ処理層上面の沈下の7割がへどろ処理面上とA.P.-5.0mまでの層で生じていることと密接に関係し、圧

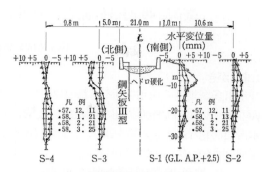

図-7 背面地盤の側方変形

密による水圧減少であることがわかる。背面地盤内の間隙水圧(P-2〜7)は埋立て中心部の値より小さく、施工期間中上昇傾向となっている。図-7に側方変形を示した。この結果、①S-1、2の側方変形が示すように鋼矢板を打設した場合(A、Cブロック)に比べて鋼矢板がない場合(Bブロック)の方が沈下量は大きいこと、②沈下量は護岸に近いほど大きいこと、③護岸前面に鋼矢板がない場合に背面地盤の膨れ上りが施工初期に認められること、④橋台部の沈下はほとんどない、⑤側方変形は両岸ともに地表面から深さ10mまでの層で主に生じているが、最大でも約7mm程度と非常に小さいことが明らかになった。

4. 対策工の評価

①へどろ処理：図-6(1)の沈下曲線に示したように、へどろ処理の効果は沈下の沈静化を早めると同時に、沈下量を低減する.

②鋼矢板効果：図-6(3)に示したように、鋼矢板は護岸および背面地盤の沈下を低減させる。また、図-7に示したように、鋼矢板のない南側では埋立て現場方向へ変形し道路面上に数mm幅の亀裂が生じた。しかし、鋼矢板のある北側では地表面に亀裂が認められなかった。すなわち、鋼矢板の設置により、護岸や背面地盤の変形を低減する効果が認められた。

参考文献

1)杉本隆男, 佐々木俊平：江東内部河川埋立工事に伴う地盤変形の調査事例, 東京都土木技術研究所年報, 昭和59年, pp. 205-215, 1984.

豪雨が断層破砕泥岩に浸透して切土斜面が動く

Key Word 斜面崩壊、滑落崖、深礎杭、地下水位

1.まえがき

　東京多摩地域の山地を通る道路の建設で、トンネル坑口の切土斜面が崩れた。斜面のすべり崩壊は開通直前に発見され、土嚢によるすべり抑止やシート被覆による雨水浸透防止など応急対策を講じた。工事場所近くで営巣するオオタカを守り、早急な復旧を図るための慎重な復旧対策が求められた。

　そこで、地形・地質の特徴を調べ、崩壊斜面の踏査やボーリングによるすべり面の特定を行い、地下水調査の結果を踏まえて、斜面崩壊の原因と対策を検討した。[1], [2], [3]

2. 工事場所の地形地質

　斜面崩壊が発生した場所は、周辺を山で囲まれた五日市盆地南端の山裾に位置する。開通直前のトンネルは入口付近で尾根の先端を切る線形となっていた。現場付近の地層は秋川沿いで複雑に摺曲しており、黒色の泥岩と凝灰岩が互層を構成していて、「高尾凝灰岩部層」と呼ばれている。地形の特徴を調べると、この尾根は**図-1** に示したように三方に地すべり地形が見られ、東西両側の谷には幅 10〜15m 奥行き 30〜40m と全体に細長く、層状の地すべり痕跡が認められた（**図-1** 中①）。一方、尾根先端脚部には幅 15〜25m,奥行き 10m の地すべりの跡が見られ（**図-1** 中②）、この先端脚部の地すべりによって尾根斜面の上部（**図-1** 中③）も地すべりの様子を残していた。

3. 崩壊斜面と深礎杭の変状調査

3.1 斜面変状

　崩壊斜面を道路側から観察した結果を**図-2** に示した。Ⅰ〜Ⅲのブロックに分けることができる。これら 3 ブロックのすべり面は、**図-1** に示した地すべり痕跡の②の領域に位置する。

　第Ⅰブロックは、すべり崩壊の中心となっている部分であり、A-A 断面に沿って最大幅15m、奥行き 12m 程度の半円の平面形状をなしている。

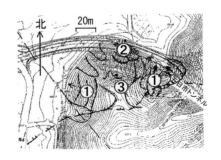

図-1 工事場所の斜面崩壊痕跡図

図-3 のり面変状断面図に示すように、すべり面の頭部（上部）は第二小段の排水溝部を境にその下側にあり、伏角 45度で 40cm ほど沈下した滑落崖が見られた。また斜面崩壊は道路に接した緑化ブロックまで達しており、下端部では、緑化ブロックが竣工時の 63 度から 80 度に起き上がる変形が生じるとともに、ブロック背面が沈下していた。以上のすべり崩壊の形状から、頭部付近は円弧すべり状に、下端部付近では斜面の表面と平行に土塊がすべりを起こしているものと判断した。

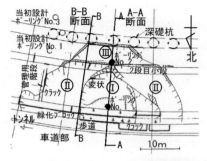

図-2 道路側から見た斜面崩壊痕跡図

第Ⅱブロックは二段目小段側溝部を頭部とし、第Ⅰブロックを囲み最大幅30m、奥行き12mの角型平面状に広がったすべり形状であった。図-2に示すようにA-A断面の二段目小段の側溝端部付近の陥没が大きく、二段目小段は図-3のB-B断面に示した幅10cm、段差5cmの開口クラックが生じていた。第Ⅱブロック左端の管理用階段（図-2左側参照）が、トンネルより1段目小段上部で水平方向にずれ、幅0.2から2cm程度の開口クラックが見られた。

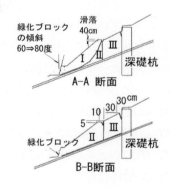

図-3 のり面変状断面

第Ⅲブロック（図-2）は、幅9mから18m、奥行き4から5mの台形状で、第Ⅱブロックの上部に位置している。すべり面の頂部は深礎杭前面にある。図-3 B-B断面に示したが、深礎杭との間に深さ30cm以上の開口部が見られた。下端端部は第Ⅱブロックの頭部と接していた。そして、深礎杭より上の斜面は、3段目小段の微小な変位や法面植栽枠のわずかな変形が認められたが、図-2, 3のような顕著な変状は確認できなかった。

3.2 深礎杭変状

すべり土塊の大きな動きは深礎杭前面（谷側）で発生した。そこで、杭背面

地山のすべりを抑止している深礎杭の安全性を確認するために、深礎杭設置時の杭頭座標点記録と調査時点の座標計測値とを比較し変位量を推定した。この結果13mm北東方向すなわち道路側に動いていることがわかった。13mmという変位は、杭の全長16mに対して0.08%であり、また杭の最大許容変位量(22mm)以内であることから、杭の安全は保たれており、杭背面の地山は深礎杭により抑えられていると判断した。すべり崩壊が発見されてから4箇所で、その後の杭頭変位を計測した。変位量は最大でも0.4mmであった。

4. すべり崩頓原因の検討

4.1 地質調査

地盤現況を把握しすべり面を確認するために、図-4のすべり断面図の位置でボーリング調査を実施した。図-2に示したように、ボーリング調査の位置は第Ⅰすべりブロックの端部（ボーリングNo.1）および第Ⅲすべりブロック端部で第Ⅰすべりブロックと接している部分（ボーリングNo.2）で行った。ボーリング時に試料をオールコアで採取し、それぞれの深さの土質を確認した。

ボーリング位置No.1では、砂質シルトの下から深さ5mまで破砕質泥岩が続くが、深さ2.4m地点に厚さ1cmの粘土層、深さ4.0mから4.37mに粘土混じり層が見られた。深さ5.0mから7.0mまでは含水の少ない粘土化泥岩、深さ7.0mから深さ10.1mまでは泥岩礫集合状の破砕質泥岩であった。10.1mの深さを超えるとN値が測定できないほど硬質な泥岩となり、安定した岩質となっていた。

ボーリングNo.2は、地表面から深さ2.65mまでは砂質シルト、深さ4.4～4.9mの地点に暗線灰色の粘土層が分布していた。深さ4.4～6.8mまでは破砕質泥岩である。また、深さ6.8m～8.0mに角礫状の破砕質泥岩層があ

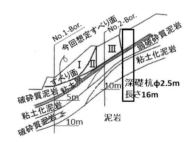

図-4 すべり面断面

る。深さ8m～深さ10.5mまでは粘土化泥岩で、10.5mを超えるとNo.1と同様にN値が測定できないほど硬質な泥岩であった。

また、同断面上にある深礎杭施工時の観察記録によると、「土質状況は杭頭から深さ

6.5mまでは強風化破砕質泥岩であり、深さ6.5〜深さ7.5mに粘土層がみられ、それ以深は破砕質泥岩で、深さ10.5mを超えると硬質な泥岩であった」とあった。

以上、破砕質泥岩層のなかにボーリングNo.1の深さ2.40mとNo.2の深さ4.4mを結んだ線に薄い粘土層が挟在していた。このことと現地の崩壊状況から、この層がすべり面と判断され、これらの調査結果から、A-A断面図を示すと**図-4**のようになる。

4.2 地下水位

ボーリングNo.1には天端から深度3.17mの位直に自由地下水面がみられた。深度4.00mの破砕質泥岩中に層厚37cmの難透水層があり、深度7mの地下水位は深度4.71m、さらに泥岩の難透水層を挟んで深度9mでの破砕質泥岩中の地下水位は7.97mであった。ボーリングNo2付近では、深さ4.30〜4.40mに分布する粘土層を難透水層として、深度7.25〜8.00mの破砕質泥岩の地下水位は深度5.85mを示した。さら

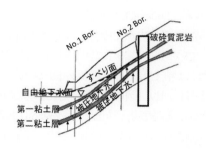

図-5 地下水位断面

に深度8.00〜10.00mの粘土化泥岩が難透水層となり、深度10.50〜13.00mに分布する泥岩の地下水位は深さ8.17mにあり、二つの難透水層が見つかった。

以上から地下水位断面図を描いたのが**図-5**である。粘土化泥岩を難透水層とし、その上部に自由地下水位が存在するが、調査時点では地すべり面より下にあった。このほか、粘土化泥岩層と破砕質泥岩層について現場透水試験を行った結果、透水係数は10^{-4}cm/secオーダーの透水性であった。また、後述するすべり面となる風化破砕質泥岩層のスレーキング試験で、乾湿を繰り返すと急激に崩れる特質があることも確認された。

4.3 降雨量

あきる野観測所における雨量観測結果を**図-6**に示した。2001年8月21,22日に計206mm、9月8〜11日に計360mm、さらに10月8,9,10日に計129mmと、まとまった雨が降っていた。観測所から1km圏内にある工事場所にも同様な降雨があったものと推定される。斜面崩壊の発見はこれらの降雨後の2001年11月27日であったが、一連の連続的降雨

が今回の斜面崩壊の引き金
になったことが想定された。

4.4 斜面崩壊発生の経緯

斜面崩壊発生の経緯を
推定すると次のようになる。
①図-6に示したように2001
年8,9,10月にかけて、
206mm,360mm,129mmとい

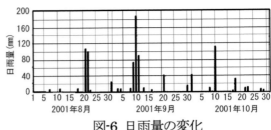

図-6 日雨量の変化

った豪雨が続き、2段目小段の排水溝から雨水があふれ、小段から切土斜面内に浸透
していった。②同時に切土斜面表面から雨水が破砕質泥岩に徐々に浸透していっ
た。③粘土化泥岩が遮断層(図-5の第一粘土層)になり、破砕質泥岩内の地下水位が
上昇し、せん断抵抗が低下した。④このため、図-2に示す第Ⅰブロックがすべり始め
たが、道路舗装と緑化ブロック基礎に抑制され、緑化ブロックの底部と層境に平行な線
に新たなすべり面が形成された。⑤第Ⅰブロックがすべり始めると同時にその周辺部
の第Ⅱ,Ⅲブロックも滑動をはじめ、最後に第Ⅰブロック部分がずれ落ちた。

なお、その後の対策工事中にすべり土塊層を観察したところ、地層の走行は
N25W/傾斜60°であった。また、破砕泥岩の亀裂面は光沢のある鏡面を有し、鏡面
に水を注ぐと新たに亀甲状の亀裂が発生した。このことから、今回の主崩壊部は、まさ
しく断層破砕帯内で発生していたことが判明した。当初設計では想定すべり面として
粘土化した層を化石すべり面と判断していたが、実は、断層破砕市内の粘土層であっ
たのである。

5. 対策工

対策工検討の必要条件は、①近傍にオオタカの営巣木があり、振動騒音や施工の
重機高さなどに制約があること、②オオタカの営巣時期が4月～8月であり、3月まで
に終了する必要があること、したがって③施工期間は3月31日までの3ケ月程度し
かとれないという、厳しいものであった。検討の結果、すべり土塊を掘削除去し、深礎
杭前面にジオテキスタイルを利用した抑え盛土を行う工法を選定した。

5.1 すべり土塊の除去

すべり土塊の切り取り厚さは、崩壊後の残ったすべり土塊の安全率を1.0と仮定し、

どこまで切り取り厚さを掘削すれば安全率が上がり1.2となるかを検討した。

その結果を図-7に示した。この図から、安全率Fsが1.2となる切り取り厚さは1.5mと計算された。ただし、実際の施工では、図-8に示したように、すべり面から上の土塊をすべて掘削除去した。

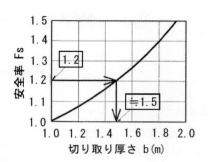

図-7 切り取り厚さと安全率

5.2 深礎杭の前面抑え位盛土

すべり土塊の掘削除去により、深礎杭前面が露出する。これに対する安全性の照査を行った。

斜面崩壊後に行った深礎杭の水平移動量から、杭に作用していた水平力を逆算し、Changのたわみ式でその水平力に対する深礎杭の必要根入れ長の検討から、杭の突出長を算定した。その結果、許容せん断応力を満たす範囲が突出長9.0mとな

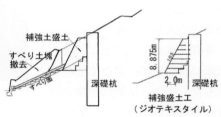

図-8 対策工断面

り、図-8に示した対策を行った。なお、深礎杭間の抜け出し対策に、補強土工法で杭前面を覆った。

参考文献

1) 日本道路協会：道路土工　のり面工・斜面安定工指針,平成11年3月, 1999.　2) 高速道路技術センター：地すべり地形の安定評価に関する研究報告書, 昭和60年5月,1985.　3) 日本道路協会：道路土工　排水溝指針,昭和62年6月, 1999.

雨水が盛土に浸透し法尻の補強土擁壁が動いた

Key Word 補強土工法、盛土、浸透、引抜き試験

1.まえがき

　変状が発生した盛土は、山地
の谷部を横断して埋め立てた道
路盛土であった。当該区間前後
の道路は未完成で交通開放はさ
れていない。変状発見は、放置
期間中の大雨の直後であった。

　写真-1に示したように、盛土
天端に斜面崩壊による亀裂が発
生した。また、法尻部補強土擁
壁は**写真-2**のように天端変位量
が400mm以上となり、転倒す

写真-1　盛土天端の亀裂状況

るような大きな変形が生じた。変状をそ
のまま放置すると危険なため、斜面すべ
りと補強土擁壁の過大な変形の原因を調
査し、対策を検討した。検討の結果、大雨
で盛土内に浸透した雨水が斜面すべりを
引き起こし、すべり面の先端が補強土擁
壁上部を押したこと、雨水は補強土の内
部まで浸透し大きな土圧水圧が擁壁に作
用したことが、変状原因と推定した。

　対策は、1996年度の盛土部を掘削除去
し、表面防水シート被覆で雨水浸透を防
御した。

写真-2　擁壁の変形

2. 構築した盛土の施工順序と亀裂状況
2.1 構築した盛土の施工順序

当該盛土は、**図-1**に示したように、1994年から1996年までの3ヵ年で、段階施工で高さ約10mまで盛られた。1995年に盛土の主要部が盛られ、東側法尻部にテルアルメ工法で補強土擁壁を構築した。1996年は東側補強土擁

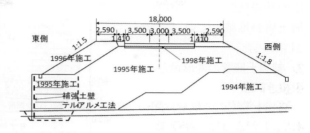

図-1 盛土の施工順序（断面図）

壁の上の斜面を土羽打ちで整正した。そして1998年に天端部の道路舗装・歩道舗装を行い完成した。盛土材料は、隣接工区のトンネル掘削土や切通し掘削土で、テルアルメ工法の用土はそのうちの砂質土を用いていた。

2.2 盛土表面の亀裂状況

盛土表面の亀裂状況を**図-2**に示した。亀裂の最大幅は約50cm、段差約34cmであった。

また、**図-3**にA-A断面で行ったボーリング調査結果を示す。1995年と1996年の盛土材料は前者が粘土質、後者が砂質土

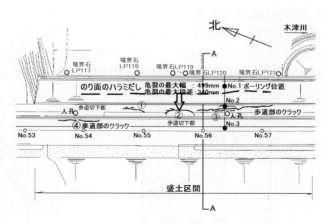

図-2　盛土表面の亀裂状況

主体で、盛土内部は不均質で
あった。また、テルアルメ工
法の基礎地盤に柔らかい腐
植土層が堆積していたこと
が分かった。

3. 補強土擁壁の変形量と引抜き試験

補強土擁壁の変位量は図-
4に示したように、擁壁天
端が転倒する方向に最大
400mmを超えるものであっ
た。また、テルアルメ工法
で構築した擁壁背面中のス

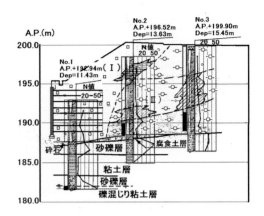

図-3　A-A断面ボーリング調査の土層

トリップ引抜き抵抗力を引抜き試験で調べた(写真-3)。抵抗力は設計時の推定
値を満たしていたが(図-5)、コネクティブは図-6 のように変形し、試掘でスト
リップの変形とストリップ敷設盛土の沈下が確認された。

4. 原因検討結果と対策

検討の結果、原因は次の通りと推定した。①３日間で164mmの大降雨があ
った。②透水性の歩道舗装、歩道上の植栽帯などに水などが浸入しやすい構造
であった。③道路縦断勾配は当該盛土区間に向かい下り勾配で、道路の切り土

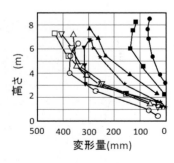

図-4　補強土擁壁の変形量

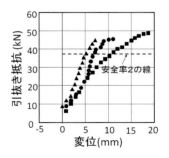

図-5　引抜き試験結果

270

写真-3　ストリップ引抜き試験

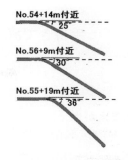

図-6　コネクティブの変形

区間に降った雨水が、**図-7**の断面図に示した盛土表面に流れ込んだ。④1995,1996年で性質の違う盛土材料で腹付け盛土をしたため、不連続面が形成され浸透水の水みちとなった。⑤1996年施工の法面盛土材料は盛土本体部分に比べて粘着力が低い。そこに雨水等が浸透して間隙水圧が上昇し、せん断抵抗の低下を招いた。また、テルアルメ基礎地盤が軟弱で沈下していた。

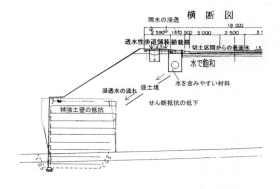

図-7　原因の検討結果

5. あとがき

　対策は、**写真-4** のように 1996 年盛土部のすべり土塊を除去し、表面防水シート被覆で雨水浸透を防ぎ、定期的な挙動観測で、暫定的に安定確認を行った。

写真-4　対策工の法面掘削

手書きで流線網を描き斜面の浸透破壊を明らかに

Key Word 斜面崩壊、浸透、流線網、排水工法

1.まえがき

　荒川と隅田川で囲われた江東三角デルタ地帯には、その昔、舟運に使われた運河状河川が残されてきた。現在これらを江東内部河川と呼んでいる。この地域は水門、閘門、樋門で荒川や隅田川と締め切られ、東側の河川は、河川水位を下げて親水公園化している(**図-1**)。

　この事例は、旧中川の水位を人為的に下げて高水敷を設け、そこに親水公園を整備し水辺環境を構築するものであった。旧護岸に擦りつけて斜面堤防を構築したが、その後、後背地からの斜面内への地下水浸透により斜面が不安定化し、対策工を検討した事例である[1]。

2. 斜面崩壊時の状況と　流線網の推定

　工事場所付近の柱状図を**図-2**に示す。ボーリング調査資料は1985年と古いもので、当時の地下水位はA.P. +1.64m(G.L. -0.76m)で埋土層内にあった。地層構成は、地表から深さ方向に、層厚5.3mの埋土層、厚さ7mの有楽町層上部のシルト質砂層、そして有楽町層下部のシルト層が厚

図-1 工事場所

注) 東京都(2016):江東内部河川整備計画の図に
　　工事場所を加筆

272

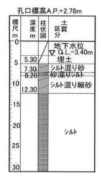

図-2 柱状図

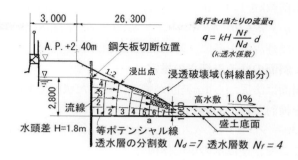

図-3 斜面崩壊時の状況と流線網の推定

く堆積した地盤である。

　有楽町層上部のシルト質砂層は浅層地下水を賦存しており、通常は、地下水位は地表面から浅い位置にある。

　斜面崩壊時のスケッチを図-3に示す。旧護岸前面に設置してあった鋼矢板が斜面外に突出るため、斜面内に隠れるように頭部を切断した後、旧護岸に擦りつけて斜面堤防を構築した。斜面整正後間もなく法尻付近が浸透水で膨んで緩くなり、図のような形状に変状した。法先の高水敷は、湧出した地下水が溜まった状態であった。

　こうした斜面の不安定状況からその原因を推定すると、後背地の地下水が頭部を切断した鋼矢板を越えて斜面内に浸透し、法尻付近に集まって浸透破壊を引起こしたものと考えられた。この状態を流線網で描くと、鋼矢板前面の斜面内に描いた流線と等ポテンシャル線で示した流線網となる。流線の一番上を浸潤線といい、浸潤線が斜面表層に浸出した点を浸出点というが、調査時に斜面表面に浸出点が観察された。

3. 流線網による浸透流量とゆるみ深さの推定

3.1 崩壊時の浸透流量

　奥行きd=1m当たりの浸透流量を推定した[2]。図-3のように、鋼矢板位置から法尻までの透水層の流線網をN_f=4層の層に分け、等ポテンシャル線でN_d

273

=7個のブロックに分けた。鋼矢板背面水位と高水敷水位差Hは1.8mである。透水係数kを1.0×10⁻⁴(cm/sec)とすると、浸透流量qは、

$$q = k \cdot (H/N_d) \cdot N_f \cdot d = 8.64 \times 10^{-2} \times (1.8/7) \times 4 \times 1 = 6.67 \ (\text{m}^3/day)$$

この浸透流量を基に、対策工を検討した。

3.2 斜面のゆるみ深さの推定

斜面は法尻から数m範囲が膿んで緩んだ状態であったが、ゆるみ領域の深さを検討した。a–a線上のポテンシャルPa は、

$$Pa = \gamma \cdot H \cdot (N_i/N_d) = 9.81 \times 1.8 \times (2/7) \doteqdot 5.05 (\text{kN/m}^2)$$

ここで、γは水の単位体積重量9.81(kN/m³)、H：水頭差1.8(m)、N_d：ブロック分割総数7、N_i：a–a等ポテンシャル線までに失われた水頭損失に対し残りのブロック数 2。

図-4は、図-3の等ポテンシャル線a–a付近を拡大した図に、a–a線に沿って有効土被り圧と水圧の関係を計算し、重ねて示したものである。土の有効重量γ_tは8.0（kN/m³）とした。

図中に有効土被り圧よりも水圧が大きくなる深さ、即ちゆるみ領域をハッチで表したが、斜面表面から深さ約0.6～0.7mの範囲であった。浸透流により液状化状態が生じたことが窺える。

3. 対策工

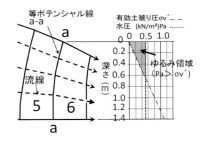

図-4 有効土被り圧と水圧の関係

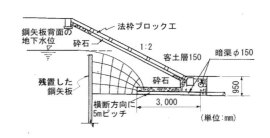

図-5 対策工と期待される流線網

対策工は**図-5**に示すように、斜面内に横断方向に砕石層の排水溝を設けることで図中の流線網のように浸潤線を斜面内に収め、法先部には縦断的に砕石層を設け、φ150mmの暗渠管に地下水を集め内水低下した河川に放流することにした。これに

写真-1 内水低下した中川
江東内部河川整備計画(東京都、平成28年6月より)

より後背地の地下水は斜面内に湧出することなく排水口を通って河川に涵養され、斜面の安定性を保つことができた。

完成後の内水低下した旧中川の状況を**写真-1**に示した。

4. あとがき

斜面内への地下水や雨水の浸透は、斜面の安定性に深く関与する。ここでは、流線網を手書きし、法尻付近の浸透流で間隙水圧が有効土被り圧より大きくなることで斜面が緩むことを手計算した。簡易な手法でも、浸透破壊の問題を検討できる事例として示した。

参考文献

1) 杉本隆男：建設工事と地下水について, 基礎工, 特集号：地下水環境と基礎工, pp. 21-27, 1996. 　2) 山内豊聡：土質力学, 理工図書, 59-63, 2001.

計測した間隙水圧分布を使った斜面の安定解析

Key Word 斜面崩壊、関東ローム、盛土、間隙水圧

1.まえがき

　関東ロームの高盛土工事で高さ約8.5m盛った時点で、法面の中央ではらみ出し、盛土の続行が不可能になった。この原因は盛土内部の間隙水圧の上昇によるものと推定された。そこで、盛土法面内に間隙水圧計を設置し、その時点の間隙水圧を測定した。その間隙水圧値を用いて、斜面の安定解析をフェレニウスの簡便法で行った。その結果、最小安全率は0.961と計算された。この結果を踏まえて、再盛土する際の可能な嵩上げ高さを検討し、高さは1.5mまでとなった。

写真-1 変状が生じた斜面

2.　斜面変状の概要

　問題となった斜面を**写真-1**に示した。計画盛土高は基準面から高さ11mであったが、約8.5m盛った段階で法面中央付近が**図-1**に示したように、はらみ出した。法面をブルーシートで覆い、雨水の浸透を防いだ。この変状は、盛土内部における間隙水圧の上昇によるものと推定された。

　当時、関東ロームの土を用いた高盛土の経験は十分でなく、盛土内の間隙水圧測定した事例も少なかった。そこで、

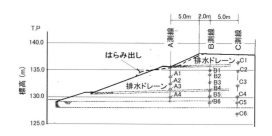

図-1 斜面はらみ出しと間隙水圧計配置断面

盛土内の間隙水圧を測定することになった。

3. 間隙水圧測定

3.1 間隙水圧計

　法面内の3か所を選び、各場所で設置深度を変えたボーリングを行い、水管式のキャサグランデ型間隙水圧計(図-2)を設置した。この間隙水圧計は現在ではほとんど使われてないが、原始的な測定原理で信頼度は高いものであった。

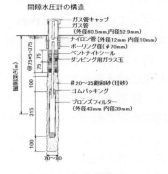

図-2　間隙水圧計

3.2 間隙水圧計の設置位置

　設置位置は、盛土中にある砕石ドレーンの位置確認を行いながら1本ずつ設置した。最終的には図-1に示す位置に設置した。図-3に平面的位置を示した。間隙水圧計は、法面中央と法肩および天端から7m離れた測線A,B,Cを設け、それぞれに4本、6本、6本設置した。中央の測線のB測線では、B-2、B-4、B-6の各点で設置後に目詰りし再設置した。

3.3 間隙水圧測定

　間際水圧分布を図-4に示した。砕石ドレーンの排水が良好なため、排水層付近の間隙水圧は0に近く、2層の砕石ドレーンの中間深さで最大の間隙水圧を示した。このA,B,C測点の測定値をもとに、盛土内の水圧分布等高線を推定した。

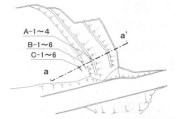

図-3　間隙水圧計の設置平面図

3. 再盛土の安定検討

3.1 はらみ出し時点の安全率

　以上の間隙水圧測定値を用いて、円弧すべり安全率を計算し

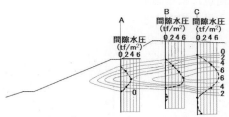

図-4　間隙水圧測定値と推定水圧等高線

た結果を図-5に示した。安全率は0.961であった。しかし、この時点で斜面は

法面中央部ではらみ出しが認められたものの、全体崩壊には至っていなかった。

3.2 施工中断後の安全率上昇

施工を中断し数ヶ月放置した後に盛土を再開するにあたり、砕石ドレーン排水による間隙水圧の低下を考慮した解析を行った。同地区での関東ローム盛土斜面で計測した間

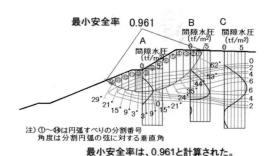

最小安全率は、0.961と計算された。

図-5 崩壊時の円弧すべり安全率

注）①～⑭は円弧すべりの分割番号
　　角度は分割円弧の弦に対する垂直角

隙水圧の消散過程を**図-6**に示した。この図を参考に、**図-4**に示したA,B,C測点の間隙水圧最大値は、盛土再開までの8か月後に、それぞれ1.9, 4.0, 4.9 ft/m² まで低下し、**図-7**に示した分布になると推定した。この間隙水圧低下を考慮した間隙水圧分布をもとに、**図-5**と同様な円弧スベリ計算した結果、安全率は1.52となった。

また、この時点で嵩上げ高さを1.1mとした場合を検討した。嵩上げ直後には盛土荷重による間隙水圧上昇を想定すると、安全率は1.24と下がる結果であった。

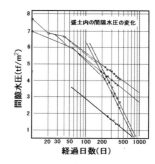

図-6 間隙水圧の消散

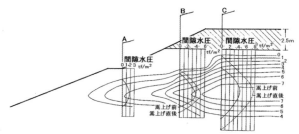

図-7 間隙水圧の8が月経過後分布

表-1 手計算による斜面安定計算表

No.	A	γt	W	滑 動 力			抵 抗 力						
				sinθ	Wsinθ	R/a·ΣWsinθ / ΣWsinθ	cosθ	Wcosθ	u	ℓ	uℓ	ΣWcosθ / Σuℓ	R/a(ΣWcosθ −Σuℓ)
1	½×(4.1+2.0)×0.8	1.5	3.66		3.48	ΣWsinθ	1.13	1.0	1.1	1.1			
2	½(4.1+5.6)	〃	7.28		5.96	=29.29	3.42	4.0	1.8	7.2		ΣWcosθ	
3	½(5.6+6.6)	〃	9.15		6.24	R/a₁=7.1	4.56	5.6	1.4	7.84		=21.18	
4	½(6.6+7.2)	〃	10.35		5.48	=1.42	4.65	6.1	1.2	7.32		Σuℓ=42.43	
5	½(7.2+7.1)	〃	10.73		4.19		3.58	6.1	1.15	7.02		ゼロとみト	
6	½(7.1+6.9)	〃	10.5		2.72		2.63	5.9	1.1	6.49		す。	
7	½(6.9+6.5)	〃	10.05		1.22	41.59	1.21	5.5	1.05	5.46			0
8	½(6.6+6.1)	〃	9.53		0.33		9.51	5.0	1.0	5.0			
9	½(6.1+5.6)	〃	8.78		0.31		8.77	4.3	—	4.1		ΣWcosθ	
10	½(5.6+5.1)	〃	8.03		0.28		8.03	3.4	—	3.4		=41.28	
11	½(5.1+4.7)	〃	7.35		0.26	ΣWsinθ	7.35	2.9	—	2.9		Σuℓ=20.1	
12	½(4.7+4.2)	〃	6.68		0.23	=1.58	6.68	2.5	—	2.5			
13	½(4.2+3.7)	〃	5.93		0.21		5.93	2.2	—	2.2		26.18	26.18
14	½(3.7+3.2)	〃	5.18		−0.18	ΣWsinθ	5.18	2.0	1.05	2.1		R/a₃=1.2	
15	½(3.2+3.0)	〃	4.65		−0.73	=4.3	4.59	1.5	1.05	1.57		=16.18	
16	½(3.0+2.5)	〃	4.13		−1.14	R/a₂=7.8 / 5.5	3.97	1.0	1.1	1.1			
17	½(2.5+1.6)	〃	3.08		−1.30	=1.2	0.91	0.1	1.1	0.11		Σuℓ=4.88	
18	½×1.6×1.5	〃	1.8		−0.95	−5.16	1.53	0		0		11.3	13.56
						38.01							39.74

合計

$$F = \frac{[R/a_1(\Sigma W_1 \cos\theta_1 - u_1\ell_1) + \Sigma W_2 \sin\theta_2 + R/a_3(\Sigma W_3\cos\theta_3 - u_3\ell_3)]\tan\phi'}{R/a_1 \Sigma W_1\sin\theta_1 + \Sigma W_2\sin\theta_2 + R/a_3 \Sigma W_3\sin\theta_3} = \frac{39.74 \times 0.624}{38.01} = 0.65$$

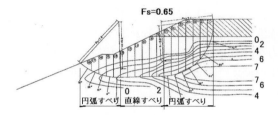

Fs=0.65

円弧すべり 直線すべり 円弧すべり

Fs=1.05　Hc=1.58m

安全率　嵩上げ高さ(m)

図-8 嵩上げ 2.5m した場合の安全率　　図-9 嵩上げ高さと安全率

3.3 嵩上げ高さをどこまで上げられるか

　嵩上げ盛土高を2.5mに上げた場合のすべり面は、経験的に複合すべり面と仮定した。その計算結果を表-1と図-8に示した。安全率は0.65となり嵩上げ不能という結果であった。嵩上げ高を変えて同様な計算を繰り返し、嵩上げ高と安全率の関係を求めると、図-9のようになった。この結果から、嵩上げ高は約1.6mまでとし、盛土を完成させた。

4. あとがき

　盛土施工中の間隙水圧挙動が斜面安定に影響した事例を示した。今日では、こうした事例の解析と計測はデジタル・コンピューターが使われるが、この事例の時代は手計算による解析と水管式間隙水圧計というアナログ手段であった。解析原理や事象を知る上では、アナログ式の有効性を示す事例である。

仮置き土砂の土圧が根入れ部受働抵抗を超えた
～練り石積擁壁の崩壊～

Key Word 石積み擁壁、受働破壊、砂礫層、三軸圧縮試験

1.まえがき

　斜面崩壊を引き起こす誘因には、地震、台風、豪雨といった自然の営力が挙げられるが、人為的なものとして工事がある。多摩地域の道路を拡幅するため斜面を切り広げて"もたれ擁壁"を構築中に"落石防護柵"が転倒し、現道を塞いだ事例である。調べると、斜面を切り下げで掘削した土砂を落石防護柵の直近に仮置きしており、防護柵根入れ前面の古い練り石積擁壁が崩壊したことが分った。

　原因を調べるため礫地盤の強度定数を大型三軸圧縮試験で求め、円弧すべり計算や根入れ部の受働側抵抗力を計算した。この検討で、仮置き土砂の土圧が落石防護柵の根入れ部受働土圧を越えたことが原因であることを明らかにした。

2.　崩壊状況と地形地質

2.1 崩壊状況

　工事場所は、東京の多摩地域の丘陵地であった。石積み擁壁の倒壊は、現道に平行して道路を拡幅するため、**図-1**に示したように地山斜面を掘削して、もたれ擁壁を構築する工事で起こった。もたれ擁壁を構築するための斜面整正

掘削がほぼ終わった段階で、擁壁基礎の布掘り中であった。既存の練り石積擁壁背面の法肩部に仮設の落石防護柵が設置されており、布掘りの掘削土砂は仮防護柵付近に寄せて仮置きしていた。この仮防護柵のH鋼杭ともども、練り石積擁壁が崩壊した。

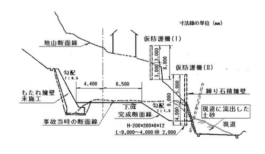

図-1 崩壊状況の断面

流れ出た土砂は**図-2**の平面図に示す現道を塞ぎ交通を遮断した。

崩壊原因を検討するため、砂礫土の大型三軸圧縮試験や浸透能試験、円弧すべり解析、仮防護柵杭の極限水平抵抗解析等を行って原因を探っていった。

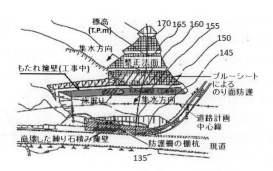

図-2 崩壊状況平面図

2.2 地形・地質

崩壊場所付近の地形・地質断面図を、**図-3**に示す。

河岸段丘礫層が主要な地層であり、風化礫が多く全体に砂質化・粘土化が顕著な強風化部、粘土含有率が卓越した風化砂礫層部、弱風化部の3つに区分される。崩壊場所は、丘陵斜面の裾野の沖積段丘面に接する付近であった。

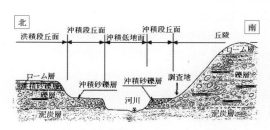

図-3 崩壊現場付近の地形・地質

崩壊前の降雨量は、崩壊した日の3日前が24mm、2日前で0mm、前日は7mmであった。擁壁基礎の布掘り中は、ポンプ水替え工を施し排水していたが、ポンプを止めると翌日には底に地下水が溜まる状態であった。

2.3 乱さない砂礫土の大型三軸圧縮試験と浸透能試験[1]

大型三軸圧縮試験結果を**図-4**に示す。①内部摩擦角 φ' は間隙の飽和・不飽和条件に係わらず40°、粘着力は不飽和で27.4kN/m²、飽和条件で19.6kN/m²であった。ちなみに、標準貫入試験のN値による内部摩擦角 φ 推定式によると、27〜36° であった。また、浸透能試験によると、砂礫層の地山と切り崩し表面は非常に浸透しやすいことを示す結果であった。なお、浸透能試験中に弱い

降雨があり、持たれ擁壁を構築する
ため斜面を整正掘削中に、斜面の一
部が小崩落する場面に遭遇した。

3. 崩壊原因の検討解析
3.1 円弧すべり計算

大型三軸圧縮試験で求めた礫の強
度定数を用いて、崩壊した石積み擁
壁のすべり計算を行った。安全率Fs
は、不飽和状態で2.1、飽和状態で
=1.33であった。また、飽和状態で
仮置き盛土荷重を考慮した安全率
は、1.19となった。

一方、降雨や地下水の影響で礫の粘着力
が低下すると仮定した場合、粘着力Cが
$9.8kN/m^2$ まで低下するとFs=0.91となり、危
険となるという計算結果であった。

3.2 落石防護柵の安定解析

掘削土の仮置き層厚と棚杭の極限水平支
持力の関係を解析的に検討した。解析法
は、①Bromsの方法、②図解法である。

検討例として、地盤を砂質土とした場合
の図解法算定断面を図-5に、その解析結果
を図-6に示した。解析入力値は、既存ボー
リング調査データと大型三軸圧縮試験デー
タである。

その結果、仮防護柵に接して掘削土を仮
置きする層厚が1.4～2.6m相当の土圧をかけ
ると、仮防護棚杭の受動抵抗不足から、防
護柵と練り石積擁壁が倒壊する可能性があ
るという結果となった。

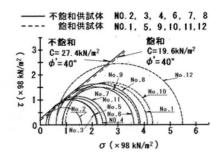

図-4 大型三軸圧縮試験による
モール円

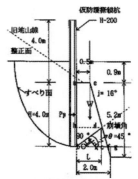

(1) 崩壊想定すべり断面

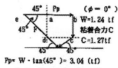

(2) 力の多角形

図-5 落石防護柵の
受働土圧の計算

4. まとめ

今回の練り石積擁壁と落石防護柵が倒壊した要因を挙げると、つぎのようになる。①取り付け道路拡幅のための地盤掘削により雨水が浸透し、砂礫地盤の間隙中の飽和度が増して見かけの粘着力が低下したこと、②落石防護柵の親杭を練り石積擁壁に近接してバイブロハンマーで打設し、その時の振動で地盤を緩めていたこと、③落石防護柵に近接して掘削土砂を仮置きしたこと。

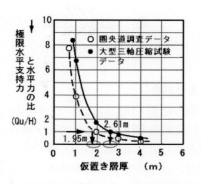

図-6 仮置き厚さと安全率の関係

これらが練り石積擁壁崩壊の引き金になった。以上が重なり、崩壊に至ったと推定された。

対策工として、①崩壊部は十分な締固め盛土を行い、表面強化した擁壁で抑えた。②もたれ擁壁にはグラウンドアンカーを施し強化した。

参考文献

1) 米澤　徹,杉本隆男：段丘礫層における大型盟軸圧縮試験と内部摩擦角,東京都土木技術研究所年報, 平成9年, pp. 167-176, 1997.

島の道路斜面踏査で地形・地質と崩積土を見る

Key Word：斜面、円弧すべり、ラテライト

1.まえがき

　島の地形・地質は山地のそれに似ている。小笠原諸島の父島で、道路斜面調査に主眼を置きながら、地形・地質の確認、赤色風化土の自然含水化の調査等を実施して、道路の整備工事で予想される課題を検討した[1]。ここでは、地質概要と、熱水変質した赤色風化土（ラテライト）の斜面安定問題を紹介する。

2. 父島の大まかな地質および道路現況

　父島を構成する地層は、第三紀(6500 万～200 万年前)と第四紀(200 万年前～現在)の時代に形成されたものである。第三紀層は石灰岩等から産出する化石などから第三紀の中でも古第三紀の始新世から漸薪世(5400 万～2600 万年前)にかけて堆積したものである。第四紀層は第三紀層

表-1 岩相区分

第四紀	海浜性堆積物　現河床堆積物 赤褐色風化土層
古第三紀	石　灰　岩 凝灰角礫岩～火山角礫岩 凝灰質砂岩　凝灰岩 自破砕熔岩（安山岩質） 安山岩（岩脈、枕状熔岩） 　（玄武岩質のものもある）

に比べ分布はごくわずかな場所に限られている。各地質時代の岩相を**表-1** に示した。

　現況道路は、大略して岩石の露出する区間、ラテライトと呼ばれる赤色風化土の区間、および砂地盤の区間に分けられる。踏査で目立った道路現況は次のようであった。①赤色風化土の区間は、排水不十分な場所で路面の泥濘化と日当たりのよい場所での乾燥による亀裂が目立つ。②縦断勾配が急で排水溝がない区間は非常に路面が荒れており、轍掘れが著しい。概して路面は排水不良による損傷が大きかった。

3. 斜面調査

　斜面の安定性を支配する因子は斜面を構成する地質の性質だけてなく、節理、層理、き裂などによる分離面の方向や大きさ、勾配、斜面長、降雨、振動などがある。また、土質、気象条件なども十分に調査する必要がある。

　斜面調査の位置図を**図-1** に示す。A-1～A-20 までの斜面は、主として火山角

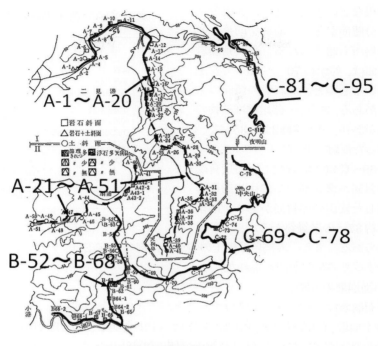

図-1 斜面調査の位置

礫岩と呼ばれる準硬岩で構成され、亀裂面を有しその面からの崩壊が数箇所で
みられる。この岩石は崩すとズリ状になり固結の程度はよくない。斜面勾配は
50°〜90°の範囲で、比高約15m前後である。斜面からの湧水はない。A-21
〜A-51までの斜面は、1つは凝灰火山角礫岩でできている斜面、もう1つは赤
色風化土からなる斜面である。前者は凝灰角礫岩が風化して非常に弱くなった
層と未風化層との境に、松などの根が生長して風化層を浮き上らせ、その分離
面に雨水が浸透して分離傾向を強めている。また、後者は、赤色風化土の斜面
で、日照りのために表面が乾燥収縮して亀裂を生じていて非常にもろい。

　B-52〜B-68は、赤褐色土の斜面はところどころで洗掘やすべりの痕跡が認
められた。比高7〜8mの切土で自然勾配（約30°）以上に切ったため、松の

木の根などの生長とともに赤褐色土層に分離面が生じ、崩壊を助長している場所も認められる。凝灰角礫岩の斜面は、勾配約 70°〜90° で安定しているものと、流れ盤の傾向のものとがある。また、一部崖錐堆積物の斜面があり、その勾配は約 35° で、すべった形跡があった。

　C-69〜C-95 は、風化した凝灰角礫岩の斜面が多いが、一部柱状節理の発達した安山岩の斜面があり、崩落して約37° の崖錐斜面となっているものもある。また、赤褐色粘性土の斜面の大部分は安定していたが、一部、洗掘やすべりの痕跡が認められた。

表-2 斜面と推定崩壊対比表

斜面分類	推 定 崩 壊 型	地　　　質
岩石斜面	③肌　落 ②落　石 ⑤分離面からの崩壊	火山角礫岩 自破砕熔岩
土 斜 面	①表土崩壊 ④雨食崩壊 ⑦未固結堆積物の崩壊	赤色風化土 安山岩の変質風化
岩石＋土 （成層）	④雨食崩壊 ①表土崩壊	赤色風化土 火山角礫岩 自破砕熔岩
岩石＋土 （混合）	①表土崩壊	赤色風化土 崖錐堆積物

4. 斜面崩壊の分類

　斜面崩壊は、次の 9 つに区分することができる。
(1)表土崩壊、(2)落石崩壊、(3)肌落ち崩壊、(4)雨食崩壊、(5)分離面からの崩壊、(6)風化帯の崩壊、(7)未固結堆積物の崩壊、(8)断層破砕帯による崩壊、(9)地すべり崩壊。

　斜面調査では、外観的に不安定と推定される斜面を選んだが、斜面崩壊の痕跡は少なかった。斜面分類と堆定崩壊タイプをまとめると**表-2** のようになる。

5. 赤色風化土（ラテライト）の斜面安定

5.1 赤色風化土の含水比と粘着力

　赤色風化土が堆積した場所のハンドオーガーボーリング調査で、含水比の深度分布を調べた（**図-2**）。自然含水比は塑性限界に近い。液性限界は100%以上と大きい。塑性図 [2] 上では、日本統一分類の火山灰質粘性土 VH、もしくは無機質シルト MH となり、関東ロームに似ている。なお、X 線回折による主要粘土鉱物は加

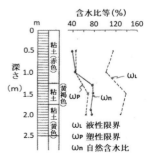

図-2 ボーリング柱状図

水ハロイサイト、カオリン、アルミニ
ュームに富むバーミキュライトであ
る。そのため、関東ロームに比べより
粘性に富み塑性的である。

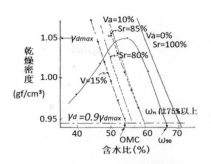

　また、円弧すべりの痕跡を残す斜面
を選定し、円弧すべり計算で地山の強
度定数を逆算した。その結果、粘着力
Cは 1.07~1.86tf/m² であった。

図-3 赤色風化土の締固め曲線

5.2 斜面安定解析

(1) 締固め試験

　図-3 に赤色風化土の締固め曲線を示す。締固め規準 [3), 4)]が最大乾燥密度の
95%以上の場合、施工時含水比を自然含水比とすれば、飽和度 85〜95%以下、
空気間隙率 10〜2%となる。

(2) 安定計算

　盛土材料の単位体積重量を締固め
試験の結果から 1.2t/m³ とし、せん断
抵抗は地山の円弧すべり逆解析結果
を参考に粘着力を C=1.2t/m² として、
テンションクラックを考慮した場合
と、無視した場合について検討した結
果を**図-4** 中の表に示した。計算した円
弧のうちの最小安全率は前者の場合
で、0.86 であった。盛土のり面の安全

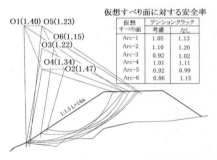

図-4 盛土の安定解析

率は、1.25 以上あれば安全であるとされており、解析の結果は必要な許容安全
率を下まわっていた。したがって、施工直後ののり面は不安定という結果であ
った。この調査解析結果は、その後の詳細設計に活用された。

参考文献

1)中山俊雄,杉本隆男：小笠原父島の道路計画道路調査報告,東京都土木技術研究所年
報,1971. 2)土質工学会編:土質試験法,p.504,P641,1969. 3)久野悟郎:土の締固め,技報堂全書
1963. 4)稲田倍穂,土肥正彦 ： 道路土工の調査から設計・施工まで,1966.

287

第5章

特殊問題

第5章

検査問題

情報化施工で変形要因を抽出し対策工を決める

Key Word 護岸、情報化工法、地盤沈下、仮締切り

1.まえがき

　耐震護岸建設工事で、周辺地盤の変形に及ぼす影響を抑えるため、従来工法を再検討したものである。初めに、従来工法で施工した耐震護岸建設工事 37 例をもとに、周辺地盤への影響の要因を探るため、数量化理論 I 類により影響要因の分析を行った。併せて、3 型式の新設耐震護岸工事を従来工法で実施して周辺の地盤沈下について現場計測を行い、施工工種と地盤変形との関係を調べ、工法の改善点を探った。その結果を基に改善した対策工で新たな護岸建設工事を行い、効果を検討した[1]。

2.工事概要と対策前の施工工程

2.1 工事概要

　工事は在来護岸の前面に新設の耐震護岸を建設するもので、3 種類の在来護岸型式別に新設護岸の施工断面図を**図-1** に示す。

　標準型は、在来護岸の基礎が前面鋼矢板と木杭の構造となっている場合である(**図-1(1)**)。この型式は施工年度が早い時期に施工された。標準背面矢板型は、在来護岸が石積み等で構造上脆弱なため、新設護岸背面に鋼矢板を施工したもので、新設躯体型式は標準型と同じである(**図-1(2)**)。特殊型は、新設護岸の法線と在来護岸との
離隔が小さいため、
躯体構造が標準型
とは異なり L 型構
造となっている。そ
のため床付深さが
深く、前面側が二重
締切りになってい
る(**図-1(3)**)。

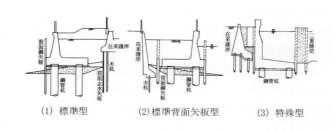

(1) 標準型　　　(2)標準背面矢板型　　　(3) 特殊型

図-1 新設護岸の型式

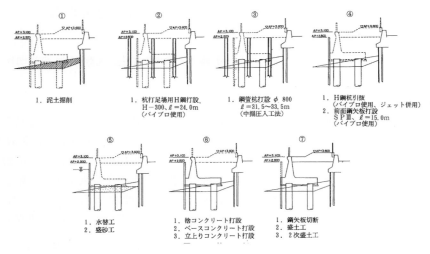

① 1. 泥土掘削

② 1. 杭打足場用H鋼杭打設, H-300, ℓ=24.0m (バイブロ使用)

③ 1. 鋼管杭打設 φ 800 ℓ=31.5〜33.5m (中掘圧入工法)

④ 1. H鋼杭引抜 (バイブロ使用、ジェット併用) 2. 前面鋼矢板打設 SPⅢ、ℓ=15.0m (バイブロ使用)

⑤ 1. 水替工 2. 盛砂工

⑥ 1. 捨コンクリート打設 2. ベースコンクリート打設 3. 立上りコンクリート打設

⑦ 1. 鋼矢板切断 2. 盛土工 3. 2次盛土工

図-2 施工工程

2.2 対策前の施工工程

　標準型を例に、対策前の施工工程を**図-2**に示した。①泥土掘削、②杭打足場用H鋼杭打設(H-300, ℓ=24m)、③鋼管杭打設(φ800m、ℓ=-31.5m〜33.5m)、④H鋼杭引抜き前面鋼矢板打設(鋼矢板皿型、ℓ=15m)、⑤水替工、盛砂工、⑥躯体工、⑦鋼矢板切断、盛土工、二次盛土工、の順になっている。

　標準背面矢板型は、標準型の施工手順に、泥土掘削後の背面鋼矢板皿型(長さ13m)打設が加わる。特殊型は、泥土掘削がなく、背面の鋼矢板打設から始まり、前面に鋼矢板を打設した後に二重締切り中詰土工、盛砂工の替わりに掘削・床付工、そして躯体工の後に背面水替工が加わる。

3. 地盤概要

　工事区域の地質断面図を**図-3**に示す。北から南側へ向けて有楽町層下部粘性土層(Yl)の層厚がおおよそ20mから30mへと厚くなり、また、その深度がT.P. -27m付近からT.P. -35mへと深くなっている。有楽町層上部砂質土層(Yu)の層厚は4〜6m程度である。東西方向にみると、有楽町層上部砂質土層は、層厚が6m前後と厚く、かつT.P. -9m付近まで分布し、有楽町層下部粘性土層は概ね

西側から東側にかけて層厚が厚くなる傾向を示している。新設する耐震護岸の鋼管杭は、T. P. -30m～-35m以深の埋没段丘礫層を支持層としている。

4. 地盤変形事例の要因分析

　既存工法で施工された37件の耐震護岸建設工事の最大沈下量は5～176mmで平均54.5mmあり、最大水平移動量は6～155mmで平均40.2mmであった。この最大値は他の様々な工事で観測した地盤変形量[2]に比べて大きな値であった。そこで、これまでの耐震護岸建設工事における周辺地盤の変形要因を把握するため、数量化理論Ⅰ類による分析を行った。

4.1 地盤変形要因の選択

　地盤変形要因は、次の2項目に該当するもので検討した。
　1) 在来の河川、護岸に関する情報
　2) 地盤に関する情報

　在来の河川、護岸に関しては、①河川別と②在来護岸の基礎型式を選択した。全データを通して得られる地盤に関する情報は柱状図とN値であり、比較的浅い位置の拘束効果を想定して③上部砂質土層の厚さと④その最大N値を、また鋼管杭を30数m打設するので深い層の地盤の乱れを考え⑤N≦5の軟かいシルト層の層厚を

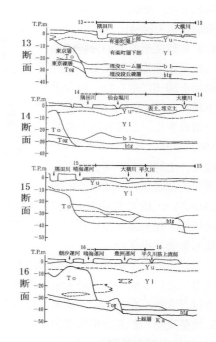

図-3 地質断面図

（東京都総合地盤図.1977）

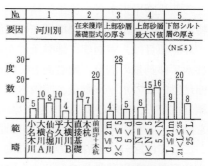

図-4 要因ごとの範疇別度数

293

選択した。要因ごとの範疇区
分別度数を図-4に示した。

4.2 地盤変形要因の分析結果

　数量化理論Ⅰ類による分析
結果を図-5に示した。最大沈
下量に及ぼす要因は河川別が
一番大きく、上部砂層の最大
N値、下部シルト層の厚さの
順で、上部砂層の厚さと在来
護岸の基礎型式は比較的影響

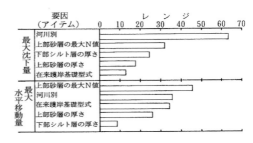

図-5　最大沈下量と最大水平移動量に対する
**　　　　要因の比較**

が小さい。最大水平移動量は、上部砂層の最大N値の影響が最も大きく、以下
河川別、在来護岸の基礎型式、上部砂層の厚さの順で、下部シルト層の厚さは
最も影響が小さい。

　これらのことから、地盤変形にとって浅い部分の土の強さや河川別の影響が
大きいという傾向と、最大水平移動量には想定していた深いシルト層の影響は
さほど大きくないという結果となった。

5. 地盤変形の計測と影響要因の検討

5.1 地盤変形の計測

　要因分析で表層部の地盤条件の影響が大きかった。この結果をもとに、より
効果的な対策工を選定するため、標準型、標準背面矢板型、特殊型の3型式ご
との新設護岸工事で、施工工種を追って現場計測を行い、影響の大きい工種を
特定することにした。標準型での計測器配置を図-6に示した。

　計測項目は、表層部の地盤条件を考慮して、護岸天端と背面地盤の沈下量及
び水平移動量の測量、地表面とG.L.-5、-10、-20mの深さの地層別沈下量、背
面地盤内部の水平移動量、間隙水圧、地下水位、及び河川水位とした。また、
鋼管杭打設、H鋼杭引抜後に施工場所近傍でシンウォールによるサンプリング
を行い、一軸圧縮試験を行った。計測は施工工種ごとに行った。

　ここでは図-7に特殊型の施工による地盤変位ベクトル図を示し、図-8に示
す沈下量、水平移動量のパレート図から工種と地盤変形の関係について考察し
た。同様な計測結果による検討を標準型、標準背面矢板型でも行った。

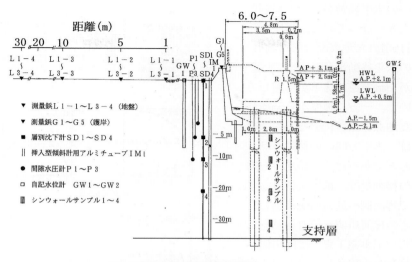

図-6 計測器配置 (標準型)

5.2 計測結果

全工程を通して主要な変形領域は、横断方向に護岸から5mまで、深さ方向に地表面下5mまでの範囲であった。図-7に示したように、沈下量は護岸から1mの地点が最大で126mm、水平移動量は護岸天端から5m離れた地表面で河川側へ75mm移動している。護岸から6m～8mの地表面は沈下量が13mm～24mmであり、河川側

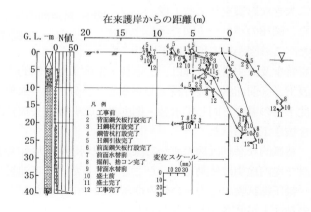

図-7 対策前の地盤変位ベクトル(特殊型)

への水平移動が22mm～33mmと大きくなっている。護岸から11m離れた地表面は河川側への水平移動量が7mm、沈下量が18mmと逆に沈下が卓越していた。一方、護岸から5m離れた地点の深さ10m～20mの変形は、水平方向への移動がほとんどであった。この水平方向の移動量は、鋼管杭打設完了で背面側へ最大24mm移動し、その後河川側へ戻る挙動を示し、工事完了までに河川側へ最大28mm移動していた。

既設護岸から1m離れた位置の地盤沈下量と水平移動量に大きな影響を与える工種を、図-8のパレート図で示した。この図から、地盤沈下に

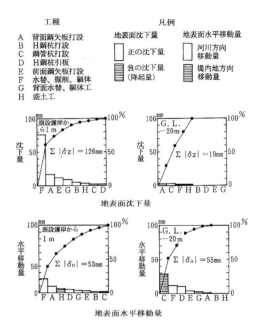

図-8 対策前の沈下量と水平移動量の
パレート図(特殊型)

影響を及ぼす主な工種は、①水替・掘削工が圧倒的に大きく、②背面鋼矢板打設工、③前面鋼矢板打設工であることが分かる。水平移動量に影響する工種は沈下量の場合と同じ①水替・掘削工、②背面鋼矢板打設工であり、③H鋼杭引き抜き工であった。

特徴的な挙動は地表面から深さ20mの水平移動量の図で示したが、鋼管杭打設で堤内地側に移動していたことであった。工事前後のボーリング試料による一軸圧縮試験の応力～ひずみ曲線を図-9に示したが、工事によりG.L. -8m以深の粘性土が乱されたことが分かる。

以上、工事に伴って生じる地盤変形について、現場計測結果に基づいて新設護岸型式ごとに検討した結果、地盤変形に大きな影響を与える工種をまとめると、標準型は、①H鋼杭引抜工、②水替工、③盛土工であった。標準背面矢板

型は、①鋼管杭打設工、②H鋼杭引抜工、③背面鋼矢板・H鋼杭打設工、④盛砂・水替工である。特殊型は、①水替・掘削工、②背面鋼矢板打設工、③鋼管杭打設工、④H鋼杭引抜工であった。

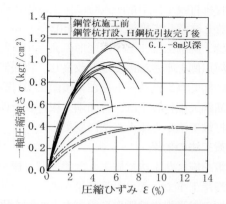

図-9 杭施工前後の一軸圧縮試験の比較

6. 対策工法

　以上の検討結果から、施工の可能性、経済性、工期を考慮し、地盤変形を小さくする対策工法をまとめ、表-1に示した。対策を講じた工種は、①H鋼杭引抜工、②鋼管杭打設工、③水替・掘削工、④背面鋼矢板打設工、⑤盛土工である。

　H鋼杭引抜工については、従来の施工では引き抜いた後の空隙は未処理であったが、対策として空隙をベントナイトモルタルで充填する工法に変更した。

表-1 対策工法一覧

対策工欄	対策工	標準型	標準背面矢板型	特殊型
H鋼杭引抜工	H鋼杭引抜き孔のベントナイトモルタル充填	○	○	○
鋼管杭打設工	杭頭からの排土量を適度にする	○	○	○
水替・掘削工	・締切側を厚さ2m地盤改良 ・背面通水せず ・一段切梁と捨てコンを在来護岸まで通す	注1)	注1)	○
背面鋼矢板打設工	圧入工法に変更	注2)	○	○
盛土工	クラムシェルで投入	○	○	注3)
躯体構築工	標準スパンを20mから14mに	○	○	○

注1）掘削を伴わないので特に対策せず。注2）背面鋼矢板打設工は行わない。
注3）天端が狭いため当初からブルドーザーを使用しない。

鋼管杭打設工は中掘圧入時に排土は極力避けていたが、杭頭からの適度な排土を許し注意して施工することとした。

　水替・掘削工は、とくに変形の大きかった特殊型について、背面鋼矢板根入部の河川側を厚さ2m程度地盤改良し、背面側には通水せず、一段梁及びカウンターの捨てコンクリートを在来護岸まで打設し一体化した。

　背面鋼矢板打設工は、背面鋼矢板打設を伴う標準背面矢板型と特殊型について、打撃工法から圧入工法に変更した。

6. 対策工法の効果

　対策を施した工法で施工した標準型、標準背面矢板型、並びに特殊型の3型式の護岸工事で、その対策効果を調べる目的で現場計測を行った。ここでは、特殊型の対策後の地盤変形のベクトル図を図-10に示した。

　対策前の地盤変形を示した図-7と比較すると、工事全体を通した最大沈下量及び最大水平移動量は全般的に減少したことが分かる。最大沈下量は126mmから46mmへと80mm減少し、対策前の37%の沈下量となっている。水平移動量も75mmから35mmへと40mm減少し、対策前の47%の水平移動量となっている。

　工種別の地盤変形をみると、全工程で変形量は減少しており、対策の効果が表れていた。とくに対策前の地盤変形が大きかった水替・掘削工、鋼管杭打設工、H鋼杭引抜工については対策の効果が大きかった。

7. まとめ

　以上の結果をまとめると以下のとおりである。

1) 数量化理論Ⅰ類による分析の結

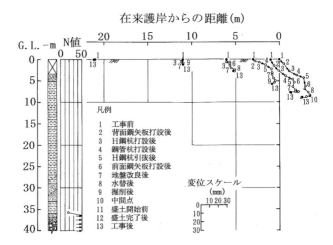

図-10 対策後の地盤変位ベクトル図

果、最大沈下量や水平移動量の影響要因は、①上部砂質土層の最大N値、②下部シルト層の厚さ、③上部砂質土層の厚さ、④在来護岸の基礎型式であった。

2)現場計測の結果、地盤変形への影響の大きい工種は、特殊型で、①水替・掘削工、②背面鋼矢板打設工、③鋼管杭打設工、④H鋼杭引抜工、であった。ほかの型式も同様であった。

3)採用した対策工法は、①H鋼杭引抜時の引抜孔のベントナイトモルタル充填、②鋼管杭の中掘圧入時の適度な排土、③水替・掘削前の背面鋼矢板根入部の地盤改良、④背面鋼矢板打設の圧入工法への変更、⑤ブルドーザ押し土からクラムシェルによる盛土投入への変更、であった。

4)対策の結果、最大沈下量は対策前の37%〜60%に、最大水平移動量は対策前の47%〜82%に低減することができ、とくに対策前の地盤変形が大きかった①水替・掘削工、②鋼管杭打設工、③H鋼杭引抜工の対策効果が大きいことが分かった。

参考文献

1)佐々木俊平, 杉本隆男, 内田広次: 江東地域における護岸基礎工施工に伴う地盤変形とその対策, 東京都土木技術研究所年報, 昭和63年, 275-294, 1987.
2)佐々木俊平, 杉本隆男, 鈴木清美: 都市土木工事に伴う周辺環境変化の傾向, 東京都土木技術研究所年報, 昭和62年, 263-279, 1987.

昔のシールド工事痕跡が新たな空洞を誘発

Key Word　　地盤災害、地下空洞、シールド、薬液注入

1.まえがき

　道路の拡幅工事において、切土斜面部のもたれ擁壁の築造が終了し、舗装の路床整正工事を始める直前に、擁壁基礎部分の直下に空洞が発見された。このため、直ちに現場発生土で空洞を埋戻す応急対策を実施したうえで、対策工として擁壁基礎部分に根固め鋼矢板を打設し、セメントミルク注入による地盤補強を行った。

　ここでは、ボーリング調査や数10年前に施工したシールド工事資料調査などに基づき、①空洞の調査、②空洞の発生原因、③対策について、まとめた。

2.　空洞発生場所の地質

2.1 空洞発生場所の地形・地質

　空洞が発見された場所は、東京の多摩川に沿った幹線道路が多摩丘陵にかかる峠の部分にあたる（**図-1**）。多摩丘陵は関東南部に位置し、西部の関東山地から南東方向に向かって細長く広がった丘陵地である。その北東側は高尾山の裾野を流れる浅川と多摩川の沖積低地を境にして武蔵野台地に臨み、南西側は境川を隔てて相模野台地に、東南側は川崎市登戸と横浜市保土ヶ谷区を結ぶ線で下末吉台地に接している。

　工事場所付近の地質断面模式図を**図-2**に示した。上総層群は多摩丘陵の基盤をなし、泥と砂の互層を主体とし、さらにいくつかの層に細分される。多摩丘陵の西・北部には、地層の上位から稲城砂層、連光寺層、平山層、大矢部層が分布する。

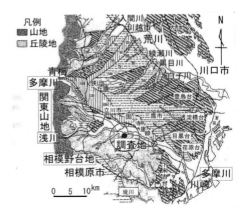

図-1 地形区分図

300

空洞発見場所は海抜20〜230m前後の浸食を受けた丘陵地であり、地層は上位から関東ローム層、御殿峠礫層（洪積層：約40万年〜50万年前）、稲城砂層（上総層群：およそ70〜80万年前）の順に堆積している。

2.2 稲城砂層（上総層群）[1]

工事場所の地質断面図を図-3に示した。稲城砂層は水に対する抵抗力が弱く、浸食されやすい。切土・盛土斜面が降雨により、施工中はもちろん施工後に浸食された例も多い。この稲城砂層は空隙が多いことや不安定な凝灰質砂粒が多く含有されている関係で風化速度が速く、また関東ローム、御殿峠礫層が堆積した当時やそれ以降の風化の影響を強く受けており、浸食されやすい性質を持つ。土質は、含水比：10〜35%、比重：2.60〜2.70、粒度組成：最大粒径2mm以下、砂分60〜95%、細粒分5〜40%で、砂の粒径（図-4）は0.1mm〜0.3mmでそろっており、浸透抵抗が小さい。

3. 陥没と空洞の発生状況

擁壁工事は、大型ブロックを積上げて道路拡幅部の切土斜面を安定させるものであった。工事終了間近に擁壁ブロック基礎部分の直下に空洞（図-5：内空約90m³：3m×5m×6m程度）が発見された。最初の発見は、地表面で見

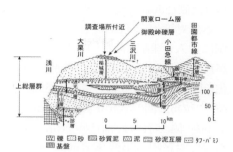

図-2 地質断面模式図

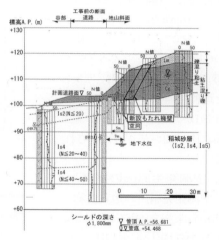

図-3 断面図

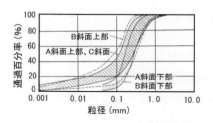

図-4 稲城砂の粒径加積曲線

つけた直径50mmほどの穴であった。

　応急対策として現場発生土を70m³程度空洞に投入し埋戻したが、10日後に埋戻し部が再度陥没した。工事中の降水量の経日変化を図-6に示した。初めに空洞を発見した時までの6日間の累計降水量は62mmであった。その後の陥没時には、前日から88mmの降水量があった。対策として擁壁基礎前面から1.3m離れた位置に根固め鋼矢板（皿型、ℓ=19.0mと5.0m）を打設した（図-5）。また、ボーリング調査でG.L.-16mまでのN値が0〜6と小さかったため、N値が30以上のG.L.-19mまで、セメントミルク約55,840リットルを注入し、埋戻した地盤を補強した。補強工施工後約1か月経過後のN値は施工前に比べ12〜45程度改善されていた。

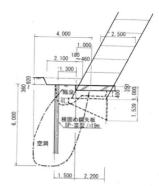

図-5　空洞・陥没のスケッチ

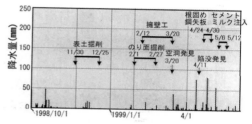

図-6　事故前後の降雨量

4. 空洞発生原因の推察

　空洞発見場所の地表下約45mの深さに、図-7に示したように、1971年に泥水加圧シールド工法で下水道幹線の工事が行われた。工事記録によれば、シールド工事中に「施工中に坑内埋没を繰り返し、切羽から地山（稲城砂層）を呼び込み、空洞が生じていた」[2]。こう

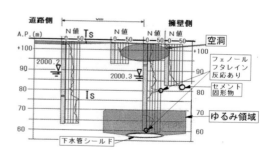

図-7　空洞発生後のボーリング調査

したことから、今回の陥没発生後に行ったボーリング調査（図-7）で、A.P. +77m〜

A.P.+69mの深い位置にN値が小さい領域があることが分かり、大きな空洞の存在が疑われた。また、地表からA.P.+90m付近の地盤は、No.2のN値がNo.1に比べて小さく乱れの影響がみられ、A.P.+80m付近にはセメント固化片が採取された。併せて、フェノールフタレイン反応も確認された。下水道シールド工事中に発生した空洞処理の補助工法に薬液注入工が併用されており[2]、薬液注入ボーリングによって地表面下の稲城砂層が乱され、部分的に緩みが生じ(潜在的な空洞)、その削孔跡(地表面〜A.P. -80m)に沿って弱い部分(水みち)が形成されていた可能性が高い。

　一方、今回の空洞発生場所は、道路拡幅工事に伴い切土斜面や舗装を剥がした路床面が30〜50日間、降雨に曝される状態にあった(**図-3**)。特に、空洞が発見されるまでの6日間に累計62mmの降水があった(**図-6**)。この降水により、切土した計画道路面下の稲城砂層に雨が直接浸潤すると共に、切土斜面や背面の御殿峠礫層から浸透した地下水が、切土斜面のり尻付近(擁壁基礎部分)に回り込み、緩い部分(潜在的な空洞)を浸食し、流動化した砂がボーリング削孔跡に沿って深部の空洞状領域に流出し、今回の大きな空洞の発生に至ったものと推察された。以上の経過を**図-8**に示した。

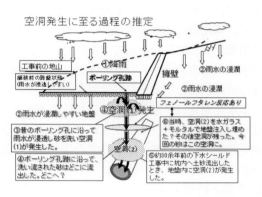

図-8 空洞発生過程の推定図

5. あとがき

　地盤の陥没原因を特定することは難しい。ここでは、古い工事記録などをたどるなどした調査であったが、ボーリング孔の埋め戻しが大切であることを示す事例であった。

参考文献

1) 山口宏, 木賀一美, 芥川真知, 風間秀彦 : 稲城砂の土質工学的性質の微視的考察, 土と基礎, Vol. 26, No. 2, pp41-48, 1978.　2) 村田恒雄:高水圧の砂層を抜く多摩ニュータウン下水道シールド, シールド工事事例集, pp. 110-117, 土木工学社, 1975.

側壁の繰り返し微小変位で増加する主働側土圧

～模型実験による検証～

Key Word 主働土圧、側壁、繰返し荷重、模型実験

1.まえがき

　断面形状がU型の半地下式道路トンネルを構築した工事で、設計段階では予想していなかった現象 [1]が発生した。トンネル側壁の形状は弓形に湾曲したもので、構築後に側壁の車道側への変形が止まらないという特異な現象は経験した事象 [2,3]とは異なるものであった。土留め仮設工法は、鋼矢板壁を使った水平切梁工法であった。日交通量が2万台を超える幹線道路となるもので、供用開始前に原因を明らかにして対策を講じる必要があった。

　事象を発見後、現象を詳細に観測するために計測器による変形の自動計測を行った。その結果、気温変化による鉄筋コンクリート構造の伸縮ひずみの累積が主働側土圧の増加という特異な現象を引き起こして生じた事象であることが分かった。

2. 半地下構造道路トンネル側壁の特異な変形

2.1 工事概要と発生した特異現象

　工事概要は以下のとおりである。①事業区間は1,060m、幅員33mの立体区間914m。②そのうち問題となったU型半地下構造区間は延長375mで、壁高さ約11m、幅約20m。③その区間の側壁形状は、**図-1**に示したように上部が車道部中心に向かう弓形状（側壁背

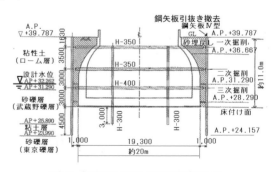

図-1 仮設及び半地下構造断面

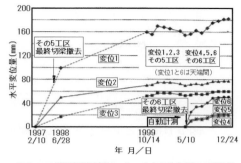

図-2 天端間距離および水平変位の推移

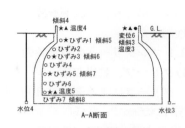

図-3(1) 計測断面図

面は側道)。④側壁背面処理
は、変位の大きかったその5
工区は砂埋戻しと土留め鋼
矢板の引抜き、その6工区
は流動化処理土で埋戻し、
土留め鋼矢板を残置。

特異な現象とは、図-2 に
示したように、トンネル側

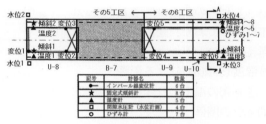

図-3(2) 計測平面と断面図

壁天端が完成後も車道側へ変位し、左右の側壁天端間の水平移動量が約 100 mm
となったことであった。その後も車道側への変形は止まらず、約 1 年数か月後
に変形量は最大約 160 mmに達した。この段階までの計測は下げ振りによった。

追跡調査のため、図-3(1)、(2)に
示すように自動計測で変位計測を行
った結果、1 年数か月後に最大 180 mm
に達した。すなわち、U 型側壁完成
後 2 年以上にわたり変形が進行する
特異な事象が発生し、収束の兆しも
見られなかった。当初見込んだ片側
の天端変位量約 30 mmを大幅に超え
て、片側最大約 80mm に達していた。

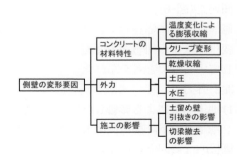

図-4 変形要因

3. 変形要因の検討

　考えられる要因を挙げると図-4のようになり、それぞれについて検討した。

3.1 コンクリートの材料特性

1) クリープ、乾燥収縮

　クリープによる変形量(16ヵ月間)は約5mmで、乾燥収縮量(12ヵ月間)はクリープの1.3倍程度であり、実測変位と比べ小さいことから、これらの要因は側壁完成後約3年経過しており、変形の要因とは考えにくい。

2) 温度(外気温)による影響

　①昼夜の温度の日変動と側壁天端変位の関係は、温度が下降すると前面側に、上昇すると背面側に変位する挙動を示した(図-5)。②長期的な季節の温度変化と天端変位の関係は、温度下降時に前面側へ傾き、温度上昇時にも前面側へ傾いた(図-6)。上述のことからRC躯体は温度に応答しており、温度変化に基づく何らかの要因が関係しているものと考えられた。

3.2 外力

1) 地下水位による影響(図-7)

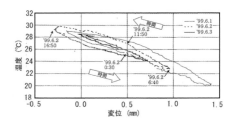

図-5 日温度と側壁天端変位の関係

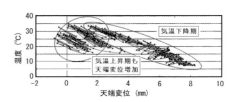

図-6 長期温度変化と天端変位
の関係

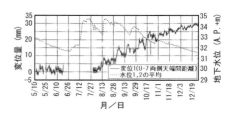

図-7 地下水位の変動と側壁変位

　地下水位下降期に側壁天端変位が増加していることから、地下水位の影響は直接的な要因となっていないことが分かる。

2)土圧の影響

土圧低減につながる側壁背面処理を行った「その6工区」の変形量に比べ、「その5工区」は約3倍であった（図-2）。このことから背面土圧の影響が考えられた。

3.3 施工時の影響

施工時の影響として、土留め鋼矢板引抜きに伴う背面地盤の乱れ、そして1段切梁が側壁天端と一体化した構造であったため、撤去時に側壁天端に集中荷重が作用した可能性があった。

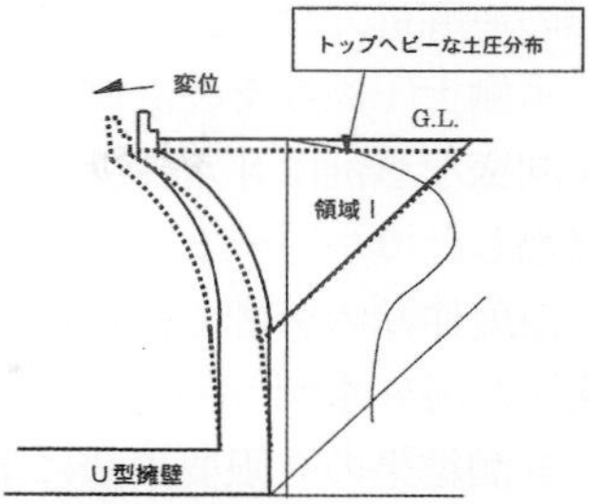

3.4 要因の絞り込み

以上のことをまとめると以下のとおりである。①クリープ、乾燥収縮の影響は少ない。②温度変化に応じて側壁が微小な変位を繰返している。③地下水位上昇の影響は少ない。④側壁裏込め施工の影響がある。以上から、要因として側壁変形の伴う「土圧」の影響が考えられた。

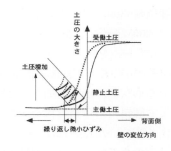

図-8 側壁の変形と土くさび

図-9 土圧と側壁変位の関係

4. 側壁の変形と土圧増加の推論

4.1 側壁の微小繰返しひずみと土圧増加

①側壁が前面側へ変位したとき土圧は主働状態に近付き、背面の土くさびは下方へ動く。一方、温度変化に応じて背面側へ戻ろうとするときは、土くさびを押し戻す動きとなり土圧は受働状態に近付く（図-8）。

②上述のことを土圧と側壁変位の関係で示すと、図-9のようになる。最初に切梁撤去時に側壁に土圧が作用し、大きく主働側に移行する。その後、温度変化により側壁が背面側へ戻ろうとしたとき受働的な経路となり、土圧は大きくなる。温度による繰返し変形で同様な経路をたどり土圧は次第に増加した

③側壁の形状特性から、土くさびは図-8(領域1)のように側壁上部付近に生じる。よって側壁上部ほど側壁の変位量が大きく、土圧が増加しやすい。側壁

変形の逆解析では、**図-10**に示した土圧分布形状で、主働土圧係数を逐次増加させて計算した。

　④同様な事例は非常に少ないが、構築後約20年経過したカルバートトンネルの側壁が、上床版の温度伸縮の影響で繰返し水平変位を受け、破壊した海外事例[4]があった。

4.2 計測結果の有限要素法による逆解析

1)「その5工区」の最大天端水平変位量93mmに相当する土圧係数は0.72であった（**図-11**）。

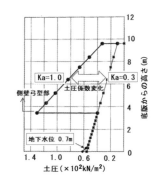

図-10 土圧分布形

2)「その5工区」において計測された最大天端水平変位量93mmに対する側壁鉄筋の発生応力度は $\sigma s \fallingdotseq 200\text{N/mm}^2$ で、許容引張応力度 $\sigma_{sa}=57\text{N/mm}^2$ を超えていた。

3)「その6工区」で実測した傾斜角の分布形状と、土圧増加させた解析による傾斜角の分布形状を比較するとよく似ていた（**図-12**）。

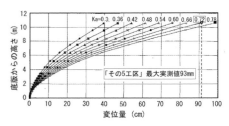

図-11 土圧係数の増加と側壁変形

　「その5工区」では、天端実測変位93mmに相当するKa=0.72の解析値による傾斜角分布まで、変化したものと推定された

5. 結論と現場対策

　以上の原因検討結果から、U型側壁の変形の原因および対策についてまとめると次のとおりである。

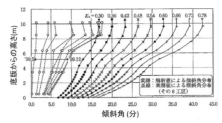

図-12 傾斜角の実測値と計算値

　1)「その5工区」における裏込め工法は、山砂を水締めしたのち鋼矢板を引き抜いたため、裏込め土が緩められたことに加え、完成直前の最上段切梁撤去により、躯体上部に瞬間的な集中荷重が作用して側壁を押し出した。

2)側壁が温度変化の影響を受け、裏込め土が主働側・受働側への微小変位を繰返し、これにより土圧が増加していった。さらに断面剛性に変化をつけた弓形の側壁形状により上部の土圧増加が促進され、より大きな天端水平変位となった。

3)実測値を逆解析した結果から、裏込め土の土圧係数は0.7に近く、土圧は今後さらに増加するものと推定され、側壁付け根部での部材発生応力度は許容応力度を超えていたと推定された。

4)したがって構造物の頭部変位を押さえる必要があり、また、許容応力度を超えている箇所は、断面補強により余剰耐力を付与する必要があった。

　以上の検討から、対策としてU型側壁へのストラットの設置(写真-1、2)および壁面の増厚(写真-3)を施した。その結果、その後は変位の進行を抑えることができた。

　なお、側壁の繰り返し変位による背面土圧の増加現象を確かめるため、模型実験を行った。その結果を付録に示した。

写真-1 対策前　　　写真-2 対策後のストラット　　写真-3 側壁の増厚

参考文献

1)岡二三生:地盤の破壊～現象と解析～, 土と基礎, 小特集・地盤の破壊現象と解析, Vol. 47, No. 5, pp. 1～4, 1999.　2)杉本隆男:超軟弱地盤山留めのヒービング現象とその対策, 基礎工, 特集・特殊条件における基礎・山留め工事, Vol. 20, No. 8, pp. 23～29, 1992.
3)杉本隆男, 米澤徹:開削工事に伴う地盤変状の要因, 基礎工, 特集・開削に伴う地盤変状の予測と対策, VoL25, No. 4, PP. 10～16, 1997.　4)龍岡文夫:特集「抗土圧構造物・補強土」, 土と基礎, pp. 50～53, 1999.

【付録】　側壁の繰り返し微小変位に伴う背面土圧の挙動[1)]

1. 目的

本文の「側壁の繰り返し微小
変位に伴う擁壁土圧の挙動」を
確かめるため、土槽実験を行っ
た。

2. 実験方法

2.1 実験装置

実験装置を付図-1に示す。装
置諸元は図のとおりである。擁
壁に見立てた下端ヒンジの稼働
壁を設けてある。スクリュージ
ャッキで、ロッド先端のアーム
を可動壁に接触させ押し込む。
ロッドに組み込んだロードセル
を介して土圧合力を測定する。

2.2 試料

気乾状態の豊浦砂を土槽に詰
めた。相対密度Dr=74%で「密詰
め」に相当し、密度 ρ=2.65g/cm^3、
単位体積重量 γ=1.55×10^{-2}N/cm^3、
間隙比e=0.71である。

2.3 微小変位の繰り返し方法

日々の温度変化に伴う現場擁
壁の繰り返し微小変位を見る

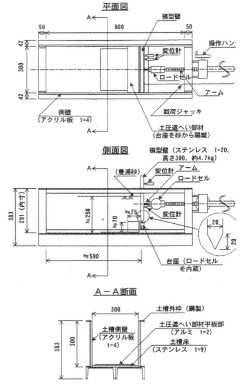

付図-1　土槽実験装置

と、道路側（主働側）への変位量と背面地盤側（受働側）への変位量は、短期
的（数日間程度）には概ね等しいとみなせる。しかし長期的（数ケ月間程度以
上）に見た場合は、前者が後者を上回っていた。つまり主働側への変位が蓄積

310

し、擁壁は徐々に前面側へ傾斜し
ていく。この状況を実験的に再現
するため、「倒し」・「戻し」の繰り
返し操作をハンドル振幅それぞれ
1/2回転、1/4回転とし、前面側への
変位を蓄積させた。なお、現場の側
壁は、切梁撤去により道路側へ倒
れる変位が生じたことを踏まえ、
模型壁に前面側への変位を与えて
から繰り返し微小変位を与えた。

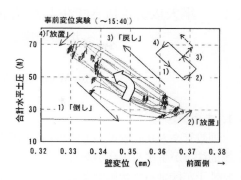

付図-2 壁変位と合計水平土圧の
繰り返し軌跡

3. 実験結果

3.1 壁変位と合計水平土圧の関係

壁変位と合計水平土圧の関係を**付図-2**に示した。壁変形の1サイクルは「倒し」
→「放置」→「戻し」→「放
置」となる。1サイクルを長
方形で模式化すると、繰り
返し変位により、各サイク
ルは大きな白抜き矢印のよ
うに合計水平土圧が大きく
なっている。繰り返し時間
（繰り返し回数）を横軸に、

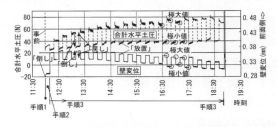

付図-3 繰り返し微小変位と合計土圧の関係

合計水平土圧を縦軸にして表すと**付図-3**となる。

3.2 まとめ

繰り返し回数の増加により、合計水平土圧の極大値が増加し、土圧係数換算
値で、繰り返し前の0.27から0.53へと増加した。

参考文献

1) 住吉　卓, 佐々木俊平, 山村博孝, 杉本隆男：擁壁の繰り返し微小変位に伴う背面土圧の
挙動, 東京都土木技術研究所年報, 平成14年, pp. 165-174, 2002.

鋼矢板引き抜きで生じた空洞と地盤沈下のメカニズム
～模型実験による検証～

Key Word 引抜き試験、鋼矢板、地盤沈下、有限要素法

1. まえがき

　埋設管や人孔設置後の土留め鋼矢板引抜きに伴い、埋設管や人孔が破損し地表面沈下が生ずる場合がある。引抜き時を観察すると、鋼矢板のフランジ間に粘性土が挟まった状態で大量の土が鋼矢板と一緒に抜け上がり、空隙発生とそれに伴う地表面沈下が生じていた。砂質土地盤でも同様な抜け上がりを見ることがあった [1),2),3)]。これらの現象は、鋼矢板の引抜きに伴い空隙が生じ、周辺地盤がそこに押し出して空隙を押しつぶし誘発されるものと考えられた。

　ここでは、模型実験で、矢板壁引抜きに伴う空隙の発生、そこに向かって押し出す地中変位、地表面沈下を調べ、地中ひずみの分析で、そのメカニズムを明らかにした。そして、地表面沈下の推定法を提案した [4)]。

2. 模型実験

2.1 実験土槽と引抜き装置

　実験土槽の概要を図-1に示す。土槽の内のり寸法は高さ800mm、幅600mm、奥行き300mmである。底板と側壁は厚さ25mmのアルミ製で、正面は透明アクリ

図-1 実験土槽

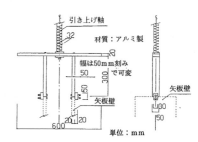

図-2 引抜き装置

ル板（厚さ25mm）となっている。この土槽の特徴は、**図-1**の正面図の面を上向きに置き土層を作成することである。このことで、アクリル板に接する土の面に直接タテ、ヨコ20mm角でメッシュが描けるようにしてあり、メッシュ交点の変位から矢板壁引抜きに伴う地盤断面の動きを測定するようになっている、また、矢板壁の引抜き装置は、**図-2**に示すように電動スクリュー式の引き上げ軸の先端に矢板壁に相当する板の取付け治具を装着したものである。

2.2 模型地盤の作成と矢板壁の設置方法

実験の手順を**図-3**に示した。実験土槽の透明アクリル板を取り外し、その面を上向きに寝かせて練り返し白色粘土を詰める。土の表面を整正したあと、表面から垂直に板状矢板壁（奥行き300mm）を圧入する。

その後、土の表面に縦横20mm間隔に黒色直線を引き、地中変位測定メッシュを描いた。透明アクリル板を取り付けて土槽を起こし、模型地盤の地表面となる側の蓋状板を取り外し、模型地盤を完成させる。

なお、透明アクリル板面を含めた土槽全面と矢板壁には流動パラフィンを塗布し、模型地盤との摩擦低減を図った。また、矢板壁引き抜き時に生じる空隙内の負圧発生を防ぐため矢板壁には空気抜きパイプ（口径2mm）をつけ、引抜きによる地中変位に負圧の影響が出ないようにした。

2.3 地中変位の測定方法

透明アクリル板方向から矢板壁引き抜き前と後で写真撮影し、正方形メッシュ交点座標をデジタイザー（分解能0.1mm）で読み取り、引き抜き前後の座標値の差から変位量を求めた。引抜き後の写真撮影は、矢板壁を引き抜いてから1時間経過した時点で行った。

なお、アクリル面での土との摩擦を完全に取り除くことは難

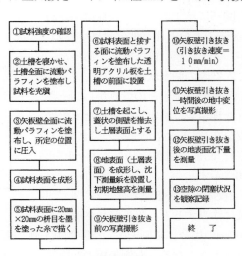

図-3 実験手順図

①試料強度の確認

②土槽を寝かせ、土槽全面に流動パラフィンを塗布し試料を充填

③矢板壁全面に流動パラフィンを塗布し、所定の位置に圧入

④試料表面を成形

⑤試料表面に20mm×20mmの枡目を墨を塗った糸で描く

⑥試料表面と接する面に流動パラフィンを塗布した透明アクリル板を土槽の前面に設置

⑦土槽を起こし、蓋状の側壁を撤去し土層表面とする

⑧地表面（土層表面）を成形し、沈下測量鋲を設置し初期地盤高を測量

⑨矢板壁引き抜き前の写真撮影

⑩矢板壁引き抜き（引き抜き速度＝10mm/min）

⑪矢板壁引き抜き一時間後の地中変位を写真撮影

⑫矢板壁引き抜き後の地表面沈下量を測量

⑬空隙の閉塞状況を観察記録

終了

しいため、以下の方法で地中変位を補正した。土層奥行き方向の矢板壁中央部断面での地表面最大沈下量 δ_{zmax} と透明アクリル板面で測った最大沈下量 δ_{zac1} との比を補正係数とし、透明アクリル板面の測定値に補正係数を乗じて地中変位とした。

3. 矢板壁の引き抜きに伴う周辺地盤の変形

3.1 地中変位

実験は矢板枚数と長さを変えた7ケースで行ったが、ここでは矢板2枚のケースを図-4と図-5に示した。

1) 矢板壁深さが400mmの場合

図-4に示したように、2つの空隙で挟まれた領域の地中変位は、地表に近い領域ではほぼ鉛直に一様に沈下している。空隙深さの約1/3の深さより深い地盤では、左右の空隙へ向かって広がる変形形状となっている。

2) 矢板壁深さが200mmの場合

図-5に示すように、矢板壁深さが400mmの場合と比べ変位量は小さいが、変形状態はほぼ同様であった。

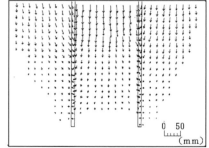

図-4 地中変位（長さ 400mm）

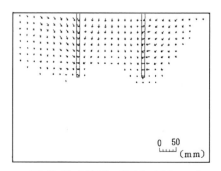

図-5 地中変位（長さ 200mm）

3.2 空隙の閉塞状況

矢板壁と地盤との境界から20mm離れた地中変位測定点で求めた水平変位分布(以下、空洞側壁の分布という)、および閉塞状況のスケッチを図-6に示す。

2枚の平行矢板壁で挟まれていた領域に注目すると、矢板壁長さHが400mmの場合、左側矢板の空隙側壁右側の変位分布（○印）は深さが深くなるほど大きくなる。右側矢板の空隙側壁の左側変位分布（○印）も同様で、深さ

140mmで最大7mmの側方変位となった。スケッチに示したように、空隙は地表面から深さ70〜100mm以深で閉塞した。

また、矢板壁長さHが200mmの場合も2枚の平行矢板壁で挟まれていた地盤では、深くなるに従い空隙に挟まれた外側への側方変位が大きくなり、深さ100〜130mm以深で閉塞した。

3.3 地表面沈下量

地表面沈下量の分布を**図-7**に示した。折線は地表面下20mmの地中変位測定点による沈下量で、プロットは表面の沈下測点で測った沈下量である。

2枚の矢板壁外側の沈下量は、矢板壁長さが400mmの場合に土槽の側壁部まで及んでおり、大きさは矢板壁長さが400mmの場合が200mmの場合の2倍近い。

2枚の矢板壁で挟まれた地盤の地表面沈下は一様な沈下量で、400mmの場合が25mmで、200mmの場合(8mm)の約3倍であった。この領域の地表面沈下量が一様で大きくなったのは、矢板壁引抜き後、左右の矢板壁に挟まれた土の拘束が除かれ

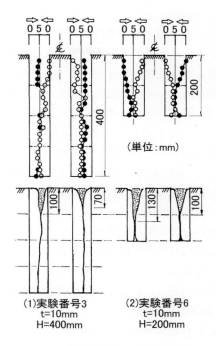

(1)実験番号3
t=10mm
H=400mm

(2)実験番号6
t=10mm
H=200mm

(単位:mm)

図-6 閉塞状況のスケッチ

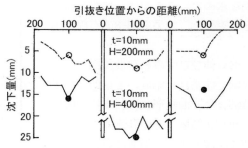

図-7 地表面沈下量の分布

315

自立状態となるためである。即ち、地表面から矢板壁先端深さまでの土の重さがその領域の下層部に荷重として作用し、下層部では支持力不足となって沈下が大きくなり、外側地盤より大きな沈下量になったものと考えられる。自立状態となった地盤の土被り圧が土の非排水せん断強さSuから計算される一軸圧縮強さqu=2Suを越える深さhcを計算すると、2Su/γt=119mmとなる。この深さは、図-6のスケッチに示した空隙が塞がった深さにほぼ相当している。

　このことにより、2枚の矢板壁で挟まれた領域の地盤では、その下層部が外側へ向かって変形し、地表面沈下が大きくなったと考えられる。

4. 空隙閉塞周辺地盤のすべり面の推定

4.1 模型実験でのひずみ解析

　James & Bransby (1970)[5]のゼロ伸びひずみ軌跡α、β曲線による地盤中のすべり面の解析法を用いて、模型実験で得られた空隙閉塞後の節点変位データを使ってひずみ分析し、ゼロ伸びひずみ軌跡α、β曲線を求めた結果を図-8の実線で示した。

4.2 有限要素法による推定

　実験で得られた空隙側壁と先端部の変位を強制変位として与え、周辺地盤のひずみを計算し、ゼロ伸びひずみ軌跡網を求めた。ここでは、地盤を弾性体と仮定した。結果を図-8の点線で示した。

4.3 ゼロ伸びひずみ軌跡曲線網

矢板壁で挟まれた領域のゼロ伸びひずみ軌跡α、β曲線形状は、支持力機構のクサビ状領域とその外側に生ずる放射遷移領域のすべり線網に近い。しかし、外側領域は空隙の発生で不連続となり、支持力機構における遷移領域の

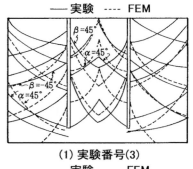

(1) 実験番号(3)

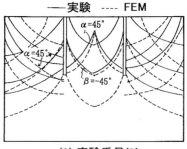

(2) 実験番号(6)

図-8 ゼロ伸びひずみ網図

受働土圧への寄与は空隙が閉塞する
まで期待できない。

　この領域の α 、β 曲線網のうち、
$\alpha =45°$ の軌跡曲線が空隙部と交わ
る深さは、図-6の空隙の閉塞状況が
示すように空隙側壁変位が外側に向
かって大きくなる深さにほぼ相当
し、それ以深で空隙が閉塞してい
る。このことから、矢板に挟まれた
領域の地表面沈下量が大きくなった
のは、空隙発生に伴う支持力不足に
よることが分かる。

5. 矢板壁引き抜きによる
　　地表面沈下量の推定

5.1 空隙閉塞体積と沈下体積の関係
　模型実験の全結果を用いて、空隙
の閉塞体積V_dと地表面沈下体積V_gの
関係を求めると、図-9のようにな
る。ここで、空隙閉塞体積V_d は、図
-6に示した空隙の左右側壁の水平変
位をもとに算出したもので、矢板壁
自身の引き抜き体積V_o に対する比
$n=V_d/V_o$を空隙の閉塞率nと呼ぶこと
にする。また、地表面沈下体積V_g
は、図-7に示した地表面沈下量をも
とに沈下土積量として計算したもの
である。矢板壁の長さ、厚さ、枚
数、設置位置、及び空隙閉塞率にも
係わらず、図-9のように空隙閉塞体
積V_dと地表面沈下体積V_gとはほぼ等

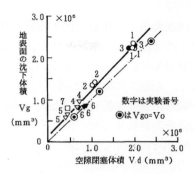

図-9 閉塞体積と沈下体積の関係

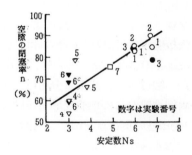

図-10 安定係数と空隙閉塞率の関係

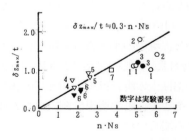

図-11 $n \cdot N_s$ と $\delta z_{max}/t$ の関係

317

しい関係であった。

5.2 地表面最大沈下量と沈下範囲の推定

以上の実験で、空隙閉塞状況、それに伴う潜在的円弧すべり面の発生などから、地表面の最大沈下量δzmaxに及ぼす影響因子として、空隙の閉塞率n、安定数Ns、初期空隙厚さtが考えられる。

空隙の閉塞率nは、安定数Nsと密接に関係するように考えられたので、両者の関係を実験結果で調べた。その結果、閉塞率nは、**図-10**のように安定数Nsが3.0〜6.8の範囲でNsの増加に従って比例して増加することが分かった。したがって、閉塞率nと安定数Nsは地表面の最大沈下量δzmaxの影響因子と考えてよい。

次に、閉塞率nと安定数Nsを乗じた値 n・Nsを横軸にとり、最大沈下量δzmaxを初期空隙厚さtで除した無次元化量δzmax/tとの関係を全ての実験についてプロットすると、**図-11**のように直線関係となり、次式が得られた。なお、矢板壁が平行2枚の場合のtは、矢板壁1枚の厚さの2倍の値とした。

$$\delta zmax/t = 0.3 \; n \cdot Ns \quad \cdots\cdots\cdots \quad (1)$$

また、**図-7**から、沈下量分布は三角形分布とみなせることから、矢板壁を挟む両側地盤からの地盤変形量が同じだと仮定し、片側地盤の地表面沈下範囲をL、矢板壁の奥行きをbとした場合、地表面沈下体積Vgは、次のようになる。

$$Vg = 2 \delta zmax \cdot L \cdot b \; / \; 2 \quad \cdots\cdots\cdots \quad (2)$$

したがって、Lは次式のようになる。

$$L = Vg \; / \; \delta zmax \; / \; b \quad \cdots\cdots\cdots\cdots \quad (3)$$

図-9からVg≒ Vd = nV0 = n・H・t・b ゆえ、

$$L = n \cdot H \cdot t / \delta zmax \quad \cdots\cdots\cdots\cdots \quad (4)$$

しかし、現場の鋼矢板は平板ではなくU字形である。本田ら[6]の現場計測結果によれば、鋼矢板フランジ間の凹部面積全面に土が挟まった状態を100%とすると、粘性土の場合はその70〜100%相当の断面に土が挟まった状態で抜け上がる。そこで、この現場計測結果を参考とすれば、式(1)と(4)を実際の工事に適用する場合のtのとり方は、以下のようになる。

$$t = \alpha A \; / \; bt \quad \cdots\cdots\cdots\cdots \quad (5)$$

ここで、Aは鋼矢板フランジ間の凹部面積、btは凹部の平均幅、αは0.7〜

1.0である。また、式(1)及び(4)の閉塞率nは**図-10**により求められる。

　以上のことから、軟弱粘性土層の安定数Nsの範囲が3.0〜6.8の場合、その現場のNsを求めれば矢板壁引き抜きに伴う最大沈下量と地表面沈下範囲は、式(1)、式(4)、式(5)を用いて求めることができる。

6. まとめ

　矢板引抜による地表面沈下は、空隙発生に伴う潜在的な円弧すべり面の発生に起因し、矢板間の沈下量が大きくなるのは矢板長の深い部分の地盤で矢板引抜後に支持力不足となることに起因していることが分かった。

　このような鋼矢板引抜きに伴う沈下対策は、引抜き直後に地表部から砂を落とし込んで水締めする方法や、鋼矢板根入れ先端部から薬液やセメントミルクを同時注入して、空隙を充填する対策を施すなどの方法 [6],[7],[8] が行われている。今回の実験から、引抜きと同時に充填し空隙発生を抑えることが望ましいといえる。

参考文献

1)安井和夫,田中孝二:矢板引き抜き時の立孔部における現場計測,第20回土質工学研究発表会講演集,pp.1543〜1544,1985.　2)吉田保,大槻康雄,山本英二:開削工事に伴う周辺地盤挙動の解析結果,第23回土質工学研究発表会講演集,pp.1613〜1614,1988.　3)田代郁夫,田中禎:山留め壁の引き抜きに伴う周辺地盤の変形,現場計測例,第26回土質工学研究発表会講演集, pp.1561〜1562,1991.　4)森 麟,杉本隆男,田代郁夫,田中 禎: 軟弱粘性土地盤における矢板壁の引き抜きに伴う地盤変形に関する研究, 土木学会論文集,No.454/Ⅲ-20, pp.113-122,1992.　5)James,R.G. & Bransby,P.L : Experimental and Theoretical Investigations of A Passive Pressure Problem,Geotechnique,Vol.20,No.1,PP.17〜37,1970.　6)本田健一,山本博,阿江治:土留め杭引き抜きに伴う地盤沈下予測方法に関する一考察,土木学会年次学術講演会概要集,Ⅲ,pp.397〜398,1984.　7)三代隆義,岩崎明夫:鋼矢板の抜跡注入について,下水道研究発表会講演集, Vol.19, pp.140-142,1982.　8)伊藤雅夫,滝口健一,勝又正二,野田和正:シートパイル引き抜き時の土砂埋戻し方法について,第25回土質工学研究発表会講演集,pp.1613-1614,1988.

クーロン土圧・対数ら旋すべり・離隔が狭い土圧の計算

Key Word クーロン土圧、すべり線、近接工事、斜面

1.まえがき

　土留め壁に作用する土圧は、工事場所の周辺環境条件で規準類が提案する土圧・側圧が適用できない場合がある。例えば、1）斜面の法尻部を掘削する場合、2)既設の地下室から土留め壁までの離隔が小さい近接した掘削の場合、3)直線すべり面でなく対数ら線すべりを考える場合などである。

　これらの条件の土圧・側圧計算は、設計規準類にあるランキン・レザール式やクーロン式によるものでなく、現場条件に合わせて土圧・側圧を決めなければならない。こうした場合の土圧算定を 1)クーロンのクサビ理論に準拠した方法と、2)すべり面を対数ら線で評価した計算例を示す。

2. 斜面のり尻部に近接して掘削する場合

　斜面の法尻部を掘削するイメージを図-1 に示した。左側は斜面法尻の前面を掘削するもので、崖線に直近した場所で地下掘削する場合である。また、右側は斜面ののり尻自体を掘削する場合である。どちらものり尻部は地盤内応力が集中する領域で、ここを掘削することは斜面の安定性を著しく損なうことになり、すべり土塊の土圧は非常に大きくなることに注意する必要がある。

　クーロンのクサビ理論を使って作成した表計算ソフト(Excel)で、図-2 に示した断面の土留め壁に作用する土圧合力を算定した。

　掘削深さを 16m とし、土留め壁から 6m 離れた位置に高さ 15.5m,勾配 60°の斜面がある場合について、崩壊角を変化させて水平土圧合力の極値を求めた結果を図-3 に示した。同

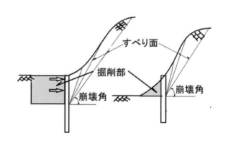

図-1 斜面のり尻部の掘削イメージ

320

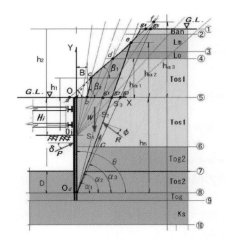

図-2 土留め背後に斜面を抱えた
クーロン土圧

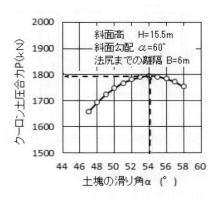

図-3 土塊の滑り角と土圧合力の関係

じ条件で土留め壁から斜面法尻までの離隔だけを変えてそれぞれの極値を求めた。それらの離隔と水平土圧合力の関係を**図-4**に〇印で示した。

図中の■印は背面斜面勾配が1°の場合で、土留め壁背面地盤が近似的に平坦な場合であり、離隔の影響はなくどのケースも

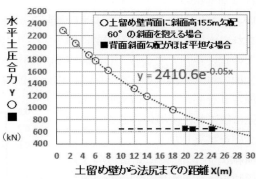

図-4 土留め壁から法尻までの距離と
土圧合力の関係

同じ極値となり崩壊角は66°であった。この崩壊角は、地盤の平均内部摩擦角φが38度で、理論上の崩壊角45°＋φ/2から求めた値は64°に近似する値である。

図-4の関係から、土留め壁からのり尻までの離隔が小さいほど斜面の影響が

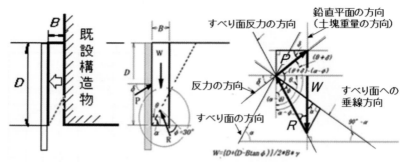

図-5 近接構造物との離隔が B の場合の側圧計算 （クーロン土圧に準拠）

大きいが、離隔が 26m（掘削深さの約 1.6 倍）で影響が及ばないことが分かる。

3. 既設の地下室に近接して土留め壁との離隔が小さい場合の土圧

　既設の地下室に近接して掘削工事を行う場合、土留め壁が地下室から離れていれば基準類のランキン・レザールやクーロンの土圧式による土圧を考えればよい。しかし、図-5 に示したように離隔 B が小さい場合は土留め壁と地下室に挟まれた土塊が少ないので掘削に伴うすべり土塊は小さく、すべり面は地下室までの狭い範囲で生じる。したがって、作用する土圧は小さくなる。

　土塊の単位体積重量 γ を 20kN/m³, 内部摩擦角 ϕ を 30°　として、離隔幅 B と掘削深さ D を変えて、土留め壁と地下室に挟まれた土塊によるクーロン土圧を試算した。

　横軸に B/D, 縦軸に見掛けの土圧係数をとり、両者の関係を計算した結果を図-6 に示した。見掛けの土圧係数とは、すべり面に作用する土塊重量に対する横方向土圧合力の比である。ここで、地下室と土塊との摩擦角は 0 としている。

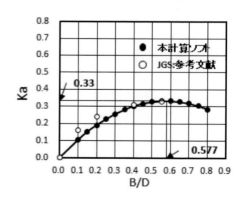

図-6 近接度(B/D)と側圧係数の関係

ところで、土の内部摩擦角φが30°で土留め壁と土との壁面摩擦角が0°の場合、鉛直壁面に作用するランキン主働土圧係数Kaは0.33であり[1]、ランキン土圧とクーロン土圧は一致する。土の摩擦係数はμ=tanφであり、tan30°=0.577となる。また、土留め壁背面地盤が平坦であれば、主働崩壊角αは45+φ/2=60°となる。

　図-6の計算結果は、すべり面の角度（崩壊角α）を60°とした土塊のすべりを計算したクーロン土圧であり、Ka が最大となるのは B/D=tan(90°-α)=tan30°=0.577 の場合である。すなわち、土留め壁から地下室までの離隔 B が掘削深さ D の 0.577 倍以上あれば地下室の影響がないが、距離 B が掘削深さ D の 0.577 倍以内であれば土圧が小さくなる。

　合理的な土留め仮設の設計では、こうしたことも考慮する必要がある。

4. 直線すべり面でなく対数らせんすべりを考える場合

　これまではすべり面を直線すべりで考えてきたが、ここで**図-7**に示す対数らせんすべりを考える。すべり形状を計算するフロー図を**図-8**に示した。

　フロー図で定義したα、βを変え、対数らせんすべり線が土留めの掘削底と近傍で交わるすべり線のうち、主働土圧合力が最大となるすべり線を特定す

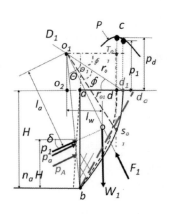

図-7 対数らせんすべり

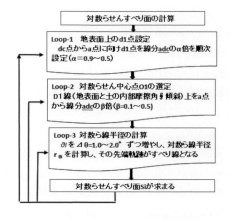

図-8 対数らせんすべり形状計算
のフロー

る。図-9はα,βを変え
て算出したすべり線の
例を2つ示した。計算
の条件は掘削深さ10m
で上載荷重がなく、地
盤の内部摩擦角ϕが
30°,単位体積重量が
20kN/m³の場合である。

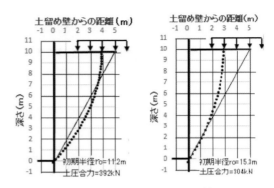

図-9 対数らせんすべり線

　これらを数回繰り返
して、対数らせん初期
半径（計算の初めに対
数らせん中心から引い
た地表面までの対数ら
せん半径）と主働土圧合力との関係
を図-10に示した。

　対数らせん初期半径が12mの場合
に主働土圧合力が最大の295kNとな
っている。ちなみに、直線すべりの
場合,土の内部摩擦角ϕ=30°の主働
土圧係数は0.33であり、クーロンの
主働土圧合力Pmaxは330 kNである。
対数らせんすべりを考えた土圧がこ
れより10%程度小さい結果となった。

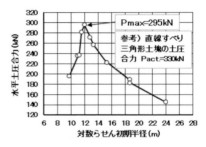

図-10 初期半径と土圧の関係

5. まとめ

　実際の土留め掘削の設計では、土留め壁に作用する土圧は後背地の地形とす
べり面形状の影響を受けるので、施工場所の地盤条件を考慮した土圧の選択が
求められる。ここでは、設計規準類に記載された標準的な土圧が適用できない
場合について、クサビ理論に基づくクーロン土圧の考え方を基本にした表計算
ソフトで試算した。地下水圧や間隙水圧の影響は考慮していない。

参考文献

1)　山内豊聡：土質力学, p. 156,　理工図書, 2001.　2)　地盤工学会編：入門シリーズ22, 土圧入門, pp. 219–221, 2008.

あとがき

　著者らは、東京都土木技術研究所にあって、道路・河川・市街地開発などの事業に係る様々な工事で、掘削や埋立て・盛土工事中に起こった地盤の挙動を長年にわたり調査してきた。部署名は「地象部」といい、珍しい組織名であった。「気象部」ではない。謂れを紹介する。

　「気象」は大気のなかで起こる諸現象（雨・風・雷など）を指すが、「地」にも気象のように地（地盤）のなかで起こる様々な現象（噴火、地震、山崩れ、地盤沈下など）が生じる。「地象」という言葉は、かの寺田寅彦先生の教え子であった地球物理学者宮部直己博士（研究所顧問）が「地象部」の名付け親である。

　著者らが東京都に入った当時は建設公害が叫ばれ始めた時代で、一年中、工事に伴う騒音、振動、地盤沈下、井戸枯れ調査に追われ、報告書を書く毎日であった。これらは地盤を介して起こる事象で、まさに「地象」を地で行く業務であった。こうした経験は、建設工事中の騒音・振動・地盤沈下・地下水・家屋調査に関する「工事に伴う環境調査要領」（東京都建設局）に取り入れられた。当時、この種の調査要領としては全国に先駆けたものであった。

　著者らの隣には地形・地質・地下水を調査研究する研究室があり、まず地形・地質・地下水を調べてから工事現場を見るように訓練され、発注者側にあったお陰で、数百の現場を見る機会に恵まれた。そして、多くの現場で設計通りにいかない現象を詳細に調べるという経験を積み重ねることになり、「都市土木工事に伴う地盤災害のトラブルシューター」となった所以である。

　こうした経験から「施工場所の地形・地質・地下水を知ることは、土留めや斜面の工事を計画設計するうえで欠かせないことであり、その把握の程度が安全な施工を左右する」と思うに至った。

　本書で述べた内容が、今後の同種工事の計画・調査・設計、および工事の安全性の向上に少しでも役立つものであれば幸いである。

2021 年 11 月

謝　辞

　本書で掲載した事例は、工事に携わった東京都、建設会社、地盤調査や設計コンサルタンツ会社などの多くの技術者が共同して困難な事象を克服し、工事を完成に導いたものをまとめたものである。これら関係者のご協力に感謝申し上げます。

　最後に、著者らがご指導・ご助言を頂いた先生方のことに触れておきたい。杉本は、山留め研究の権威・早稲田大学古藤田喜久雄先生のもとで有限要素法による山留め解析を行うなか、「山留め・掘削問題には、地盤工学のあらゆる現象が潜んでいる」ことを教わった。また、東京で開催された国際地盤工学会議（1977）で米国イリノイ大学ペック先生にインタビューした折、先生から「地盤工学はもとより、地質学上の過程である堆積・風化などのエンジニアリングに係わる現象に及ぼす事柄を学び、多くの現場で経験を積むこと」の大切さを教わった。そして、恩師・早稲田大学森鱗先生には地盤工学に関する基礎知識をお教えいただいた。また、佐々木は、東京都の派遣研修生として東京工業大学岸田英明先生に建築基礎に関するご指導を頂くなか現地調査の大切さを教わり、その後の調査研究の礎となった。

　これらお世話になった先生方のご助言ご指導に、心から感謝申し上げます。

2021 年 11 月
杉本隆男・佐々木俊平

索　引

あ　行

329

か 行

さ行

た行

は行